应用型本科规划教材

电气工程及其自动化

CIRCUIT PRINCIPLE

电路原理

韩　冬　姚　磊　田　颖

杨芳艳　李海英

·编著·

上海科学技术出版社

国家一级出版社

全国百佳图书出版单位

内 容 提 要

本书系上海市应用型本科专业建设立项规划教材。电路原理是电气类专业一门重要的专业基础课，介绍了电路的基本概念、基本定律及分析方法。

本书共分8章，通过本书的学习，可使学生获得直流稳态电路、交流单相及三相稳态电路、暂态电路、电磁耦合电路分析的基础知识，即通过求解电路中的电压、电流和功率，了解电路的特性。同时，学生能够运用教材所介绍知识，在给定电路技术指标的情况下，设计实际电路并确定元件参数，实现信号的传递、处理和控制。

本书主要读者对象为高等院校电气工程及其自动化专业的本科学生及相关专业的研究生，也可供工程技术人员及爱好者参考。

图书在版编目(CIP)数据

电路原理 / 韩冬等编著. —上海：上海科学技术出版社，2020.1

应用型本科规划教材. 电气工程及其自动化

ISBN 978-7-5478-4567-7

Ⅰ.①电… Ⅱ.①韩… Ⅲ.①电路理论—高等学校—教材 Ⅳ.①TM13

中国版本图书馆 CIP 数据核字(2019)第181542号

电路原理

韩 冬 姚 磊 田 颖 杨芳艳 李海英 编著

上海世纪出版(集团)有限公司
上 海 科 学 技 术 出 版 社 出版、发行
(上海钦州南路71号 邮政编码200235 www.sstp.cn)

常熟市华顺印刷有限公司 印刷

开本 787×1092 1/16 印张 9.75
字数：250千字
2020年1月第1版 2020年1月第1次印刷
ISBN 978-7-5478-4567-7/TM·63
定价：39.00元

丛书前言

20世纪80年代以后，国际高等教育界逐渐形成了一股新的潮流，那就是普遍重视实践教学、强化应用型人才培养。我国《国家教育事业"十三五"规划》指出，普通本科高校应从治理结构、专业体系、课程内容、教学方式、师资结构等方面进行全方位、系统性的改革，把办学思路真正转到服务地方经济社会发展上来，建设产教融合、校企合作、产学研一体的实验实训实习设施，培养应用型和技术技能型人才。

近年来，国内诸多高校纷纷在教育教学改革的探索中注重实践环境的强化，因为人们已越来越清醒地认识到，实践教学是培养学生实践能力和创新能力的重要环节，也是提高学生社会职业素养和就业竞争力的重要途径。这种教育转变成具体教育形式即应用型本科教育。

根据《上海市教育委员会关于开展上海市属高校应用型本科试点专业建设的通知》(沪教委高〔2014〕43号)要求，为进一步引导上海市属本科高校主动适应国家和地方经济社会发展需求，加强应用型本科专业内涵建设，创新人才培养模式，提高人才培养质量，上海市教委进行了上海市属高校本科试点专业建设，上海理工大学"电气工程及其自动化"专业被列入试点专业建设名单。

在长期的教学和此次专业建设过程中，我们逐步认识到，目前我国大部分应用型本科教材多由研究型大学组织编写，理论深奥，编写水平很高，但不一定适用于应用型本科教育转型的高等院校。为适应我国对电气工程类应用型本科人才培养的需要，同时配合我国相关高校从研究型大学向应用型大学转型的进程，并更好地体现上海市应用型本科专业建设立项规划成果，上海理工大学电气工程系集中优秀师资力量，组织编写出版了这套符合电气工程及其自动化专业培养目标和教学改革要求的新型专业系列教材。

本系列教材按照"专业设置与产业需求相对接、课程内容与职业标准相对接、教学过程与生产过程相对接"的原则，立足产学研发展的整体情况，并结合应用型本科建设需要，主要服务于本科生，同时兼顾研究生夯实学业基础。其涵盖专业基础课、专业核心课及专业综合训练课等内容；重点突出电气工程及其自动化专业的理论基础和实操技术；以纸质教材为主，同时注重运用多媒体途径教学；教材中适当穿插例题、习题，优化、丰富教学内容，使之更满足应用型电气工程及其自动化专业教学的需要。

希望这套基于创新、应用和数字交互内容特色的教材能够得到全国应用型本科院校认可，作为教学和参考用书，也期望广大师生和社会读者不吝指正。

上海理工大学电气工程系

前 言

为了进一步引导高等院校电气工程及其自动化专业本科人才培养主动适应经济社会发展需求，结合应用型本科教育的建设要求，明确和凝练电气工程及其自动化专业的特色，上海市教育委员会开展了应用型本科专业项目建设。该项目以现代工程教育的“成果导向教育”为指导，聚焦于加强应用型本科内涵建设，创新人才培养模式，提高人才培养质量，最终实现专业工程应用教育培养体系的构建。本书就是根据上海市应用型本科专业项目建设所通过的教材规划而编写的。

本书是电气类专业一门重要的专业基础课程教材，教材介绍了电路的基本概念、基本定律及分析方法。通过学习，可使学生获得电路分析的基础知识，培养学生分析问题和解决问题的能力，树立理论联系实际的工程观点，从而为电路设计及后续相关专业课程的学习及应用打好基础；通过学习，可使学生获得直流稳态电路、交流单相及三相稳态电路、暂态电路、电磁耦合电路分析的基础知识，即通过求解电路中的电压、电流和功率，了解电路的特性。同时，学生能够运用课本所学知识在给定电路技术指标的情况下，设计实际电路并确定元件参数，实现信号的传递、处理和控制。

本书是作者在多年讲授电路课程的基础上，汲取了上海理工大学电工电子教研室全体老师的智慧和教学经验，并根据全国高等工科院校《电路课程教学基本要求》以及上海理工大学862专业课电路与电子技术基础课程考试大纲编写而成。

本书与国内出版的同类教材比较，编写特点如下：鉴于学生学习时间有限，书中删减了部分不常用的知识；作者均具有工程实践经验，书中内容尽可能做到理论联系实践；书中习题基于考研真题，通过练习，可加深学生对知识的理解和巩固。

全书编写分工如下：姚磊编写第1～2章，李海英编写第3章，田颖编写第4～5章，韩冬编写第6～7章，杨芳艳编写第8章。全书由韩冬统稿并负责出版联络。上海交通大学严正教授、太原理工大学宋建成教授、上海理工大学侯文副教授和蒋玲老师对书稿进行了初审，提出了宝贵的修改意见，在此谨致以衷心的感谢。

限于作者水平及时间仓促，书中难免存在不妥和错误之处，希望读者予以批评指正。

作者

目 录

第1章

电路基本概念和定律

本章内容

本章介绍了电路模型、电路元件的概念，电压和电流的参考方向如何选取，电路元件与电路吸收或发出功率的计算；本章还介绍了电阻、电容、电感、独立电源以及受控电源。电路中的电压、电流之间具有两种约束，一种是由电路元件决定的元件约束，另一种是元件间连接而引入的几何约束，后者由基尔霍夫定律来表达。基尔霍夫定律是集总参数电路的基本定律。

本章特点

本章从电路模型、电路元件以及电路基本定律入手，介绍了电路的基础知识。本章作为其他章节的知识基础，从原理上介绍电路的基本概念和定律。

1.1 电路和电路模型

实际电路是指由电阻器、电容器、线圈、变压器、晶体管、运算放大器、传输线、电池、发电机和信号发生器等电气器件和设备连接而成的电路。而在研究实际电路中，往往会将其抽象为电路模型。

实际电路的电路模型由理想电路元件相互连接而成。理想元件是组成电路的最小单元，是具有某种确定电磁性质并有精确数学定义的基本结构。电路模型中各理想元件的端子是用理想导线连接起来的。理想导线的电阻为零，且假设当导线中有电流时，导线内、外均无电场和磁场。

例如生活中常见的照明灯泡，如果用导线将其与电池连接，如图 1－1a 所示，灯泡会被点亮。其电路模型如图 1－1b 所示。

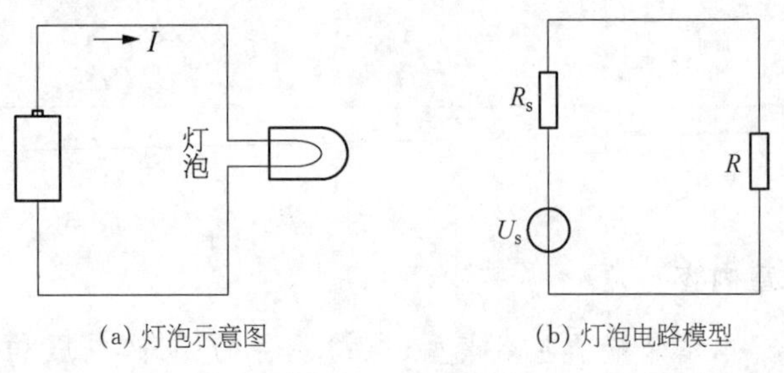

(a) 灯泡示意图　(b) 灯泡电路模型

图 1－1　照明电路

利用麦克斯韦方程并通过细致地分析灯泡、电池和导线的物理特性，可得出电流值，但这是个相当复杂的过程。而这里的电路模型，就可以简化为下步任务。将干电池用电压源 U_s 和电阻元件 R_s 的串联组合作为模型；忽略灯泡的内部属性，而将灯泡表示为一个离散的元件电阻 R。所以电流

$$I=\frac{U_s}{R_s+R} \tag{1-1}$$

这里将灯泡表示为电阻 R，其实际形状和物理特性将不再影响计算电流。

需要注意的是，在不同工作条件下，同一实际器件可能采用不同的模型。模型取得恰当，对电路进行分析计算的结果就与实际情况接近。

1.2 电压和电流及其参考方向

在电路分析中，当涉及电路中某个元件或部分电路的电流和电压时，有必要指出电压或电流的参考方向。这是因为电流或电压的实际方向可能是未知的，也可能是随时变动的。

1.2.1 电流及其参考方向

在电场力的作用下电荷产生定向移动便形成电流。为了衡量电流的大小，引入电流强度这一物理量。电流强度简称电流，用 i 表示。其定义为：单位时间内通过导体横截面的电荷量，即

$$i=\frac{\mathrm{d}q}{\mathrm{d}t} \tag{1-2}$$

在国际单位制(SI)中，电荷 q 的单位为 C(库仑)，时间 t 的单位为 s(秒)，电流 i 的单位为 A(安培)。常用的电流单位还有 mA(毫安)和 μA(微安)，$1\ \text{A}=10^3\ \text{mA}=10^6\ \mu\text{A}$。

习惯上把正电荷运动的方向规定为电流的正方向。如果电流的大小和方向都不随时间变化，则称之为直流电流，简称直流，记作 DC，用 I 表示。如果电流的大小和方向都随时间做周期性变化，则称之为交变电流，简称交流，记作 AC，用 i 或 $i(t)$ 表示。其他形式的电流总可以用直流叠加交流的方式来表示。

上述规定的电流方向是电流在电路中的真实方向。对简单电路而言，电流的真实方向是可以直观地确定的，但在一个复杂电路中，往往很难判断出电路中电流的真实方向，而对于大小和方向都随时间变化的交变电流来说，判断其真实方向就更加困难了。为此，引入参考方向的概念。

电流的参考方向可以任意假设，在图中用箭头表示，它并不一定代表电流的真实流向。通常规定：如果电流的真实方向与参考方向相同，则电流为正值；如果电流的真实方向与参考方向相反，则电流为负值。例如，在图 1-2 所示的电路中，方框泛指某电路的一部分，假设电流 i 的参考方向为 a→b，如箭头所示，若计算或测量得出 i 为正值，说明电流的真实方向与参考方向一致，即 i 由 a 端流向 b 端；若计算或测量得出 i 为负值，说明电流的真实方向与参考方向相反，即 i 由 b 端流向 a 端。这就是说，可以用电流的正、负值，再结合电流的参考方向来确定电流的真实方向。因此，不标出电流的参考方向，电流值的正负是没有意义的。

图 1-2　电流参考方向

1.2.2　电压及其参考方向

在电路中电荷能够产生定向移动，一定受到电场力的作用，也就是电场力对电荷做了功。为了衡量电场力做功的大小，引入电压这一物理量，电压用 u 表示，电路中 a、b 两点间的电压等于电场力把单位正电荷从 a 点移到 b 点所做的功。设 dW 为电场力将电路中单位正电荷 dq 从 a 点移到 b 点所做的功，则电路中 a、b 两点间的电压 u 定义为

$$u=\frac{\mathrm{d}W}{\mathrm{d}q} \tag{1-3}$$

在国际单位制中，电荷 q 的单位为 C(库仑)，功 W 的单位为 J(焦耳)，电压 u 的单位为 V(伏特)。常用的电压单位还有 kV(千伏)、mV(毫伏)和 μV(微伏)，$1\ \text{V}=10^3\ \text{mV}=10^6\ \mu\text{V}$。

电压总是与电路中的两个点有关，通常给电压 u 加上脚标，如将 u 写成 u_{ab}，以明确电路中 a、b 两点间的电压。如果正电荷从 a 点移到 b 点是失去能量，则 a 点是高电位，为正端，标以“+”号；b 点是低电位，为负端，标以“−”号，即 u_{ab} 是电压降，其值为正。反之，如果正电荷从 a 点移到 b 点是获得能量，则 a 点是低电位，为负端，标以“−”号；b 点是高电位，为正端，标以“+”号，即 u_{ab} 是电压升，其值为负。

习惯上称电压降为电压，将电压降的方向规定为电压的正方向。如果电压的大小和方向都不随时间变化，则称之为直流电压，用 U 表示。如果电压的大小和方向都随时间做周期性变化，则称之为交流电压，用 u 或 $u(t)$ 表示。其他形式的电压总可以用直流电压叠加交流电压的方式来表示。

对于一个复杂电路而言，电路中电压的真实极性也称真实方向，往往也是很难判断的。为此，也需要引入电压参考方向的概念。

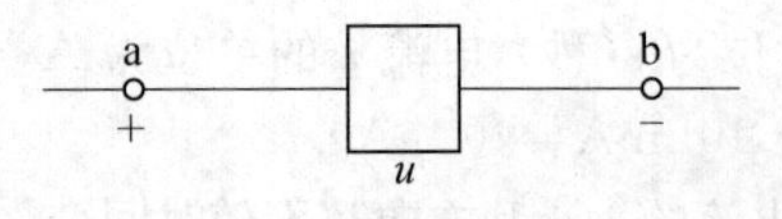

图1-3 电压参考方向

电压的参考方向可以任意假设，在元件或电路的两端用"+""−"符号表示，它并不一定代表电压的真实方向。通常规定：如果电压的真实方向与参考方向相同，则电压为正值；如果电压的真实方向与参考方向相反，则电压为负值。例如，在图1-3所示的电路中，假设电压 u 的参考方向为a端"+"，b端"−"，若计算或测量得出 u 为正值，则说明电压的真实方向与参考方向相同，a端电位高于b端电位；若计算或测量得出 u 为负值，则说明电压的真实方向与参考方向相反，b端电位高于a端电位。这就是说，可以用电压的正、负值，再结合电压的参考方向来表示电压的真实方向。因此，不标出电压的参考方向，电压值的正负是没有意义的。

电路中同一个元件上的电压、电流的参考方向是相互独立的，均可任意假设。如果选择电流的参考方向是从标为电压正极的一端流向标为电压负极的一端，即两者的参考方向一致时，则称为关联参考方向如图1-4a所示。如果选择电流的参考方向是从标为电压负极的一端流向标为电压正极的一端时，则称为非关联参考方向，如图1-4b所示。

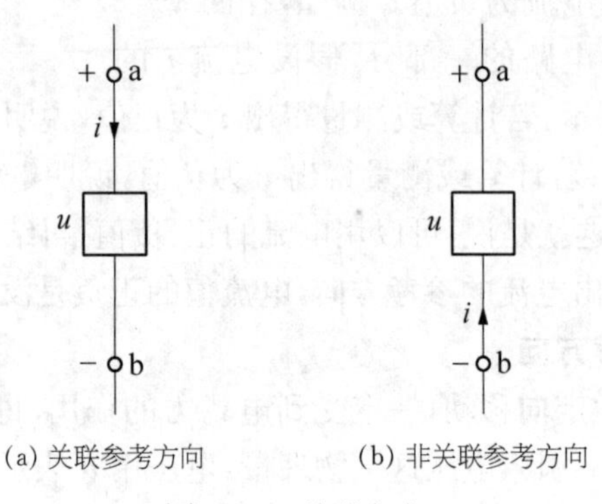

(a) 关联参考方向　(b) 非关联参考方向

图1-4 关联方向

1.3 电功率和能量

在电路的分析和计算中，也需要考虑电路的功率和能量。电功率是指单位时间电场力移动正电荷所做的功，即

$$P=\frac{\mathrm{d}W}{\mathrm{d}t} \tag{1-4}$$

在单位时间 $\mathrm{d}t$ 内，将单位正电荷从A移动到B，电场力对电荷做功，这时元件吸收能量

$$\mathrm{d}W=u\,\mathrm{d}q \tag{1-5}$$

吸收的功率为

$$P=\frac{\mathrm{d}W}{\mathrm{d}t}=ui \tag{1-6}$$

在国际单位制中，电流的单位为A(安培)，电压的单位为V(伏特)，功率的单位为W(瓦特)，能量的单位为J(焦耳)。

电功率吸收和释放的判别，应该从功率 P 的定义出发。功率的定义既能适用于负载又能适用于电源，不管电压 u、电流 i 的方向，都将功率定义为 $P=ui$。当 u、i 取关联参考方向时，$P>0$ 表示元件吸收功率，而 $P<0$ 表示元件释放功率；当 u、i 取非关联参考方向时，$P<0$ 表示元件吸收功率，而 $P>0$ 表示元件释放功率。

例 1-1　如图 1-5 所示元件 A 和 B，电压电流方向已给出，$I_1=I_2=1$ A，判断元件 A 和 B 是吸收功率，还是释放功率？

图 1-5　例 1-1 图

解：(1) 电流、电压为关联参考方向，

$$P_1=U_1I_1=1\times1=1\text{ W}>0$$

元件 A 吸收功率。

(2) 电流、电压为非关联参考方向，

$$P_2=U_2I_2=-1\times1=-1\text{ W}<0$$

元件 B 释放功率。

1.4　无源二端元件

二端元件是指有两个外接引出端子的元件，分为有源二端元件和无源二端元件两大类。本节将介绍无源二端元件中的电阻元件、电容元件和电感元件。

1.4.1　电阻元件

电路中表示材料电阻特性的元件称为电阻器，常用的电阻器有碳膜电阻器、金属膜电阻器、线绕电阻器及电位器等，电阻元件是从实际电阻器中抽象出来的模型。线性电阻元件的符号如图 1-6a 所示，其两端电压和电流的关系称为伏安关系，简写为 VAR，两者服从欧姆定律。当电压与电流参考方向关联时，有

$$u=Ri \tag{1-7}$$

式中，R 为电阻元件的参数，称为元件的电阻。电阻的单位为 Ω(欧姆，简称欧)。常用的电阻单位还有 kΩ(千欧)和 MΩ(兆欧)。换算关系为 $1\text{ k}\Omega=10^3\ \Omega$，$1\text{ M}\Omega=10^6\ \Omega$。

如果电压、电流参考方向取非关联参考方向，欧姆定律的表达式应为

$$u=-Ri \tag{1-8}$$

令 $G=\dfrac{1}{R}$，式(1-7) 变成

$$i=Gu \tag{1-9}$$

式中，G 称为电阻元件的电导。电导的单位是 S(西门子，简称西)。R 和 G 都是电阻元件的参数。

如果把电阻元件的电压取为纵坐标、电流取为横坐标，在 u-i 平面上绘出的曲线称为电阻元件的伏安特性曲线。显然，线性电阻元件的伏安特性曲线是一条经过坐标原点的直线，电

阻值可由直线的斜率来确定，如图 1-6b 所示。

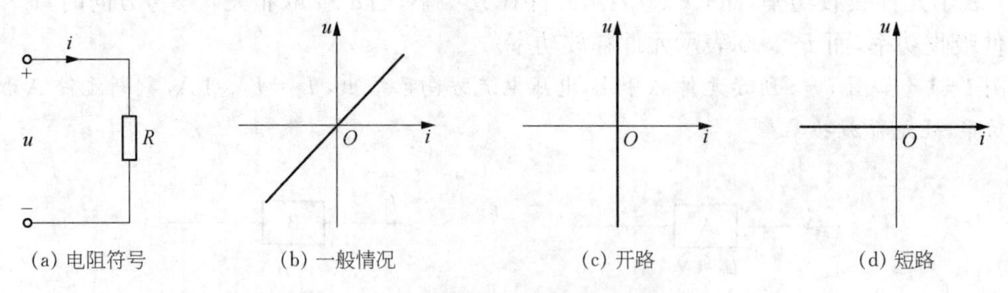

图 1-6 电阻元件及其伏安特性曲线

从线性电阻元件的伏安特性曲线可以看出，任一时刻电阻的电压（或电流）是由同一时刻的电流（或电压）所决定的。也就是说，线性电阻的电压不能“记忆”电流在“历史”上起过的作用，所以称为无记忆元件。对于任一个二端元件，只要电压、电流之间存在代数关系，都是无记忆元件。

线性电阻有两个特殊情况——开路和短路。当电阻元件开路（即 $R=\infty$）时，无论电压为何值，其上的电流恒等于零，如图 1-6c 所示。当电阻元件短路（即 $R=0$）时，无论电流为何值，其两端的电压恒等于零，如图 1-6d 所示。当实际电路出现开路或短路现象时，多数情况是电路出现故障须排除后方能正常工作，但有些场合则需要利用开路或短路现象，如电焊机就是利用短路引起的大电流工作的。

当电压 u 和电流 i 取关联参考方向时，电阻元件消耗的功率为

$$P=ui=Ri^2=\frac{u^2}{R}=Gu^2=\frac{i^2}{G} \tag{1-10}$$

式中，R 和 G 是正实数，故功率 P 恒为非负值。所以线性电阻元件是一种无源元件。

电阻元件在电路中是最常用的一种元件，在实际使用时，不但要知道它的阻值，还需要知道它的额定功率。事实上，为了使各种电气设备和器件能安全、可靠和经济地工作，制造厂家对每个电气设备和器件都规定了工作时允许的最大电流、最高电压和最大功率，这些数值称为额定值。如某一盏电灯的额定电压是 220 V、额定功率是 40 W，虽然实际工作时不一定处于额定状态，但一般不应超过额定值。若超出额定值过多，可能会使电气设备或器件损坏，而当远低于额定值时，不仅得不到正常合理的工作情况，而且也不能充分利用设备的能力。

1.4.2 电容元件

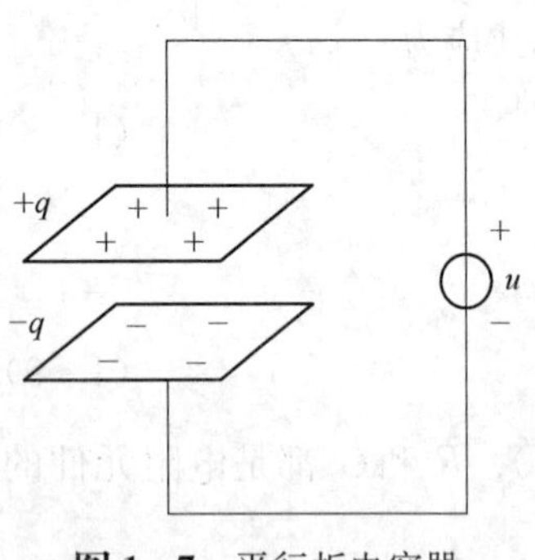

图 1-7 平行板电容器

电容元件是具有储存电场能量性质的元件，是实际电容器的理想化模型。实际电容器一般由两块相互绝缘的金属平行板所构成，并从两极板分别引出外接端。加有电压 u 时，两极板上分别储存有等量的异性电荷 $+q$ 和 $-q$，如图 1-7 所示。当两极板之间的电压 u 变化时，所储存的电荷量 q 亦随之变化。将电荷量 q 与电压 u 的比值定义为电容器的电容量，简称电容，用 C 表示。即

$$C=\frac{q}{u} \tag{1-11}$$

式中，C 是电容元件的参数，称为电容，它是一个正实数。在国际单位制中，当电荷和电压的单位分别是C(库仑)和V(伏特)时，电容的单位为F(法拉，简称法)。常用的电容单位还有 μF(微法)、pF(皮法)，其中 1 $\mu\text{F}=10^{-6}$ F、1 $\text{pF}=10^{-12}$ F。线性电容元件的符号如图 1-8a 所示。图 1-8b 中，以 q 为纵坐标、u 为横坐标，画出电容元件的库伏特性曲线。线性电容元件的库伏特性曲线是一条通过原点的直线。

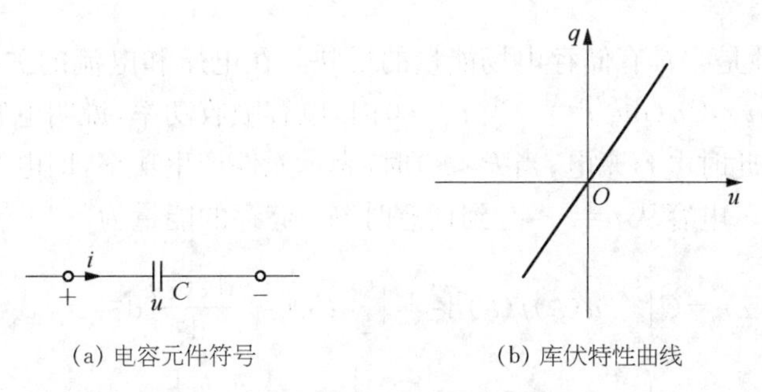

图 1-8　电容元件及其库伏特性曲线

若电容元件的电压、电流参考方向为关联参考方向，则

$$i=\frac{\mathrm{d}q}{\mathrm{d}t}=\frac{\mathrm{d}(Cu)}{\mathrm{d}t}=C\frac{\mathrm{d}u}{\mathrm{d}t} \tag{1-12}$$

若电容元件的电压、电流参考方向为非关联参考方向，则

$$i=-C\frac{\mathrm{d}u}{\mathrm{d}t} \tag{1-13}$$

一般不加特殊说明，均指关联参考方向。

由式(1-12)可见，电容上的电流与其电压的变化率成正比，即动态的电压才能产生电流，所以称为动态元件。如果电容两端电压保持不变，则通过它的电流为零；即对直流电压而言，电容相当于开路，表明电容具有隔直作用。另外由式(1-12)还可以看出，对于有限电流值来说，电容两端的电压不能跃变，即电容变化需要时间，否则电容电流为无穷大。

式(1-12)的逆关系为

$$q=\int i\,\mathrm{d}t \tag{1-14}$$

这是一个不定积分，可写成定积分的表达式

$$q=\int_{-\infty}^{t} i\,\mathrm{d}\xi=\int_{-\infty}^{t_0} i\,\mathrm{d}\xi+\int_{t_0}^{t} i\,\mathrm{d}\xi=q(t_0)+\int_{t_0}^{t} i\,\mathrm{d}\xi \tag{1-15}$$

式中，$q(t_0)$ 为 t_0 时刻电容所带电荷。式(1-15)的物理意义是：t 时刻具有的电荷等于 t_0 时的电荷加以 $t_0 \sim t$ 时间间隔内增加的电荷。如果指定 t_0 为时间的起点并设为零，式(1-15)可写为

$$q(t)=q(0)+\int_{0}^{t} i\,\mathrm{d}\xi \tag{1-16}$$

对于电压和电流的关系，由于 $u=q/\text{C}$，因此有

$$u(t)=u(0)+\frac{1}{C}\int_{0}^{t} i\,\mathrm{d}\xi \tag{1-17}$$

将式(1-17)和式(1-15)做比较可知，电容元件的电压 u 和电流 i 具有动态关系，因此，电容是一个动态元件。从式(1-17)可见，电容电压除与 $0\sim t$ 的电流值有关外，还与 $u(0)$ 值有关，因此，电容元件是一种有“记忆”的元件。与之相比，电阻元件的电压仅与该瞬间的电流值有关，是无记忆的元件。

电容的记忆特性是它具有储存电场能量的反映。在电压和电流的关联参考方向下，电容吸收的功率为 $P=ui=Cu(\mathrm{d}u/\mathrm{d}t)$。当 $P>0$ 时，电容吸收功率，说明电容从电源或外电路中吸收能量建立电场，此时电容充电；当 $P<0$ 时，表示元件产生功率，即电容把储存的能量加以释放，此时电容放电。电容从 $t=-\infty$ 到任意时刻 t 储存的能量为

$$\begin{aligned}W_C(t)&=C\int_{-\infty}^{t} u(\xi)i(\xi)\mathrm{d}\xi=\int_{-\infty}^{t} Cu(\xi)\frac{\mathrm{d}u(\xi)}{\mathrm{d}\xi}\mathrm{d}\xi\\&=C\int_{u(-\infty)}^{u(t)} u(\xi)\mathrm{d}u(\xi)=\frac{1}{2}Cu^2(t)-\frac{1}{2}Cu^2(-\infty)\end{aligned} \tag{1-18}$$

式(1-18)表明，电容能量只与时间端点的电压值有关，与此期间其他电压值无关。可以认为 $u(-\infty)=0$，因为在 $t=-\infty$ 时，电容器未充电，从而得到

$$W_C=\frac{1}{2}Cu^2 \tag{1-19}$$

由于 C 为大于零的常数，故不可能为负，即电容释放能量不可能大于从外电路吸收的能量，所以电容是一个无源元件。

由上述电容性质，可得理想电容器的几个重要特性如下：

(1) 如果电容两端电压不随时间变化，那么流过电容的电流为零，因此电容对直流而言相当于开路；

(2) 即使流过电容的电流为零，电容中也可能储存有限的能量，比如电容两端的电压是常数；

(3) 若流经电容的电流是有限值，则电容电压不跃变，即电容电压是连续的；

(4) 理想电容器不消耗能量，而只会储存能量，从数学模型上来说是正确的，但对实际非理想电容器来说不正确，因为电介质和封装都会使电容器具有一定的内阻，所以实际非理想电容器有一个并联模式的漏电阻。

1.4.3 电感元件

电感元件是具有储存磁场能量性质的元件，是实际电感线圈的理想化模型。用导线绕制成螺线管后，就可以构成电感线圈，如图 1-9a 所示。当一个匝数为 N 的线圈通以变化的电流 i 时，线圈内部以及周围便产生磁场，形成磁通 Φ，磁通与 N 匝线圈相交链，则称为磁链 Ψ，即 $\Psi=N\Phi$。由于电流 i 的变化，引起磁通 Φ 和磁链 Ψ 的变化。将磁链 Ψ 与电流 i 的比值定义为电感线圈的电感量，简称电感，用 L 表示，即

$$L=\frac{\Psi}{i} \tag{1-20}$$

若磁链 Ψ 与电流 i 的变化关系成正比，则电感 L 为常数，此时 Ψ 与 i 的变化关系在 Ψ-i

平面上是一条通过坐标原点的直线，直线的斜率是 L，如图 1－9b 所示，具有这种性质的电感称为线性电感。线性电感元件的符号如图 1－9c 所示。电感 L 是表示电感元件电感量的参数，因此电感元件通常简称为电感。

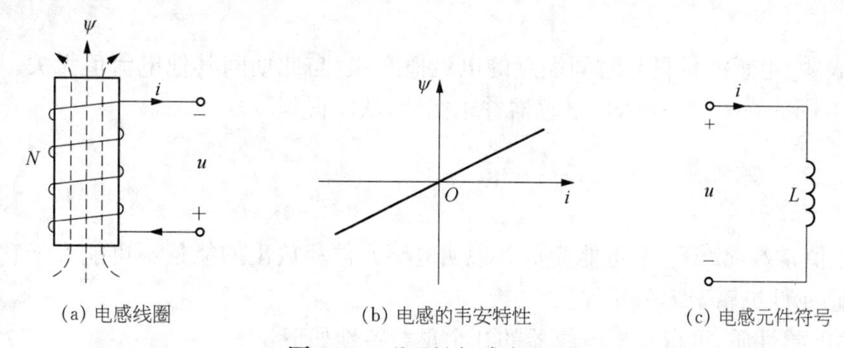

(a) 电感线圈　　(b) 电感的韦安特性　　(c) 电感元件符号

图 1－9　磁通链与感应电压

在国际单位制中，磁通 Φ 和磁链 Ψ 的单位是 Wb(韦伯，简称韦)。当电流 i 单位为 A(安培)时，电感的单位是 H(亨利，简称亨)。常用的电感单位还有 mH(毫亨)、μH(微亨)，其中 $1\ \mathrm{mH}=10^{-3}\ \mathrm{H}$、$1\ \mu\mathrm{H}=10^{-6}\ \mathrm{H}$。

当电感线圈通有随时间变化的电流时，磁链 Ψ 也会随时间变化，在电感线圈两端会感应出电压。如果感应电压 u 的参考方向与 Ψ 的方向符合右手螺旋法则，则根据法拉第电磁感应定律可得

$$u=\frac{\mathrm{d}\Psi}{\mathrm{d}t} \tag{1-21}$$

把 $\Psi=Li$ 代入式(1－21)，可以得到电感元件的电压电流关系如下：

$$u=L\frac{\mathrm{d}i}{\mathrm{d}t} \tag{1-22}$$

式(1－22)表明：某一时刻电感电压只取决于该时刻电流的变化率，因此电感元件也是个动态元件。当电感电流不变即为直流时，电压为零，意味着电感对直流相当于短路。若将电感电流表示成电压的函数，则有

$$i=\frac{1}{L}\int u\,\mathrm{d}t \tag{1-23}$$

写成定积分形式为

$$i=\frac{1}{L}\int_{-\infty}^{t}u\,\mathrm{d}t=\frac{1}{L}\int_{-\infty}^{t_0}u\,\mathrm{d}t+\frac{1}{L}\int_{t_0}^{t}u\,\mathrm{d}t=i(t_0)+\frac{1}{L}\int_{t_0}^{t}u\,\mathrm{d}t \tag{1-24}$$

式中，$i(t_0)=\frac{1}{L}\int_{-\infty}^{t_0}u\,\mathrm{d}t$，体现了起始时刻 $t=t_0$ 之前电压对电感电流的贡献，称为电感元件的初始电流或初始状态。

式(1－24)表明，某一时刻电感上的电流与该时刻以前电压的全部历史有关，即电感电流有“记忆”电压的性质，因此电感也是一种记忆元件。

电感的记忆特性是其储存磁场能量的反映。当电感上电压和电流在关联参考方向下，线性电感元件吸收的功率为 $P=ui=Li\frac{\mathrm{d}i}{\mathrm{d}t}$。当 $P>0$ 时，电感从外电路中吸收能量建立磁场；当

$P<0$ 时，电感释放储存的能量，其中从 $-\infty$ 到 t 储存的能量为

$$W_L(t)=\int_{-\infty}^{t}P\mathrm{d}\xi=\int_{-\infty}^{t}Li(\xi)\frac{\mathrm{d}i(\xi)}{\mathrm{d}\xi}\mathrm{d}\xi=\int_{i(-\infty)}^{i(t)}Li(\xi)\mathrm{d}i(\xi)=\frac{1}{2}Li^2(t)-\frac{1}{2}Li^2(-\infty) \tag{1-25}$$

式(1-25)表明，电感能量只与时间端点的电流值有关，与此期间其他电流值无关。可以认为 $i(-\infty)=0$，因为在 $t=-\infty$ 时，电感器并未储能，从而得到

$$W_L=\frac{1}{2}Li^2 \tag{1-26}$$

由于 L 为正值常数，故 W_L 不可能为负。说明电感元件释放出的能量不可能大于它吸收的能量，因而电感元件也属于无源元件。

由上述电感性质，可得理想电感器的几个重要特性如下：

(1) 如果流过电感的电流不随时间变化，那么电感两端的电压为零，因此电感对直流而言相当于短路；

(2) 即使电感两端的电压为零，电感中也可能储存有限的能量，比如流过电感的电流是常数；

(3) 若电感两端的电压是有限值，则电感电流不跃变，即电感电流是连续的；

(4) 理想电感器不消耗能量，只会储存能量，从数学模型上来说是正确的，但对实际非理想电感器来说不正确，因为实际非理想电感器须考虑有一个串联内阻的存在。

比较电容特性与电感特性，不难发现它们的对偶关系，这里将“电感”替换“电容”、“电感电流”替换“电容电压”、“短路”替换“开路”、“串联”替换“并联”，就得到前面关于电容特性的表述，反之亦然。

R、C 和 L 元件的基本性质总结见表 1-1。

表 1-1 R、C 和 L 元件的基本性质总结

电路元件	单位	物理性质	特性曲线	电压与电流的关系（关联参考方向）	储存能量
R（电阻元件）	Ω	R 为耗能元件，在电路中消耗电源能量并转换为热能	u, O, i	$u=Ri$	无
C（电容元件）	F	C 为储能元件，储存电能，与电源只做能量交换，不消耗功率	q, O, u	$i=C\dfrac{\mathrm{d}u}{\mathrm{d}t}$	$W_C=\dfrac{1}{2}Cu^2$

（续表）

电路元件	单位	物理性质	特性曲线	电压与电流的关系（关联参考方向）	储存能量
L（电感元件）	H	L 为储能元件，储存磁能，与电源只做能量交换，不消耗功率	ψ_L, O, i	$u=L\dfrac{\mathrm{d}i}{\mathrm{d}t}$	$W_L=\dfrac{1}{2}Li^2$

1.5　独立源和受控源

独立源是二端元件，在电路中能作为激励来激发电路中的响应。独立源分为独立电压源和独立电流源两种类型，简称电压源和电流源。这是两个完全独立、彼此不能替代的理想电源模型。

电压源的图形符号如图 1-10a 所示。当 u_s 为恒定值时，这种电压源成为恒定电压源或直流电压源，用 U_s 表示。图 1-10b 给出电压源接外电路的情况，端子间的电压 $u=u_s(t)$，不受外电路影响。

在图 1-10b 中，电压源的电压和通过电压源电流的参考方向取为非关联参考方向，此时，电压源发出的功率为

$$P(t)=u_s(t)i(t) \tag{1-27}$$

它也是外电路吸收的功率。

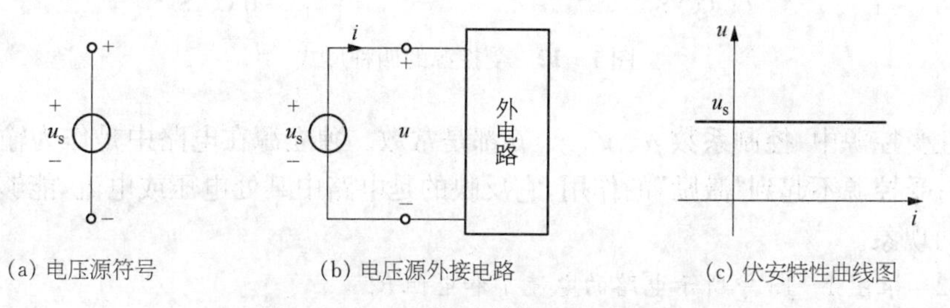

(a) 电压源符号　(b) 电压源外接电路　(c) 伏安特性曲线图

图 1-10　电压源及其伏安特性曲线

电流源的电流 $i(t)$ 与端电压无关，并且总有 $i(t)=i_s(t)$。电流源的端电压由外电路决定。电流源的图形符号如图 1-11a 所示，图 1-11b 给出了电流源接外电路的情况。

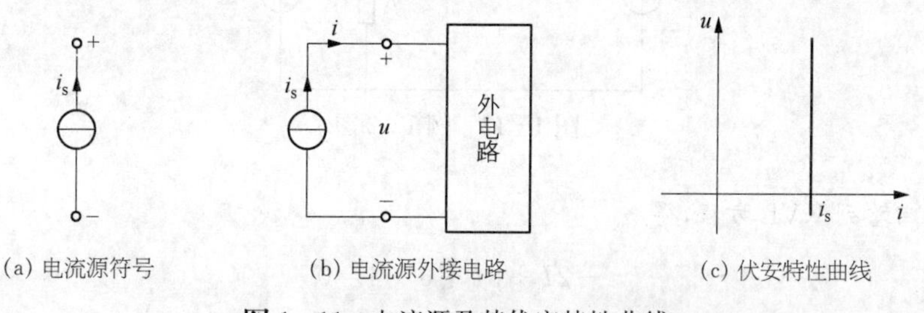

(a) 电流源符号　(b) 电流源外接电路　(c) 伏安特性曲线

图 1-11　电流源及其伏安特性曲线

在图 1-11b 中，电流源电流和电压的参考方向为非关联参考方向，所以电流源发出的功率为

$$P(t)=u(t)i_s(t) \tag{1-28}$$

它也是外电路吸收的功率。

受控源又称“非独立”电源。一般来说，一条支路的电压或电流受本支路以外的其他因素控制时统称受控源。受控源由两条支路组成，其第一条支路是控制支路，呈开路或短路状态；第二条支路是受控支路，它是一个电压源或电流源，其电压或电流的量值受第一条支路电压或电流的控制。

根据控制支路控制量的不同，受控源分为四种，即电压控制电压源(VCVS)、电压控制电流源(VCCS)、电流控制电压源(CCVS)和电流控制电流源(CCCS)。它们在电路中的符号如图 1-12 所示。为了与独立源相区别，受控源采用菱形符号表示。

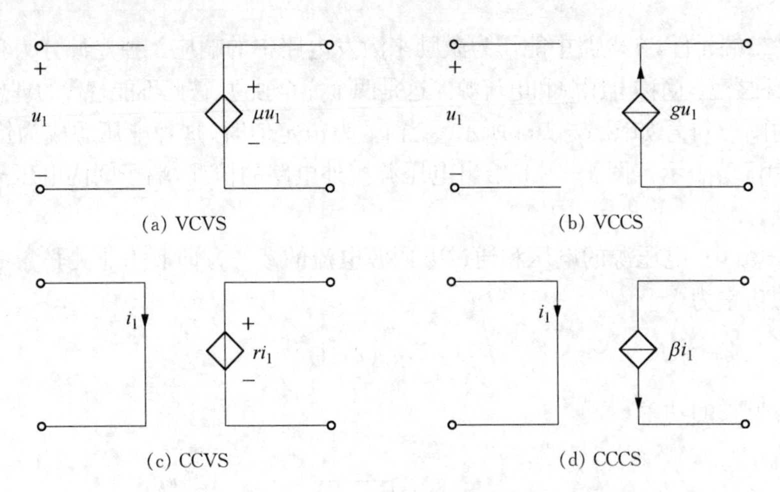

图 1-12 受控源的四种形式

在线性受控源中，控制系数 μ、g、r、β 都是常数。独立源在电路中是作为输入，起到“激励”的作用；受控源不起到“激励”的作用，它反映的是电路中某处电压或电流，能够控制一处电压或电流的现象。

例 1-2 求图 1-13 中所示电路的电流 I 和电阻 R。

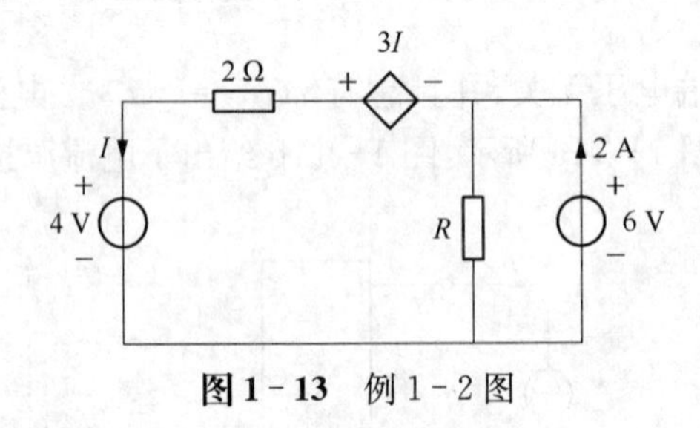

图 1-13 例 1-2 图

解: 对大回路列 KVL 方程，得

$$-2I+3I+6-4=0$$

解得

$$I=-2\ \text{A}$$

$$R=\frac{6}{2-I}=1.5\ \Omega$$

例1-3　求电路图(图1-14)中的电流 i_0，$i_s=1$ A，$u_2=2u_1$。

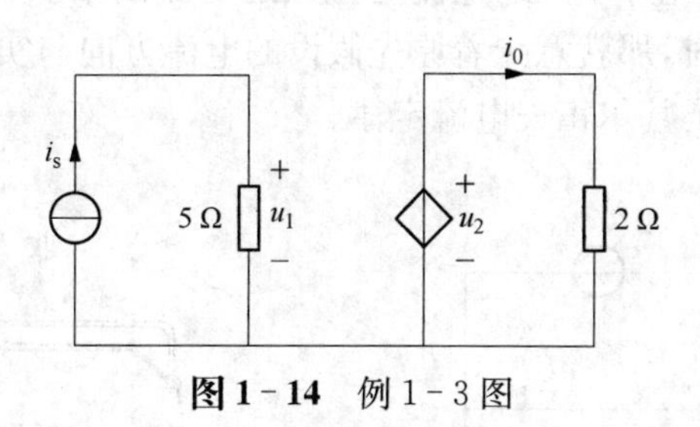

图1-14　例1-3图

解:u_2 的大小、方向随着 u_1 的改变而改变，满足 $u_2=2u_1$，则有

$$u_1=5i_s=5\ \text{V},\ u_2=2u_1=10\ \text{V}$$

所以

$$i_0=\frac{u_2}{2}=5\ \text{A}$$

1.6 基尔霍夫定律

电路分析的基本依据是电路中的电压和电流存在着两类约束关系。第一类约束称为元件约束，是指电路元件给电路中电压和电流带来的约束，具体体现为元件的伏安关系。第二类约束称为拓扑约束，是指电路结构(连接方式)给电路中电压和电流带来的约束，具体体现为基尔霍夫电压定律和基尔霍夫电流定律。

为了说明基尔霍夫定律，先介绍支路、结点、回路和网孔的概念。

(1) 支路。一个二端元件或若干个二端元件的串联组合称为一条支路。同一条支路上的各元件通过的电流相同，支路数用 b 表示。如图1-15所示电路，$b=6$，它们分别是ab、ac、ad、bc、bd和cd。

(2) 结点。三条或三条以上支路的交汇点称为结点。结点数用 n 表示，如图1-15所示电路中，$n=4$，它们分别是a、b、c和d。对于任何电路，均满足结点数小于支路数，即 $n<b$。

(3) 回路。电路中任何一个闭合路径称为回路。回路数用 l 表示，如图1-15所示电路中，$l=7$，它们分别是abca、acda、bdcb、abcda、abaca、acbda和abda。

(4) 网孔。内部不含有支路的回路称为网孔。网孔数用 m 表示，如图1-15所示电路中，$m=3$，它们分别是adba、acda和bdcb。

网孔是针对平面电路而言的。平面电路是指能画在一个平面上，而又不使任何两条支路交叉的电路，否则称为非平面电路。本书涉及电路均属平面电路。

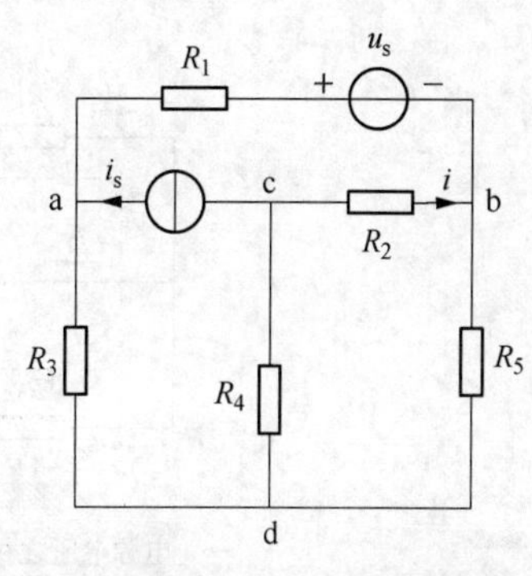

图1-15　示例电路

可以证明，对任何一个电路而言，其支路数 b、结点数 n、网孔数 m 之间均满足关系式

$$m = b - (n - 1) \tag{1-29}$$

基尔霍夫电流定律(KCL) 电路中流出任何一个结点的电流一定等于流入该结点的电流。即流入任意结点的支路电流的代数和一定为零。

对于实际电路，因为起先并不知道电流是流入还是流出结点，所以可任意假设。所以，如果电流的计算结果为(−)时，那就意味着原先假设的电流方向与实际流向相反。

图 1－16 形象地表示了基尔霍夫电流定律。

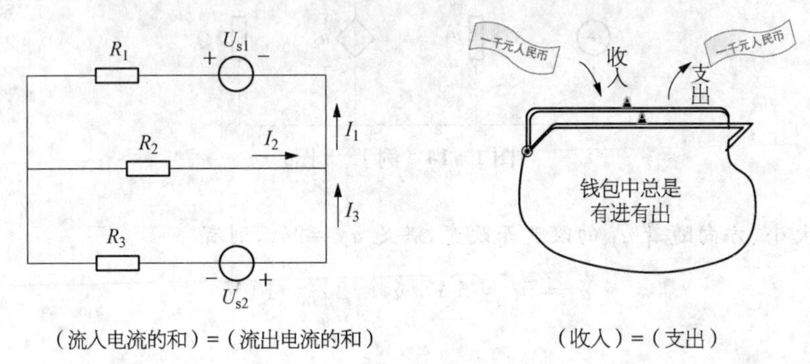

图 1－16 基尔霍夫电流定律

基尔霍夫电压定律(KVL) 网络中任何闭合路径上支路电压的代数和一定为零。换句话说就是，两个结点间的电压独立于计算该电压所选择的路径。

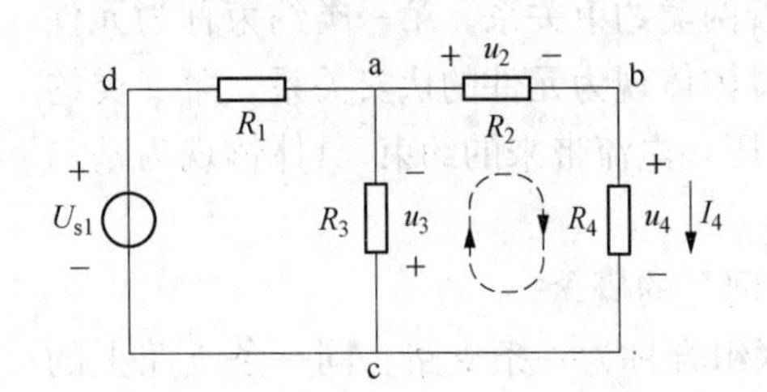

图 1－17 网络中闭合回路的电压

图 1－17 中，回路从结点 a 开始，经过结点 b 和 c，最终回到结点 a，构成闭合回路。换句话说，图 1－17 中由三条电路支路 a→b、b→c、c→a 定义的闭合回路是一个闭合路径。

根据 KVL，该回路中支路电压之和为零，即

$$u_2 + u_3 + u_4 = 0 \tag{1-30}$$

其中由于回路的方向是从元件的正接线端到负接线端，因此上述三项均为正。在写闭合回路电压方程时考虑支路电压的极性是非常重要的。

图 1－18 形象地表示了基尔霍夫电压定律。

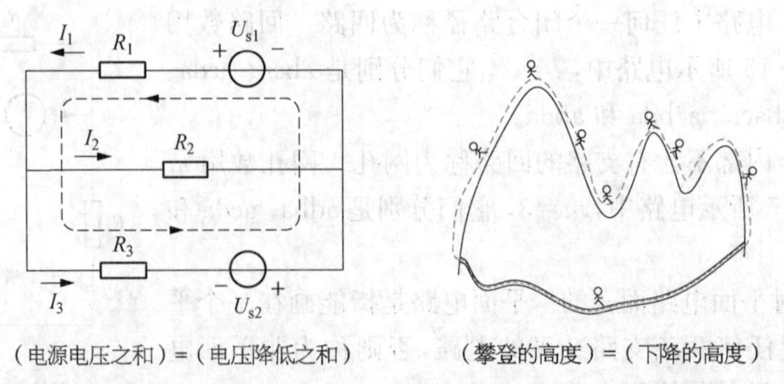

图 1－18 基尔霍夫电压定律

应用基尔霍夫电压定律时必须注意的是，电源电压和电压降有时为负。各电压的正(＋)和负(－)规定如下：

(1) 电源电压(图1－19a)：顺电路绕行方向电压升高时为正(＋)；顺电路绕行方向电压下降时为负(－)。

(2) 电压降(图1－19b)：电路绕行方向和设定的电流方向相同时为正(＋)；电路绕行方向和设定的电流方向相反时为负(－)。

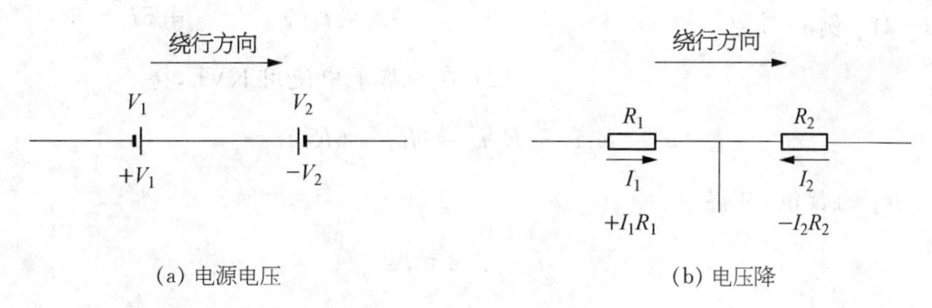

(a) 电源电压　　(b) 电压降

图1－19 电压的正和负

基尔霍夫定律的应用步骤如下：

(1) 假设电流方向，写出基于KCL的方程。

(2) 规定闭合回路的绕行方向，写出基于KVL的方程。

(3) 解由上述(1)和(2)列出的联立方程组。因为解方程组时方程数和未知数须相同，所以上述(1)和(2)中双方的方程缺少时，就解不出来。

注意：只有在集总参数电路中，才适用基尔霍夫定律。

例1－4 图1－20所示电路中，电阻$R_1=1\ \Omega$、$R_2=2\ \Omega$、$R_3=10\ \Omega$，$U_{s1}=3\ \text{V}$、$U_{s2}=1\ \text{V}$。求电阻R_1两端的电压U_1。

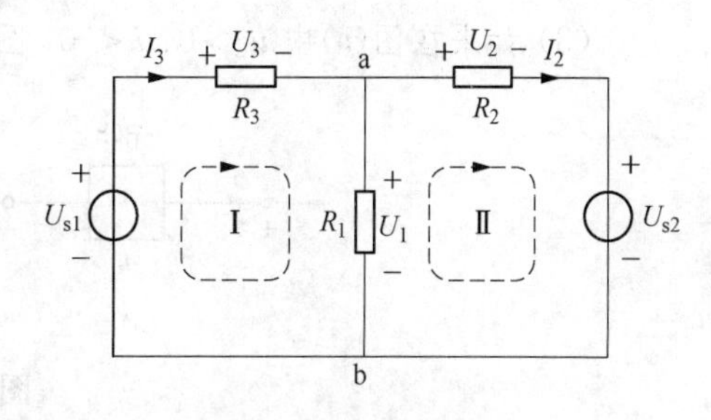

图1－20 例1－4图

解：各支路电压与电流的参考方向如图1－20所示。现将支路电流I_1、I_2与I_3都以求解的未知量U_1来表示。有$I_1=\dfrac{U_1}{R_1}=\dfrac{U_1}{1}=U_1$；并据Ⅰ、Ⅱ回路由KVL可得$U_1=U_{s1}-R_3I_3$与$U_1=R_2I_2+U_{s2}$，从而得到

$$I_3=\frac{U_{s1}-U_1}{R_3}=\frac{3-U_1}{10}$$

与

$$I_2=\frac{U_1-U_{s1}}{R_2}=\frac{U_1-1}{2}$$

在结点a使用KCL，有$I_3=I_1+I_2$，即

$$\frac{3-U_1}{10}=U_1+\frac{U_1-1}{2}$$

从而解得

$$U_1=0.5\ \text{V}$$

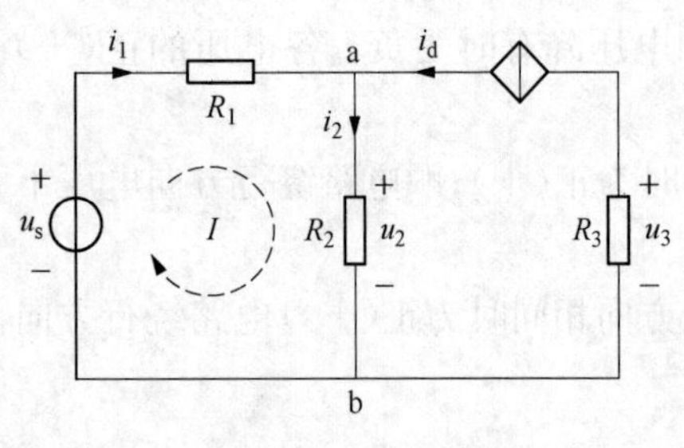

图 1-21 例 1-5 图

例 1-5 图 1-21 所示电路中，$R_1=2\ \text{k}\Omega$，$R_2=500\ \Omega$，$R_3=200\ \Omega$，$u_s=12\ \text{V}$，电流控制电流源的激励电流 $i_d=5i_1$，求电阻 R_3 两端的电压 u_3。

解：这是一个有受控源的电路，宜选择控制量 i_1 作为未知量先求解，解得 i_1 后再通过 i_d 求 u_s。可分以下步骤进行：

(1) 在结点 a 使用 KCL，可知流过 R_2 的电流

$$i_2=i_1+i_d=i_1+5i_1=6i_1$$

(2) 在回路Ⅰ中使用 KVL，得

$$u_s=R_1i_1+R_2i_2=(R_1+6R_2)i_1$$

代入 u_s、R_1、R_2 的数值，可得

$$i_1=2.4\ \text{mA}$$

(3) R_2 两端的电压 u_3 为

$$u_3=-R_3i_d=-R_3\times5i_1=-2.4\ \text{V}$$

习　题

1. 说明图 1-22 中：

(1) u、i 的参考方向是否关联？

(2) ui 乘积表示什么功率？

(3) 如果在图(a)中 $u>0$、$i<0$，图(b)中 $u>0$、$i>0$，元件实际发出功率还是吸收功率？

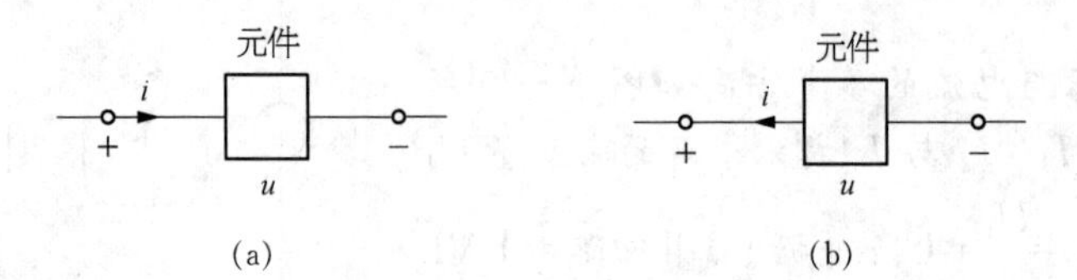

图 1-22 第 1 题图

2. 求图 1-23 各电路中电压源、电流源及电阻的功率(须说明是吸收还是发出)。

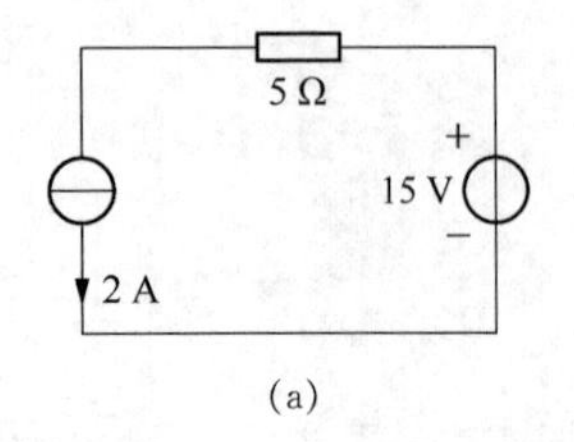

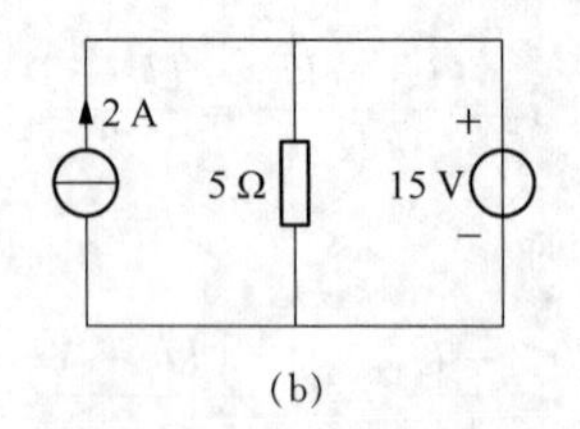

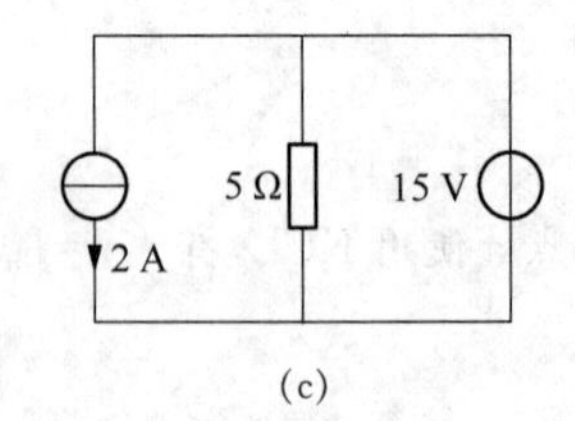

图 1-23 第 2 题图

3. 图 1-24 中各元件的电流 I 均为 2 A。求：

(1) 各图中支路电压；

(2) 各图中电源、电阻及支路的功率，并讨论功率平衡关系。

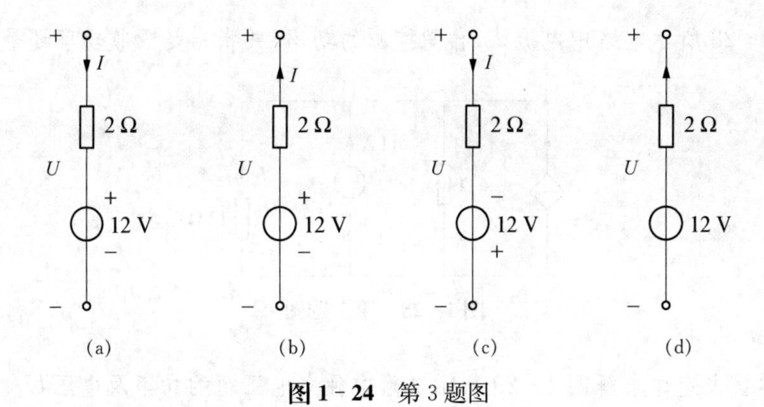

图 1-24 第3题图

4. 求图 1-25 所示电路中电流 I 及受控源吸收的功率。

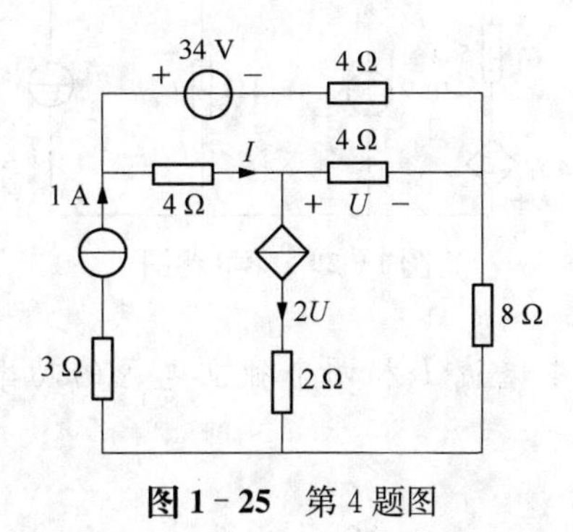

图 1-25 第4题图

5. (1) 已知图 1-26a 中，$R=2\ \Omega$, $i_1=1\ \text{A}$, 求电流 i；

(2) 已知图 1-26b 中，$u_s=10\ \text{V}$, $i_1=2\ \text{A}$, $R_1=4.5\ \Omega$, $R_2=1\ \Omega$, 求电流 i_2。

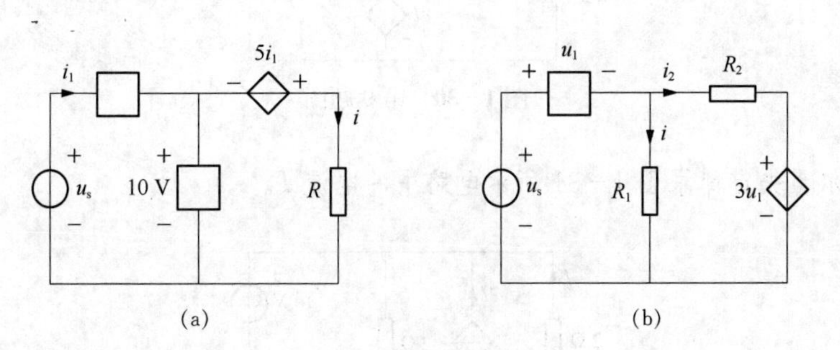

图 1-26 第5题图

6. 图 1-27 所示电路中，用基尔霍夫定律求 I_1 和 I_2。

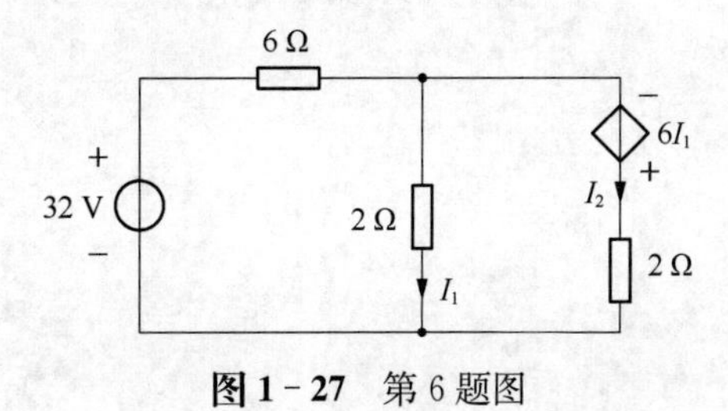

图 1-27 第6题图

7. 求图 1-28 所示电路中电流 I_1 和受控源的功率(并指出是吸收功率还是发出功率)。

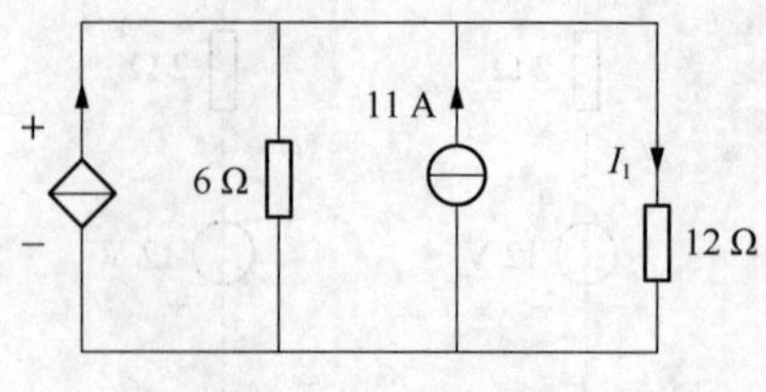

图 1-28 第 7 题图

8. 用基尔霍夫定律求解图 1-29 所示电路中独立电压源的功率及电压 U_x。

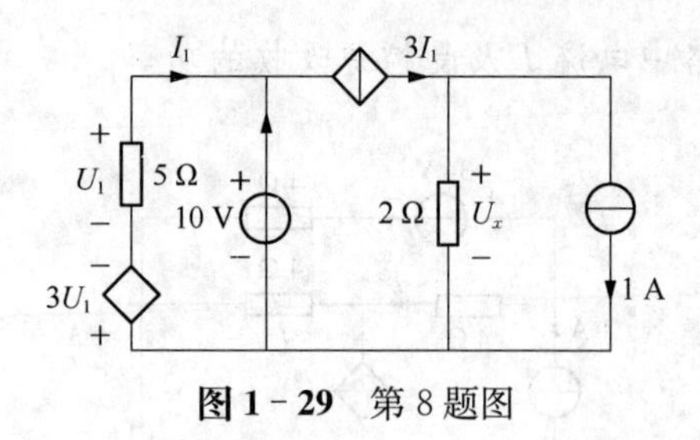

图 1-29 第 8 题图

9. 求图 1-30 所示电路中电流 I 和两个独立电源的功率,并验证整个电路功率是否平衡。

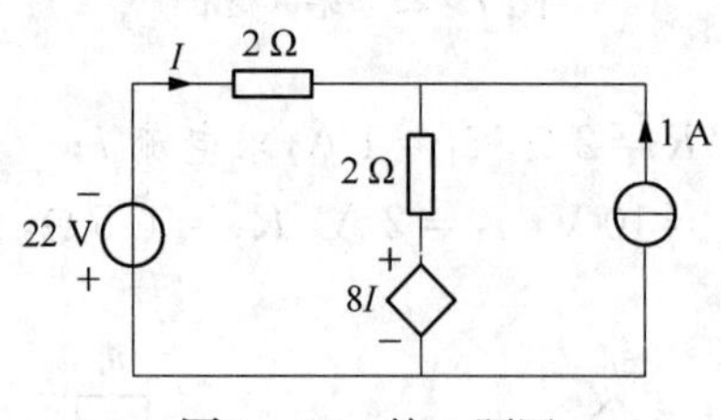

图 1-30 第 9 题图

10. 用基尔霍夫定律求图 1-31 所示电路中的电流 I。

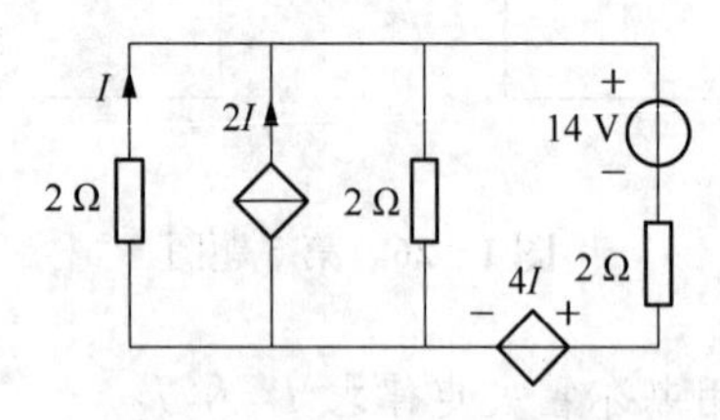

图 1-31 第 10 题图

第 2 章

线性电阻电路分析

本章内容

本章首先介绍了电路等效变换的概念，主要包括电阻的串联、并联、星形联结和三角形联结，还有电源的串联与并联、电源的等效变换以及一端口电路输入电阻的计算；接下来介绍了线性电阻电路方程的建立方法，主要包括电路图论的初步概念、网孔电流法和结点电压法。

本章特点

本章以第 1 章电路基本知识为基础，介绍了分析线性电阻电路的基本方法，初步接触电路的基本变换方法和电路的系统求解法。

2.1 电阻的等效变换

对电路进行分析和计算时，有时可以把电路中的某一部分简化，即用一个较为简单的电路代替原电路。例如在图 2-1a 中，右方虚线框中由几个电阻构成的电路可以由一个电阻 R_{eq} 如图 2-1b 代替，从而使整个电路得以简化。进行代替的条件是使图 2-1a、b 中，端子 1-1′ 以右的部分有相同的伏安特性。电阻 R_{eq} 称为等效电阻，其值决定于被代替原电路中各电阻的值以及它们的连接方式。

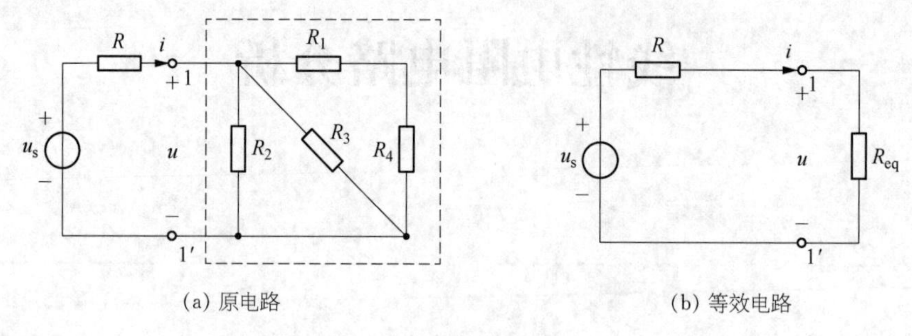

(a) 原电路　　(b) 等效电路

图 2-1　等效电阻

另一方面，当图 2-1a 中端子 1-1′以右电路被 R_{eq} 代替后，1-1′以左部分电路的任何电压和电流都将维持与原电路相同。这就是电路的“等效概念”。更一般地说，用等效电路的方法求解电路时，电压和电流保持不变的部分仅限于等效电路以外，这就是“对外等效”的概念。等效电路是被代替部分的简化或结构变形，因此，内部并不等效。例如，把图 2-1a 简化后，不难按照图 2-1b 求得端子 1-1′以左部分的电流 i 和端子 1-1′的电压 u，它们分别等于原电路中的电流 i 和电压 u。如果要求出图 2-1a 中虚线框内各电阻的电流，就必须回到原电路，根据已求得的电流 i 和电压 u 来求解。可见，“对外等效”也就是指其外部特性等效。

电阻的等效变换包括电阻的串联、并联的变换以及电阻的星形联结和三角形联结的等效变换。

2.1.1 电阻的串联

所谓串联，是指各元件依次首尾相接，其特点是流过各元件的电流相同。图 2-2a 所示电路为 n 个电阻的串联连接。下面应用等效的概念推导串联等效电阻。

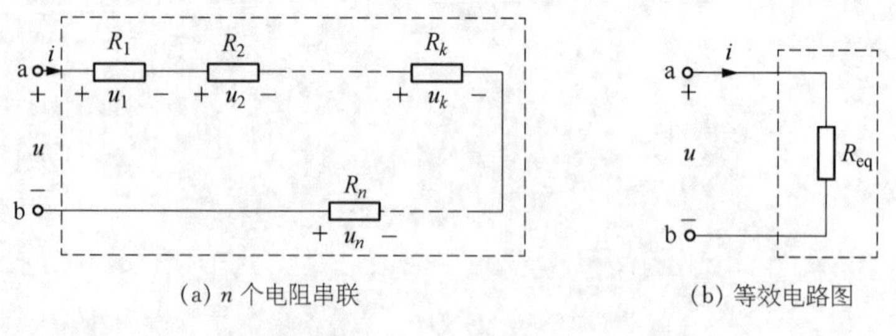

(a) n 个电阻串联　　(b) 等效电路图

图 2-2　电阻的串联

应用 KVL 和欧姆定律，得到其端口伏安特性为

$$u=u_1+u_2+\cdots+u_k+\cdots+u_n=(R_1+R_2+\cdots+R_k+\cdots+R_n)i=R_{eq}i \quad (2-1)$$

其中

$$R_{eq}=\frac{u}{i}=R_1+R_2+\cdots+R_k+\cdots+R_n=\sum_{k=1}^{n}R_k \tag{2-2}$$

电阻 R_{eq} 是这些串联电阻的等效电阻。显然,等效电阻必大于任一个串联的电阻。电阻串联时,各电阻上的电压为

$$u_k=R_k i=\frac{R_k}{R_{eq}}u \quad (k=1,\ 2,\ \cdots,\ n) \tag{2-3}$$

可见,串联的每个电阻,其电压与电阻值成正比。或者说,总电压根据各个串联电阻的值进行分配。式(2-3)称为电压分配公式,或称分压公式。

2.1.2　电阻的并联

所谓并联,是指各二端元件的两端分别连接在一起,形成两个结点、多条支路的二端网络,其特点是各元件两端的电压相等。如图 2-3a 所示的电路为 n 个电阻并联连接,分别用它们的电导表示。下面应用等效的概念推导并联等效电阻。

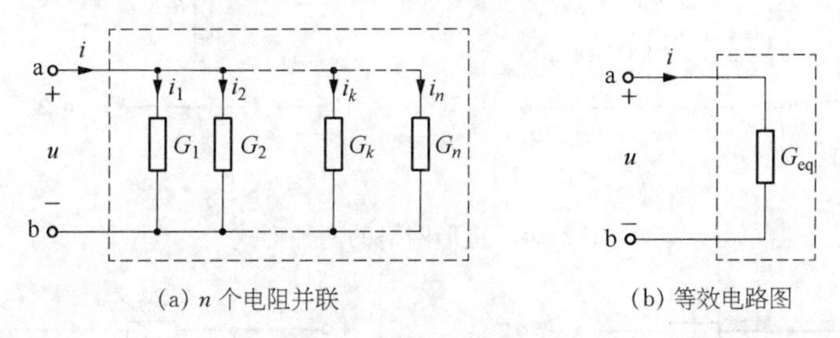

(a) n 个电阻并联　　(b) 等效电路图

图 2-3　电阻的并联

$$\begin{aligned} i&=i_1+i_2+\cdots+i_k+\cdots+i_n=G_1u+G_2u+\cdots+G_ku+\cdots+G_nu \\ &=(G_1+G_2+\cdots+G_k+\cdots+G_n)=G_{eq}u \end{aligned} \tag{2-4}$$

式中,G_1、G_2、…、G_k、…、G_n 为电阻 R_1、R_2、…、R_k、…、R_n 的电导,而

$$G_{eq}=\frac{i}{u}=(G_1+G_2+\cdots+G_k+\cdots+G_n)=\sum_{k=1}^{n}G_k \tag{2-5}$$

G_{eq} 是 n 个电阻并联后的等效电导,显然它大于任意一个被并联的电导。式(2-5)还可以表示为

$$R_{eq}=\frac{1}{G_{eq}}=\frac{1}{\sum\limits_{k=1}^{n}G_k}=\frac{1}{\sum\limits_{k=1}^{n}\frac{1}{R_k}} \tag{2-6}$$

或

$$\frac{1}{R_{eq}}=\sum_{k=1}^{n}\frac{1}{R_k} \tag{2-7}$$

R_{eq} 称为 n 个电阻并联后的等效电阻,显然它小于任意一个被并联的电阻。电阻并联时,各电阻中电流为

$$i_k=G_ku=\frac{G_k}{G_{eq}}i \quad (k=1,\ 2,\ \cdots,\ n) \tag{2-8}$$

可见,每个并联电阻中的电流与它们各自的电导值成正比。式(2-8)称为电流分配公式,

或称分流公式。

当 $n=2$ 即 2 个电阻并联时，等效电阻为

$$R_{eq}=\frac{1}{\frac{1}{R_1}+\frac{1}{R_2}}=\frac{R_1R_2}{R_1+R_2} \tag{2-9}$$

2.1.3 电阻的星形联结和三角形联结的等效变换

电阻元件的串联、并联和混联都属于简单的连接方式。电阻元件还有比较复杂的连接方式。图 2-4 所示为电阻的星形联结图，图 2-5 所示为电阻的三角形联结图，两种互连方式均为三端网络端子 1、2、3 与电路的其他部分相连，图中没有画出电路的其他部分。当两种电路的电阻之间满足一定关系时，它们在端子 1、2、3 上及端子以外的特性可以相同，就是说它们可以等效变换。

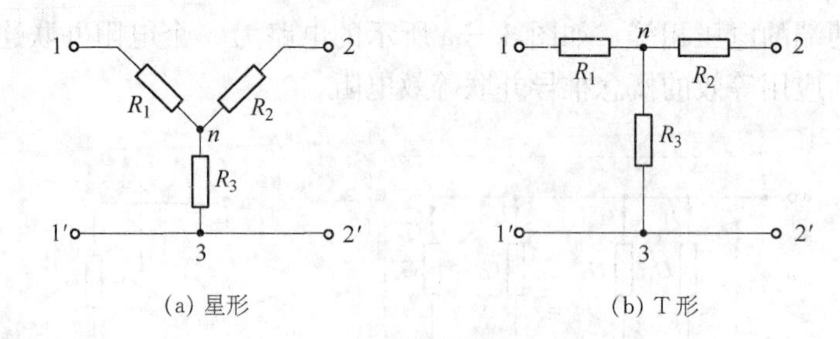

图 2-4 星形网络的两种形式

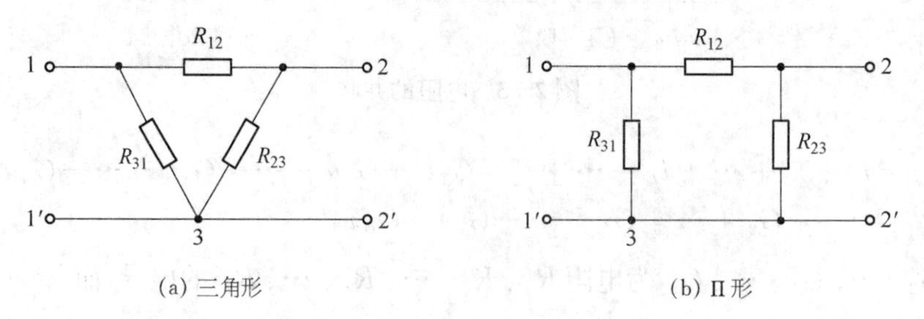

图 2-5 三角形网络的两种形式

图 2-6a 所示电路为电阻的星形联结，也称为Y形联结，图 2-6b 所示电路为电阻的三角形联结，也称△联结。它们都是具有三个端子与外部相连。如果在它们的对应端子之间具有相同的电压 u_{12}、u_{23} 和 u_{31}，而流入对应端子的电流分别相等，即 $i_1=i'_1$、$i_2=i'_2$、$i_3=i'_3$，在这种条件下，它们彼此等效。这就是Y-△等效变换的条件。

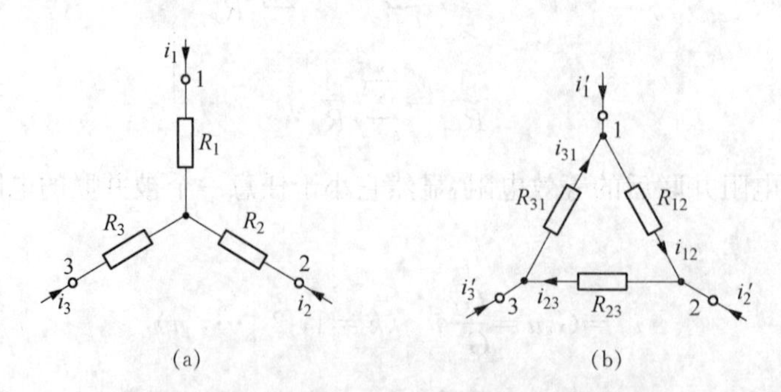

图 2-6 星形联结与三角形联结的等效变换

对于三角形联结电路，各电阻中电流为

$$i_{12}=\frac{u_{12}}{R_{12}},\ i_{23}=\frac{u_{23}}{R_{23}},\ i_{31}=\frac{u_{31}}{R_{31}} \tag{2-10}$$

根据 KCL，端子电流分别为

$$\left.\begin{aligned} i'_1&=\frac{u_{12}}{R_{12}}-\frac{u_{31}}{R_{31}}\\ i'_2&=\frac{u_{23}}{R_{23}}-\frac{u_{12}}{R_{12}}\\ i'_3&=\frac{u_{31}}{R_{31}}-\frac{u_{23}}{R_{23}}\end{aligned}\right\} \tag{2-11}$$

对于星形联结电路，应根据 KCL 和 KVL 求出端子电压和电流之前的关系，方程为

$$\left.\begin{aligned} &i_1+i_2+i_3=0\\ &R_1i_1-R_2i_2=u_{12}\\ &R_2i_2-R_3i_3=u_{23}\end{aligned}\right\} \tag{2-12}$$

可以解出电流

$$\left.\begin{aligned} i_1&=\frac{R_3u_{12}}{R_1R_2+R_2R_3+R_3R_1}-\frac{R_2u_{31}}{R_1R_2+R_2R_3+R_3R_1}\\ i_2&=\frac{R_1u_{23}}{R_1R_2+R_2R_3+R_3R_1}-\frac{R_3u_{12}}{R_1R_2+R_2R_3+R_3R_1}\\ i_3&=\frac{R_2u_{31}}{R_1R_2+R_2R_3+R_3R_1}-\frac{R_1u_{23}}{R_1R_2+R_2R_3+R_3R_1}\end{aligned}\right\} \tag{2-13}$$

由于不论 u_{12}、u_{23} 和 u_{31} 为何值，两个等效电路对应的端子电流均相等，故式(2-11)与式(2-13)中电压 u_{12}、u_{23} 和 u_{31} 前面的系数应该对应相等。于是得到

$$\left.\begin{aligned} R_{12}&=\frac{R_1R_2+R_2R_3+R_3R_1}{R_3}\\ R_{23}&=\frac{R_1R_2+R_2R_3+R_3R_1}{R_1}\\ R_{31}&=\frac{R_1R_2+R_2R_3+R_3R_1}{R_2}\end{aligned}\right\} \tag{2-14}$$

式(2-14)就是根据星形联结的电阻确定三角形联结的电阻的公式。将式(2-14)中三式相加，并对等式右方进行通分可得

$$R_{12}+R_{23}+R_{31}=\frac{(R_1R_2+R_2R_3+R_3R_1)^2}{R_1R_2R_3} \tag{2-15}$$

代入 $R_1R_2+R_2R_3+R_3R_1=R_{12}R_3=R_{31}R_2$ 就可得到 R_1 的表达式，同理可得 R_2 和 R_3。公式分别为

$$\left.\begin{aligned}R_1&=\frac{R_{12}R_{31}}{R_{12}+R_{23}+R_{31}}\\R_2&=\frac{R_{23}R_{12}}{R_{12}+R_{23}+R_{31}}\\R_3&=\frac{R_{31}R_{23}}{R_{12}+R_{23}+R_{31}}\end{aligned}\right\}\tag{2-16}$$

式(2-16)就是根据三角形联结的电阻确定星形联结的电阻公式。为了便于记忆,以上互换公式可归纳为

$$星形电阻=\frac{三角形相邻电阻的乘积}{三角形电阻之和}$$

$$三角形电阻=\frac{星形电阻两两乘积之和}{星形不相邻电阻}$$

注意这些公式的量纲和端子1、2、3的互换性有助于记忆。

若星形联结中三个电阻相等,即 $R_1=R_2=R_3=R_Y$,则等效三角形联结中三个电阻也相等,即有

$$R_\triangle=R_{12}=R_{23}=R_{31}=3R_Y$$

或

$$R_Y=\frac{1}{3}R_\triangle\tag{2-17}$$

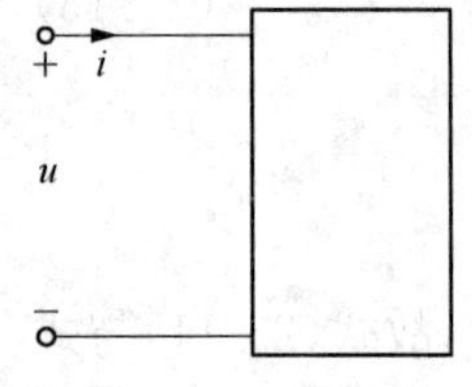

图 2-7 一端口网络

2.1.4 输入电阻

任何一个复杂的电路或网络,向外引出两个端子,且从一个端子流入的电流一定等于另一端子流出的电流,则称这种电路或网络为一端口网络(图 2-7)或二端口网络。

端口的输入电阻是指一个电路输入端的等效电阻。若一个端口内部仅含电阻,则可以通过电阻的等效变换得到它的等效电阻;若一个端口内部除电阻外还有受控源,但不含任何独立电源,不论内部如何复杂,端口电压 u 与端口电流 i 成正比。所以,一端口的输入电阻为 $R_i=u/i$。

求端口输入电阻的方法除了电阻的等效变换以外,还有称为电压、电流法的。即在端口加以电压源 u_s,然后求出端口电流 i;或在端口加以电流源 i_s,求出端口电压 u。根据 $R_i=u/i$ 即可解得输入电阻。

例 2-1 求图 2-8 所示端口的输入电阻 R_i。

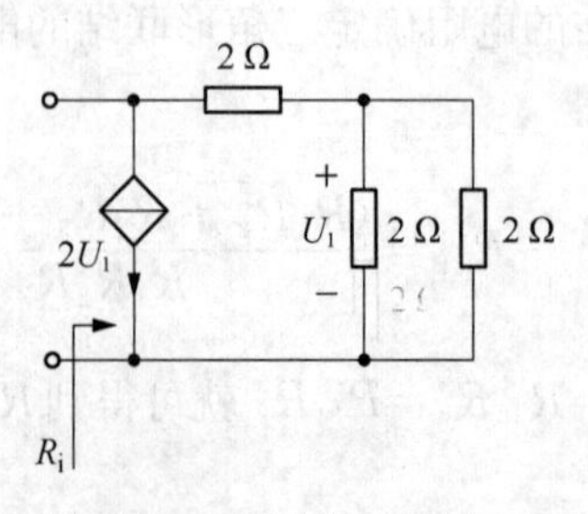

图 2-8 例 2-1 图

解:在端口施加电流源 $I_s=1\ \text{A}$,将并联的两个电阻等效为一个,得到如图 2-9 所示电路。

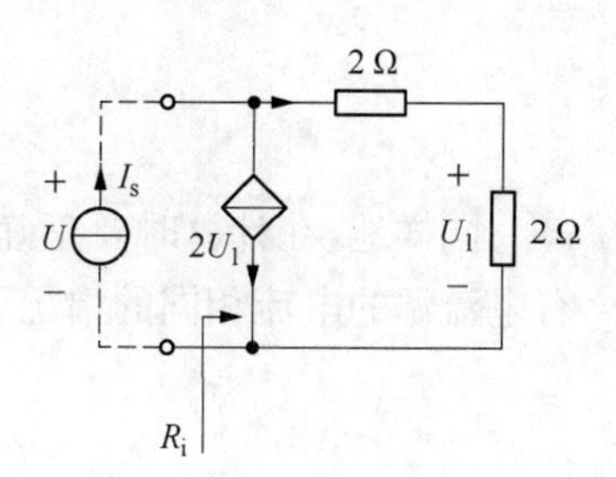

图 2-9　端口施加电流源

设 2 Ω 电阻上的电流为 I,则有

$$I=1-2U_1$$

由于 $U_1=I$,则有

$$I=1-2I$$

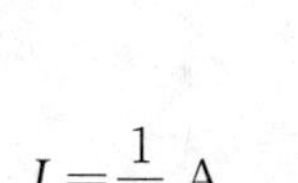

解得

$$I=\frac{1}{3}\ \text{A}$$

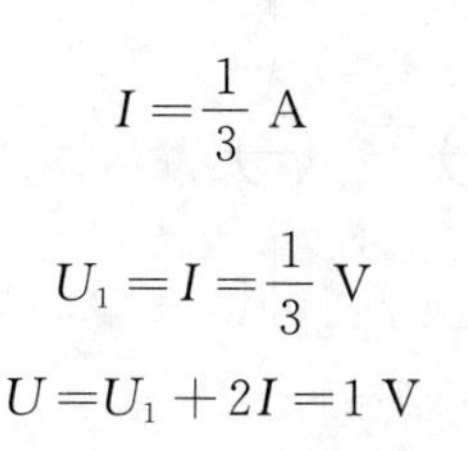

$$U_1=I=\frac{1}{3}\ \text{V}$$

$$U=U_1+2I=1\ \text{V}$$

$$R_i=\frac{U}{I_s}=1\ \Omega$$

2.2 电源的等效变换

对电路进行简化的过程中,一些电源也可以进行简化处理,如电压源串联、电流源并联。然而实际电路中的电源是含有内阻的,含有内阻的实际电源,可以在电压源模型与电流源模型间相互转换。

2.2.1 电压源的串联

一个单口网络由 n 个电压源串联组成,如图 2-10a 所示,可用一个电压源等效代替,如图 2-10b 所示,由 n 个电压源串联的等效电压为

$$u_s=u_{s1}+u_{s2}+\cdots+u_{sn}=\sum_{k=1}^{n}u_{sk} \tag{2-18}$$

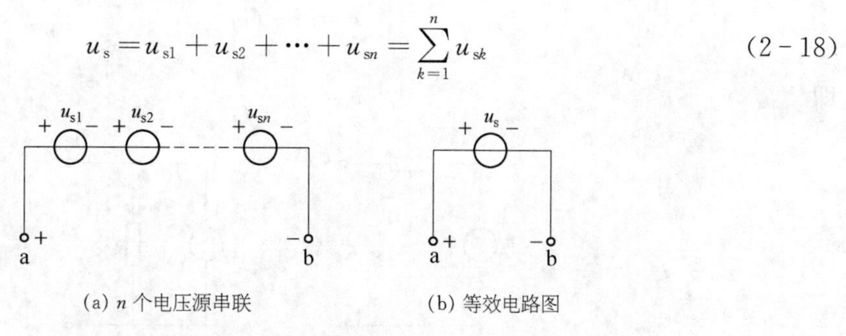

图 2-10　电压源的串联

计算时,应该正确考虑电压源的参考方向,如果某一电压源的参考方向与 u_s 的参考方向相反,该电源应该取负号。

通常情况下,电压源不允许并联,只有在电压源端电压相同的情况下才允许并联,否则违背 KVL。

2.2.2 电流源的并联

一个由 n 个电流源并联组成的单口网络,如图 2-11a 所示,对于任意外电路都有 $i=i_{s1}+i_{s2}+\cdots+i_{sn}$,即它可以用一个理想电流源来等效,如图 2-11b 所示。所以 n 个电流源并联的等效电流为

$$i_s = i_{s1} + i_{s2} + \cdots + i_{sn} = \sum_{k=1}^{n} i_{sk} \tag{2-19}$$

同样地，在计算时要正确考虑电流源的参考方向，如果 i_{sk} 的方向与 i_s 相反，取负号。只有电流源的电流相同的情况下才允许串联，否则违背 KCL。

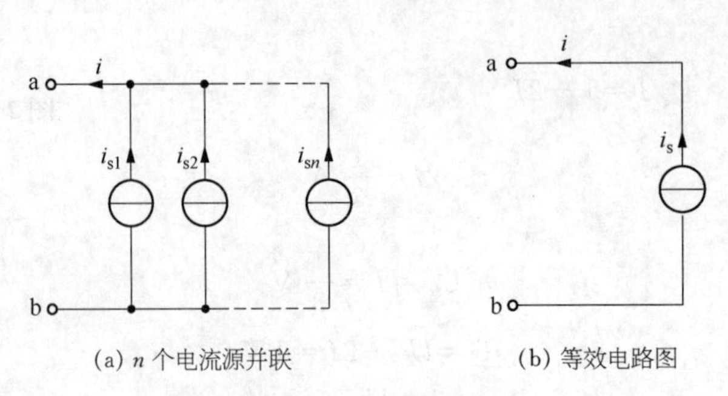

(a) n 个电流源并联　　(b) 等效电路图

图 2-11　电流源的并联

2.2.3　实际电源的等效变换

在电路的计算中，有时需要将电压源模型等效为电流源模型，或将电流源模型等效变换成电压源模型。通过电源的等效变换，可将电路简化成只有一种电源模型的简单电路，使计算变得方便。

这两种模型的等效变换，必须保证端口上的 VAR 不变，即对外电路等效。图 2-12a 为电压源模型，图 2-12b 为电流源模型。

图 2-12a 所示电路的 VAR

$$u = u_s - Ri \tag{2-20}$$

$$i = i_s - Gu \tag{2-21}$$

即

$$u = \frac{i_s}{G} - \frac{i}{G} \tag{2-22}$$

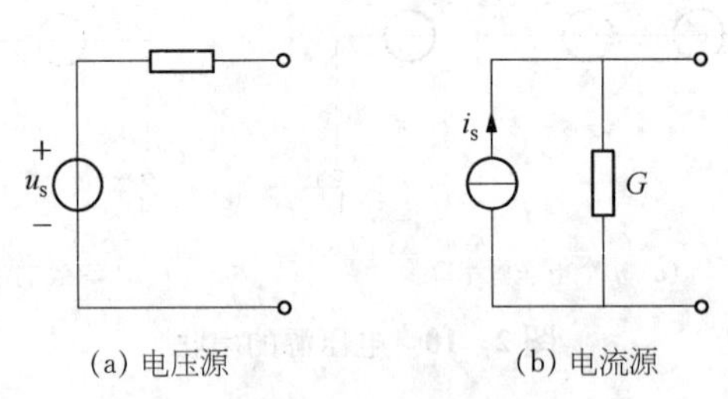

(a) 电压源　　(b) 电流源

图 2-12　电压源和电流源的转换

使两式的 VAR 相同，应该满足

$$\left.\begin{aligned} u_s &= Ri_s \\ R &= \frac{1}{G} \end{aligned}\right\} \tag{2-23}$$

式(2-23)即为两种电源等效变换应该满足的条件，应用时要注意 u_s 和 i_s 的参考方向以及 $R(G)$ 的连接方式。

必须指出，两种等效变换只是对外部电路而言，对内部电路并不等效。因为在开路的情况下，电流源消耗功率，而电压源则不消耗功率，但对外部电路来说，它吸收或发出的功率完全相同。

上述结论还可以推广到含源支路的等效变换，即一个电阻与电压源串联组合或一个电流源与电导并联的组合均可等效变换，而这个电阻或电导并不一定是电源的内阻。

例 2-2　化简如图 2-13 所示电路图，并求出电流 I。

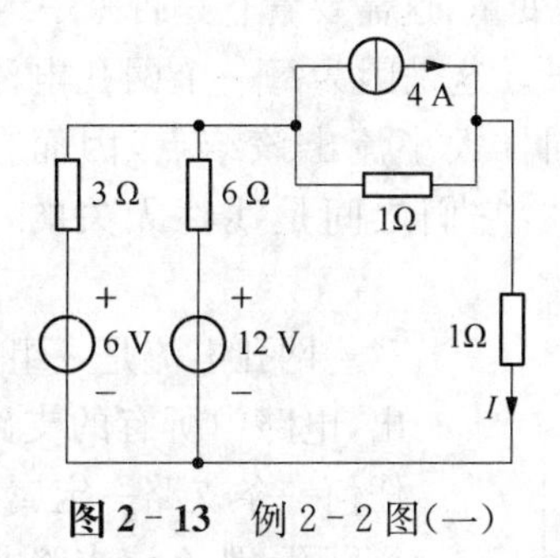

图 2-13　例 2-2 图(一)

解：根据电源的等效变换简化电路，如图 2-14 所示。

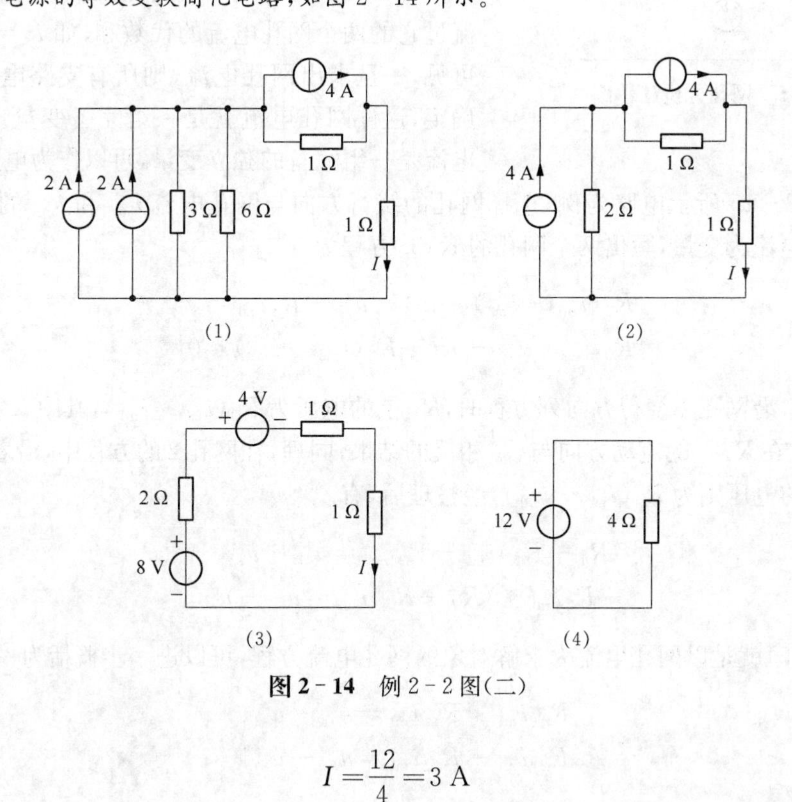

图 2-14　例 2-2 图(二)

故
$$I=\frac{12}{4}=3\ \text{A}$$

2.3　网孔电流分析法

对于结构较为简单的电路，应用前两节介绍的等效变换方法来求解通常是有效的。但是对于结构较为复杂的电路(例如有多个独立电源)，等效变换法的应用不太有效，有时反而使问题复杂化。本节将介绍电路的系统求解法——网孔电流分析法(以下简称“网孔分析法”)。

2.3.1 网孔分析法介绍

网孔分析法是以网孔电流作为电路变量，根据 KVL 列出网孔的电压方程，求出网孔电流，再进一步求得支路电流的方法。这种方法仅适用于平面电路。

网孔电流是一种沿着电路中网孔边界流动的假想电流，如图 2-15 中虚线所示的电流 i_{m1} 和 i_{m2}。网孔电流没有物理含义，只是为了减少电路变量而提出的，电路中真正流动的是支路电流。网孔电流能否作为电路的变量，这需要看它是否是一组独立的并且完备的变量。

网孔电流是一组独立的变量。这是因为每一个网孔电流只能沿着网孔流动，当它流经某结点时不会被分流，而是以同样大小流出该结点，因而自身满足 KCL。而各网孔电流之间则不能通过 KCL 建立关系，它们之间是线性无关的，因此，网孔电流是一组独立的变量。

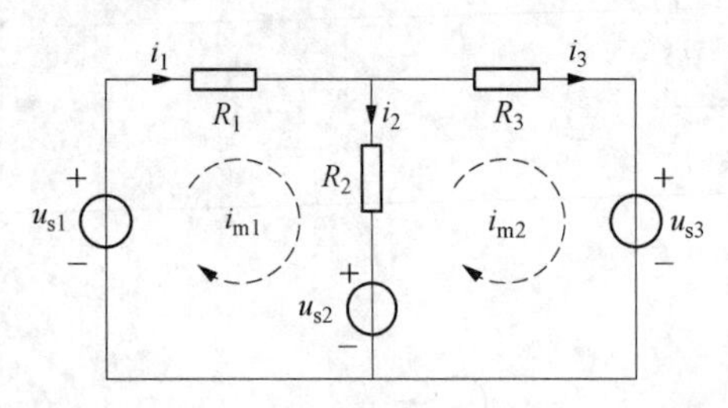

图 2-15 网孔分析法示例

网孔电流是一组完备的变量。从图 2-15 可以看出，电路中所有的支路电流都可以用网孔电流表示。任何一条支路一定属于一个或两个网孔，如果属于一个网孔，那么该支路电流就等于网孔电流，如 $i_1=i_{m1}$、$i_2=i_{m2}$；如果属于两个网孔，那么该支路电流就等于流过它的两个网孔电流的代数和，如 $i_2=i_{m1}-i_{m2}$。可见，一旦求出网孔电流，则所有支路电流就可随之确定，这样网孔电流就是一组完备变量。所以，网孔电流是一组完备的独立变量，可以作为电路变量。

仍以图 2-15 所示电路为例，选择网孔的绕行方向与网孔电流 i_{m1} 和 i_{m2} 的参考方向一致。以网孔电流为变量，写出两个网孔的 KVL 方程为

$$\left.\begin{aligned}R_2(i_{m1}-i_{m2})+u_{s2}-u_{s1}+R_1 i_{m1}=0\\R_3 i_{m2}+u_{s3}-u_{s2}+R_2(i_{m2}-i_{m1})=0\end{aligned}\right\}\quad(2-24)$$

式(2-24)中，沿网孔 1 绕行方向列方程时，R_2 上的电压为 $R_2(i_{m2}-i_{m1})$，其中 i_{m2} 前的负号是因为电流 i_{m2} 在 R_2 上的流动方向与 i_{m1} 相反的结果；同理，在网孔 2 的方程中，沿着网孔 2 绕行方向，R_2 上的电压则为 $R_2(i_{m2}-i_{m1})$，经整理后，有

$$\left.\begin{aligned}(R_1+R_2)i_{m1}-R_2 i_{m2}=u_{s1}-u_{s2}\\-R_2 i_{m1}+(R_2+R_3)i_{m2}=u_{s2}-u_{s3}\end{aligned}\right\}\quad(2-25)$$

式(2-25)就是以网孔电流为求解对象的网孔电流方程，可以进一步概括为一般形式

$$\left.\begin{aligned}R_{11}i_{m1}+R_{12}i_{m1}=u_{s1}-u_{s2}\\R_{21}i_{m1}+R_{22}i_{m1}=u_{s2}-u_{s3}\end{aligned}\right\}\quad(2-26)$$

式(2-26)中，具有相同下标的电阻 R_{11} 和 R_{22} 称为网孔的自电阻，它们分别是各自网孔中所有电阻之和，例如 $R_{11}=R_1+R_2$、$R_{22}=R_2+R_3$。当网孔绕行方向与网孔电流方向一致时，自电阻都是正值。具有不同下标的电阻 R_{12}、R_{21} 称为互电阻，它们分别是两个网孔之间公共支路上的电阻。互电阻可为正值，也可为负值，当两个网孔电流以相同方向流过公共电阻时取正值；当两个网孔电流以相反方向流过公共电阻时取负值，例如 $R_{12}=R_{21}=-R_2$。

对具有 n 个网孔的平面电路，网孔电流方程的一般形式可以由式(2-26)推广而得，即有

$$\left.\begin{aligned} R_{11}i_{m1}+R_{12}i_{m2}+\cdots+R_{1n}i_{mn}&=u_{s11}\\ R_{21}i_{m1}+R_{22}i_{m2}+\cdots+R_{2n}i_{mn}&=u_{s22}\\ &\cdots\cdots\\ R_{n1}i_{m1}+R_{n2}i_{m2}+\cdots+R_{nm}i_{mn}&=u_{snn} \end{aligned}\right\} \tag{2-27}$$

方程右方的 u_{s11}、u_{s22}、…分别是网孔 1、网孔 2、…中所有电压源电压的代数和，各电压源的方向与网孔电流一致时，前面取“－”号，反之取“＋”号。

根据以上讨论，可以归纳出用网孔分析法求解电路的步骤如下：

(1) 在电路中标明网孔电流的参考方向，并以此方向作为网孔的绕行方向。

(2) 按照式(2-27)列出网孔方程。

(3) 联立方程组，求解各网孔电流。

(4) 选择各支路电流的参考方向，根据支路上流过网孔电流的代数和，求得支路电流。

2.3.2　网孔分析法的应用

1) 仅含独立电压源电路的网孔分析

例 2-3　试用网孔分析法求图 2-16 所示电路中 3 Ω 电阻上消耗的功率。

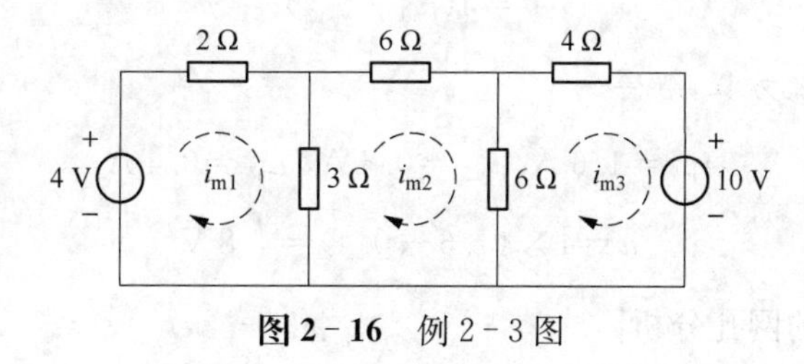

图 2-16　例 2-3 图

解：根据三个网孔电流的参考方向，按照式(2-27)的规则列写网孔电流方程如下：

$$\begin{cases} (2+3)i_{m1}-3i_{m2}=4\\ -3i_{m1}+(3+6+6)i_{m2}-6i_{m3}=0\\ -6i_{m2}+(4+6)i_{m3}=-10 \end{cases}$$

解得

$$i_{m1}=0.575\ \text{A},\ i_{m2}=-0.375\ \text{A},\ i_{m3}=-1.225\ \text{A}$$

则 3 Ω 电阻上的支路电流为

$$i=i_{m1}-i_{m2}=0.95\ \text{A}$$

其消耗的功率为

$$p=i^2R=(0.95)^2\times 3\approx 2.7\ \text{W}$$

2) 含受控源电路的网孔分析

如果电路中含有受控源，可先将受控源视为独立源列写方程，然后将受控源的控制量用网孔电流来表示，最后整理为式(2-27)的形式。例 2-4 将说明网孔分析法在含受控源电路中的应用。

例 2-4 试用网孔分析法求图 2-17 所示电路中的 u。

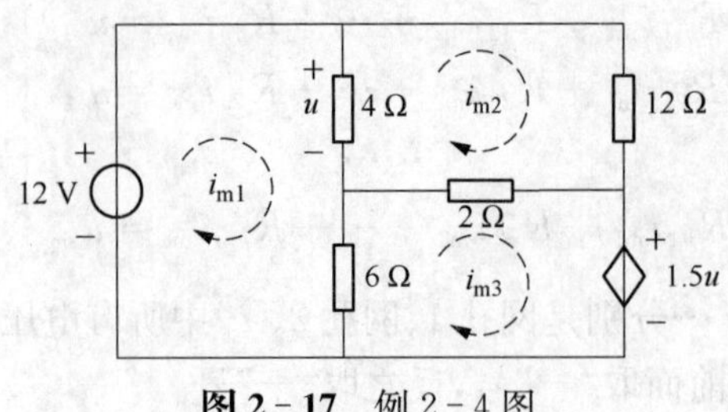

图 2-17 例 2-4 图

解:电路中含有的受控源先看作独立源处理,按照图 2-17 标示的网孔电流参考方向,对三个网孔分别列写网孔电流方程如下:

$$\begin{cases}(4+6)i_{m1}-4i_{m2}-6i_{m3}=12\\ -4i_{m1}+(4+2+12)i_{m2}-2i_{m3}=0\\ -6i_{m1}-2i_{m2}+(2+6)i_{m3}=-1.5u\end{cases}$$

对受控源的控制量增列附加方程

$$u=4(i_{m1}-i_{m2})$$

将附加方程代入网孔电流方程,解得

$$i_{m1}=1.6\ \text{A},\ i_{m2}=0.4\ \text{A},\ i_{m3}=0.4\ \text{A}$$

故

$$u=4\times(1.6-0.4)=4.8\ \text{V}$$

3) 含电流源电路的网孔分析

若电路中含有电流源,由于电流源上有电压,并且其电压由外电路决定,就要根据电流源在电路中存在的以下两种不同情况来应用网孔分析法:

(1) 第一种情况。电流源只存在于一个网孔,或通过调整支路,可以将电流源支路移至外网孔中。再将电流源的电流作为网孔电流,列写网孔方程。如例 2-5 中的 I_{s1}。

(2) 第二种情况。电流源存在于两个网孔的公共支路,且无法通过变换电路移到网孔外围。这时除了网孔电流外,必须假设电流源上的电压为未知量,需要增加相应的辅助方程。如例 2-5 中的 I_{s2}。

例 2-5 在图 2-18 所示电路中,用网孔分析法求 u 和受控电流源的功率。

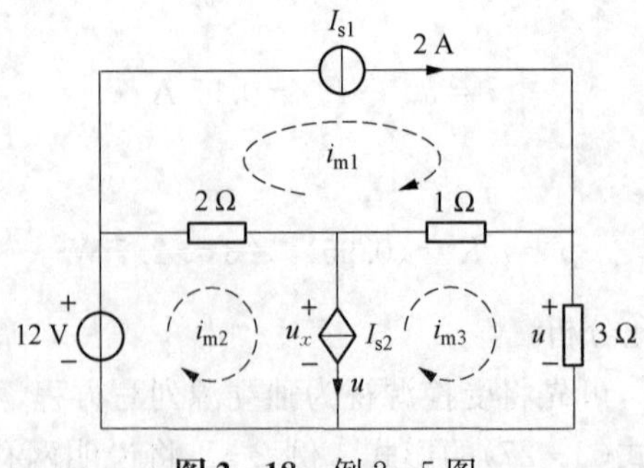

图 2-18 例 2-5 图

解:观察图 2-18 所示的电路,网孔 1 中 2 A 的独立电流源处于单个网孔中,其电流视为网孔电流,则无须对网孔 1 按照式(2-27)的规则来列写网孔电流方程。受控电流源处于网孔 2 和网孔 3 的公共支路,必须考虑其两端电压,假设为 u_x,先将受控源视为独立源,对三个网孔列写方程

$$\begin{cases} i_{m1}=2 \\ -2i_{m1}+2i_{m2}=12-u_x \\ -i_{m1}+(1+3)i_{m3}=u_x \end{cases}$$

对受控电流源的控制量 u 和其输出的电压 u_x 增加两个辅助方程,即

$$u=3i_{m3},\ u=i_{m2}-i_{m3}$$

由两个辅助方程得到

$$i_{m2}=4i_{m3}$$

代入网孔电流方程组,最后解得

$$i_{m1}=2\ \text{A},\ i_{m2}=6\ \text{A},\ i_{m3}=1.5\ \text{A}$$

由网孔电流法可解得

$$u_x=4\ \text{V},\ u=4.5\ \text{V}$$

受控电流源的功率

$$p=u_x u=4\times 4.5=18\ \text{W}\quad（吸收功率）$$

2.4　结点电压法

结点电压是指选取任意一个结点作为参考结点,其他结点与参考结点之间的电压。参考结点也称为地,电位定义为 0 V。

电流总是从具有较高电位的结点流向具有较低电位的结点。

虽然参考结点的选取是任意的,但通常选择连接电路元件数量最多的结点作为参考结点,以方便计算。

下面以图 2-19 为例,来说明结点电压法的具体步骤。

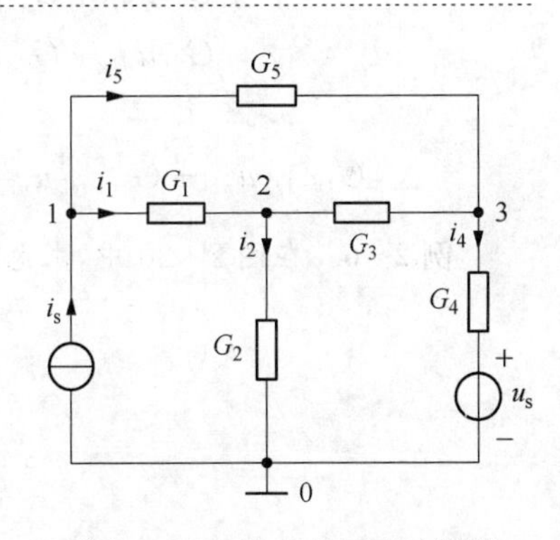

图 2-19　结点电压法示例图

选 0 结点作为参考结点,其余三个结点为独立结点,它们与参考结点间的电压分别记为 u_{n1}、u_{n2}、u_{n3}。对独立结点可列$(n-1)$个 KCL 方程

$$\left.\begin{aligned} i_1+i_5-i_s=0 \\ -i_1+i_2+i_3=0 \\ -i_3+i_4-i_5=0 \end{aligned}\right\} \tag{2-28}$$

将支路用结点电压表示如下:

$$\left.\begin{aligned} i_1 &= G_1(u_{n1}-u_{n2}) \\ i_2 &= G_2 u_{n2} \\ i_3 &= G_3(u_{n2}-u_{n3}) \\ i_4 &= G_4(u_{n3}-u_s) \\ i_5 &= G_5(u_{n1}-u_{n3}) \end{aligned}\right\} \tag{2-29}$$

将式(2-28)代入式(2-27)得

$$\left.\begin{aligned} &(G_1+G_5)u_{n1}-G_1u_{n2}-G_5u_{n3}=i_s \\ &-G_1u_{n1}+(G_1+G_2+G_3)u_{n2}-G_3u_{n3}=0 \\ &-G_5u_{n1}-G_3u_{n2}+(G_3+G_4+G_5)u_{n3}=G_4u_s \end{aligned}\right\} \tag{2-30}$$

式(2-30)是以结点电压 u_{n1}、u_{n2}、u_{n3} 为求解对象的结点电压方程。令 $G_{11}=G_1+G_5$，$G_{22}=G_1+G_2+G_3$，$G_{33}=G_3+G_4+G_5$，分别为三个独立结点的自电导，自电导总是正的，它等于连在各结点的支路电导之和；令 $G_{12}=-G_1$，称为1、2结点的互电导，它是结点1和结点2之间公用电导的负值，所以 $G_{12}=G_{21}$，互导总是负的。i_{s11}、i_{s22}、i_{s33} 表示流进对应结点的所有电流的代数和。流入结点的电流取正，流出结点的电流取负。写成一般式为

$$\left.\begin{aligned} G_{11}u_{n1}+G_{12}u_{n2}+G_{13}u_{n3}&=i_{s11} \\ G_{21}u_{n1}+G_{22}u_{n2}+G_{23}u_{n3}&=i_{s22} \\ G_{31}u_{n1}+G_{32}u_{n2}+G_{33}u_{n3}&=i_{s33} \end{aligned}\right\} \tag{2-31}$$

由此可以推广至具有 $(n-1)$ 个独立结点的电路，与式(2-31)类似，有

$$\left.\begin{aligned} G_{11}u_{n1}+G_{12}u_{n2}+G_{13}u_{n3}+\cdots+G_{1(n-1)}u_{n(n-1)}&=i_{s11} \\ G_{21}u_{n1}+G_{22}u_{n2}+G_{23}u_{n3}+\cdots+G_{2(n-1)}u_{n(n-1)}&=i_{s22} \\ \cdots\cdots& \\ G_{(n-1)1}u_{n1}+G_{(n-1)2}u_{n2}+G_{(n-1)3}u_{n3}+\cdots+G_{(n-1)(n-1)}u_{n(n-1)}&=i_{s(n-1)(n-1)} \end{aligned}\right\} \tag{2-32}$$

例2-6 在图2-20中，求电阻 R_3 上的电压电流。

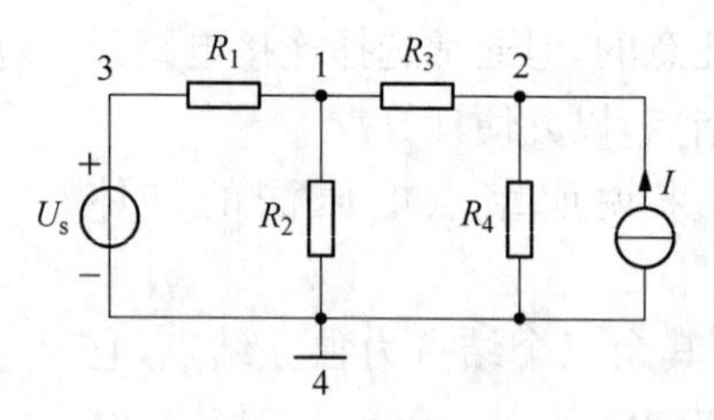

图2-20 例2-6图

解:选取结点4作为参考结点，未知结点1、2可列出KCL方程

$$\begin{cases} \dfrac{U_s-u_1}{R_1}+\dfrac{u_2-u_1}{R_3}-\dfrac{u_1}{R_2}=0 \\ \dfrac{u_2-u_1}{R_3}+\dfrac{u_2}{R_4}-I=0 \end{cases}$$

从上面的式子中得到两个方程，并且只有两个未知数 u_1、u_2，求解出 u_1、u_2 的值，便可以方便地解得所需结果：

$$\begin{cases} u_{12}=u_1-u_2 \\ i_3=\dfrac{u_1-u_2}{R_3} \end{cases}$$

习　题

1. 求图 2-21 所示电路的电压源模型和电流源模型。

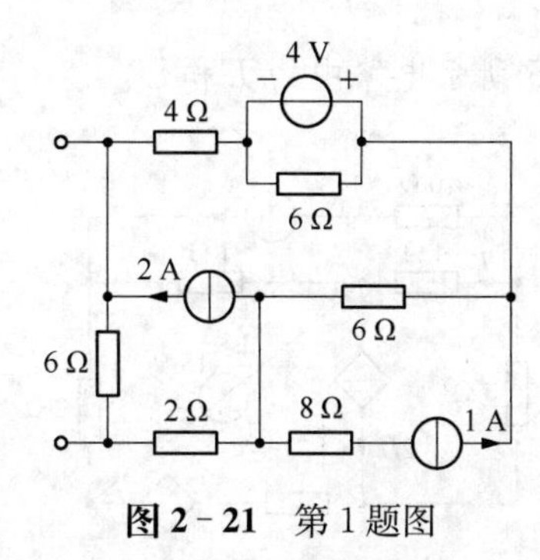

图 2-21　第 1 题图

2. 如图 2-22 所示，$R=2\ \Omega$，求两个电路的等效电阻 R_{ab}。

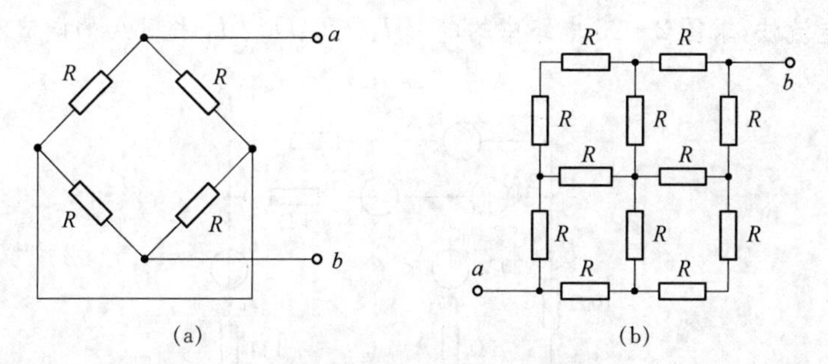

图 2-22　第 2 题图

3. 如图 2-23 所示电路，试求等效电阻 R_i 和电流 I 的大小。

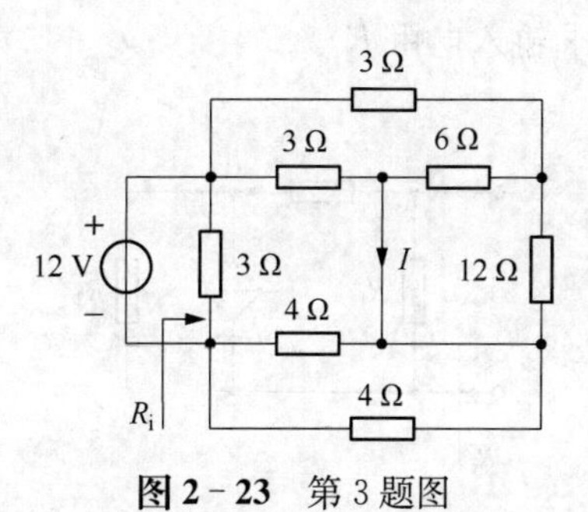

图 2-23　第 3 题图

4. 如图 2-24 所示电路,用结点电压法求 I_1 和 U_2。

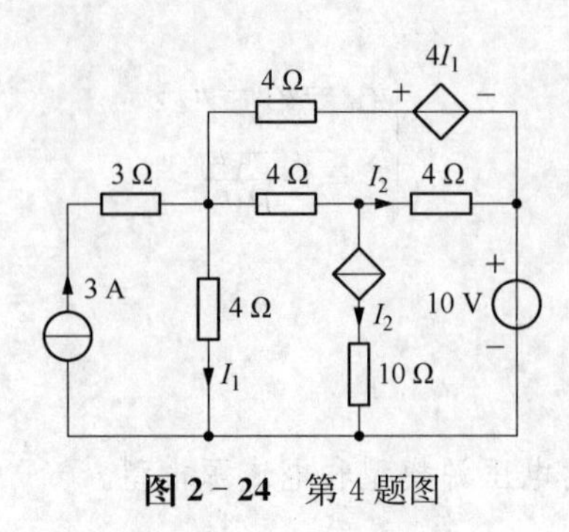

图 2-24 第 4 题图

5. 用结点电压法求图 2-25 所示电路中的 I 和 U。

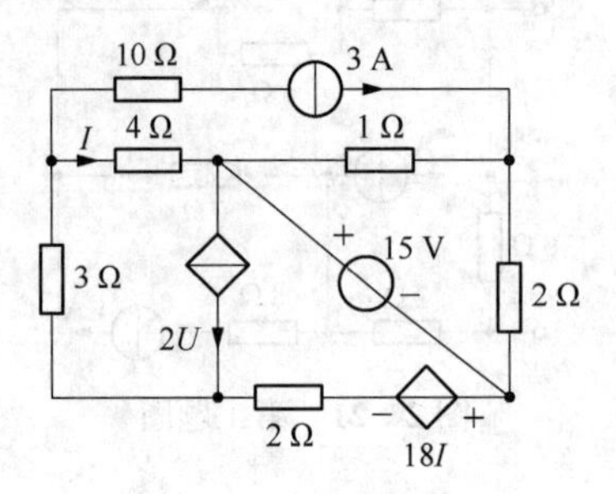

图 2-25 第 5 题图

6. 用网孔电流法,求图 2-26 电路中的电流 I_1、I_2、I_3、I_4 和 5 A 的电流源发出的功率 P。

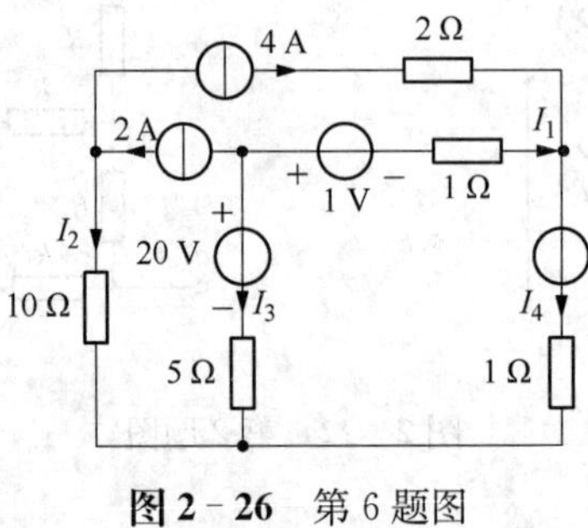

图 2-26 第 6 题图

7. 如图 2-27 所示电路,求输入电阻 R_{i}。

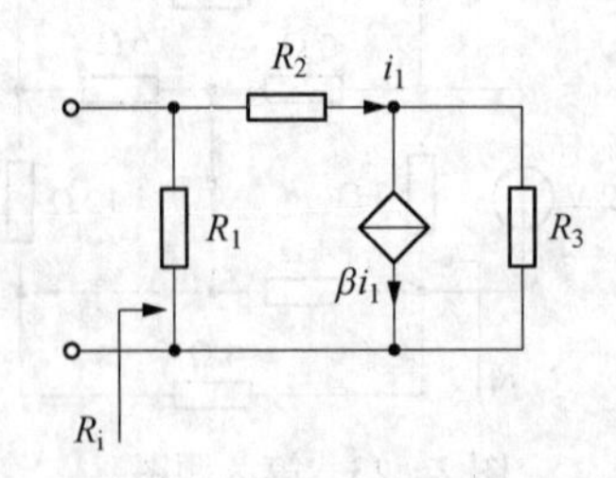

图 2-27 第 7 题图

8. 如图 2-28 所示电路图,求受控源的功率大小,并指出该受控源是做电源还是负载。

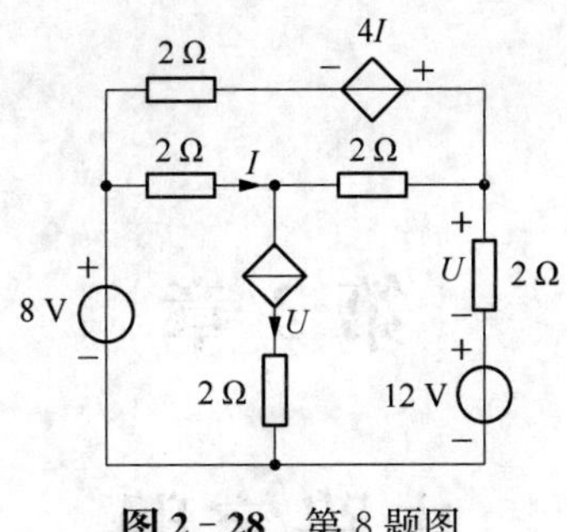

图 2-28　第 8 题图

9. 如图 2-29 所示电路,求 I_2 及 U_1。

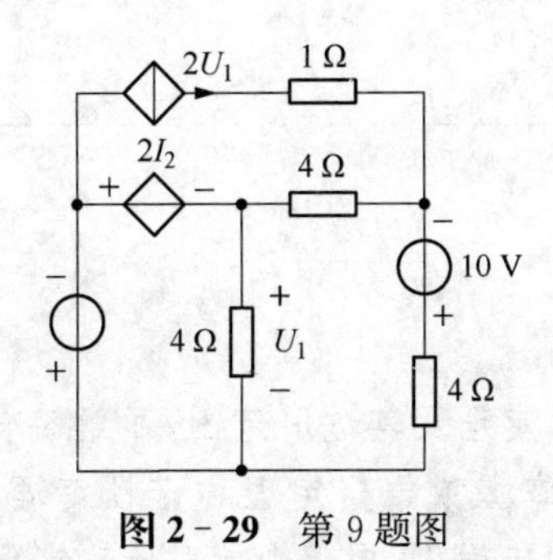

图 2-29　第 9 题图

10. 如图 2-30 所示电路,求 U_x。

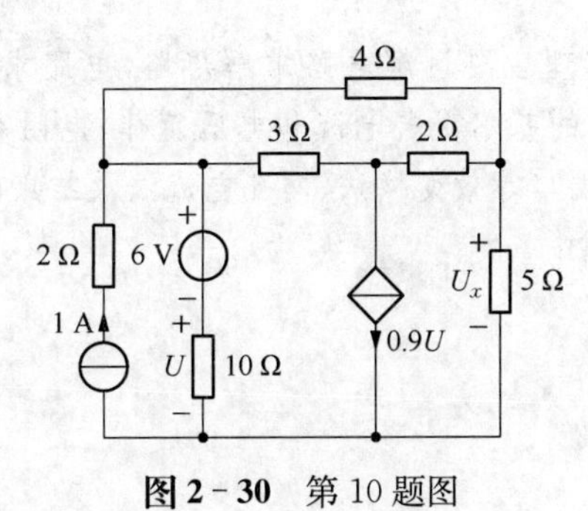

图 2-30　第 10 题图

第 3 章

电路定理

本章内容

掌握叠加定理及其适用范围,了解替代定理和特勒根定理,熟练掌握戴维宁定理和诺顿定理,并理解其在工程实践中的应用;掌握最大功率传输定理。

本章特点

电路定理主要讲解电路求解思路,电路求解时,仍旧采用前两章的基尔霍夫电流和电压定律、电阻和电源等效变换法、一端口等效变换法、网孔电流法及结点电压法。

3.1 叠加定理

线性系统(包含线性电路)具有可加性和齐次性。本节的叠加定理是可加性的反映,齐性定理是齐次性的反映,齐性定理不难由叠加定理推得。叠加定理是线性电路分析的重要定理之一。

3.1.1 叠加定理

图 3-1a 中,有两个独立电源 u_s 和 i_s,求解 R_2 两端的电压 u。由结点电压法可得

$$\left(\frac{1}{R_1}+\frac{1}{R_2}\right)u=\frac{u_s}{R_1}+i_s \tag{3-1}$$

$$u=\frac{R_2}{R_1+R_2}u_s+\frac{R_1R_2}{R_1+R_2}i_s=u'+u'' \tag{3-2}$$

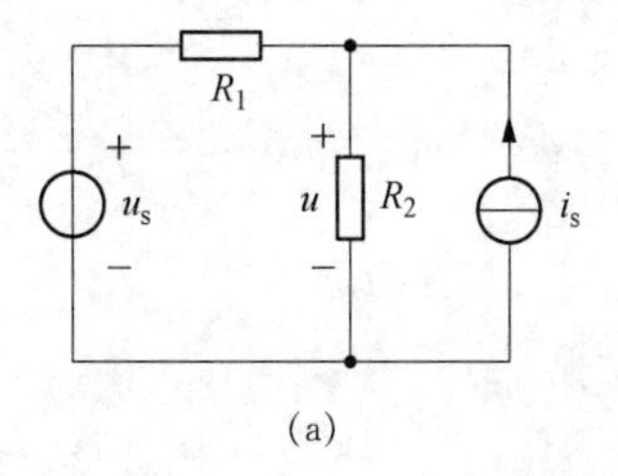

(a)

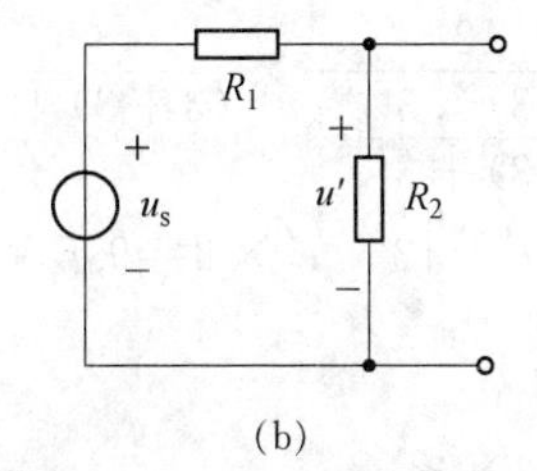

(b)

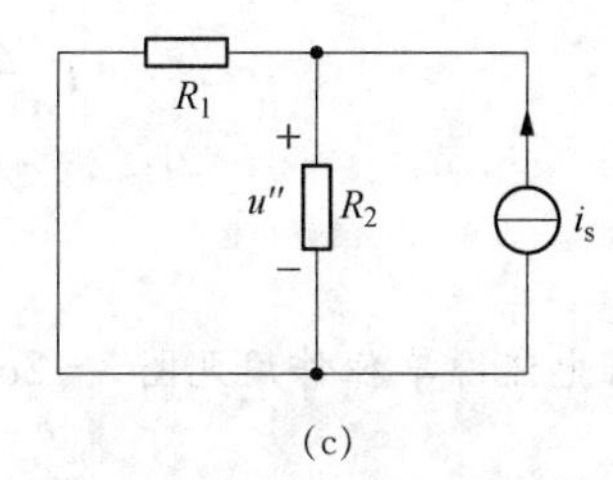

(c)

图 3-1　叠加定理

由式(3-2)可见,响应 u 由 u' 和 u'' 两部分组成。u' 为 $i_s=0$,即电流源开路,仅 u_s 作用产生的响应,如图 3-1b 所示:

$$u'=\frac{R_2}{R_1+R_2}u_s\bigg|_{i_s=0} \tag{3-3}$$

u'' 为 $u_s=0$,即电压源开路,仅 i_s 作用产生的响应,如图 3-1c 所示:

$$u''=\frac{R_1R_2}{R_1+R_2}i_s\bigg|_{u_s=0} \tag{3-4}$$

因此,**叠加定理**可表述为:在多个独立电源组成的线性电阻电路中,任意两端的电压或者任意一处的电流等于电路中各个独立电源单独作用产生的电压或电流之和。

使用叠加定理注意如下问题:

(1) 叠加定理仅适用于线性电路求解电压或电流,功率算式与独立电源不是线性关系,不能由各个功率叠加而成。求解功率时,先运用叠加定理求出电压和电流,再由电压电流的乘积求得功率。

(2) 在叠加定理的分电路,只有一个独立电源,其他的电压源短路,电流源开路,电阻、受控源以及控制量保持不动。

(3) 在叠加定理的分电路中,各分量的方向应该与原来响应的方向保持一致,这样响应为各分量的代数和。

(4) 叠加定理与电源等效变换方法一样,适用于含有多个独立电源的电路。电路存在受控源时,叠加定理简化运算不明显。

例 3-1 如图 3-2a 所示电路中，用叠加定理求电流 I 及电流源的功率。

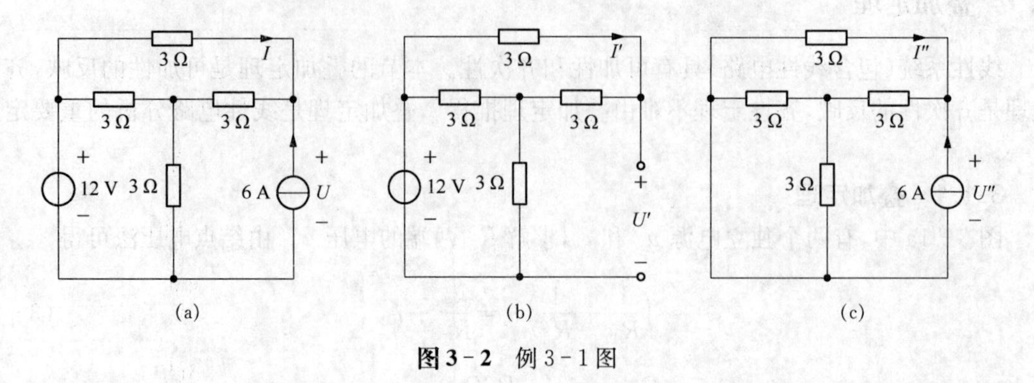

图 3-2 例 3-1 图

解: 12 V 电压源单独作用见图 3-2b:

$$I' = \frac{12}{\frac{(3+3)\times 3}{(3+3)+3}+3} \times \frac{3}{(3+3)+3} = 0.8\ \mathrm{A}$$

$$U' = 12 - I' \times 3 = 9.6\ \mathrm{V}$$

6 A 电流源单独作用见图 3-2c:

$$I'' = \frac{\left(\frac{3\times 3}{3+3}\right)+3}{\left(\frac{3\times 3}{3+3}\right)+3+3} \times (-6) = -3.6\ \mathrm{A}$$

$$U' = -I'' \times 3 = 3.6 \times 3 = 10.8\ \mathrm{V}$$

由叠加定理可得

$$I = I' + I'' = -2.8\ \mathrm{A}$$

$$U = U' + U'' = 20.4\ \mathrm{V}$$

$$P = -U \times 6 = -122.4\ \mathrm{W} < 0 (\text{发出功率})$$

例 3-2 如图 3-3a 所示电路，用叠加定理求电流 I_1（含受控电压源，不推荐该方法，仅示例含受控源的叠加定理求解方法）。

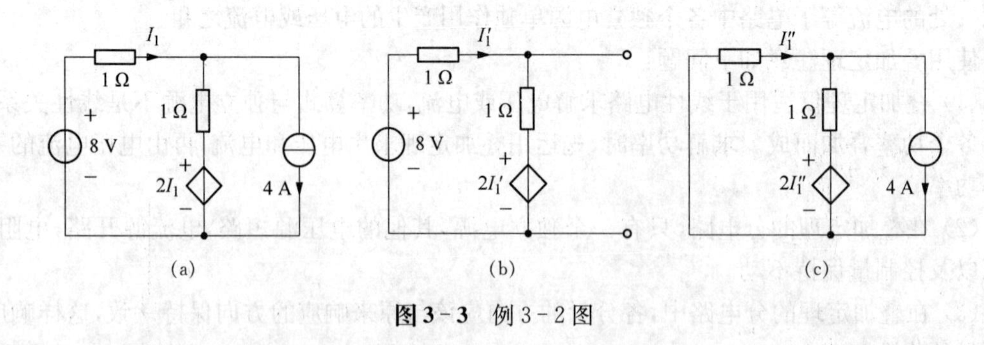

图 3-3 例 3-2 图

解: 8 V 电压源单独作用见图 3-3b，由 KVL 可得

$$1 \times I' + 1 \times I' + 2I' = 8$$

故
$$I'=2\ \text{A}$$

4 A 电流源单独作用见图 3-3c，由 KCL、KVL 可得

$$I''+1\times(I''-4)+2I''=0$$

故
$$I''=1\ \text{A}$$

由叠加定理可得

$$I=I'+I''=3\ \text{A}$$

3.1.2 齐性定理

齐性定理 线性电路中，当所有激励增大或者缩小为原来的 k 倍，则电路中任两端之间的电压或者任一处的电流都增加为原来的 k 倍。齐性定理分析梯形电路特别有效。

注意：若其中某个激励增大或者缩小为原来的 k 倍，则仅由该激励产生的电压或者电流分量增大或者缩小为原来的 k 倍。

如例 3-1 中，若将电流源从 6 A 减至 4 A，则

$$I''=\frac{4}{6}\times(-3.6)=-2.4\ \text{A}$$
$$I=I'+I''=0.8-2.4=-1.6\ \text{A}$$

例 3-3 如图 3-4 所示，求梯形电路中的电压 I_1、I_4、U_2、U_6。

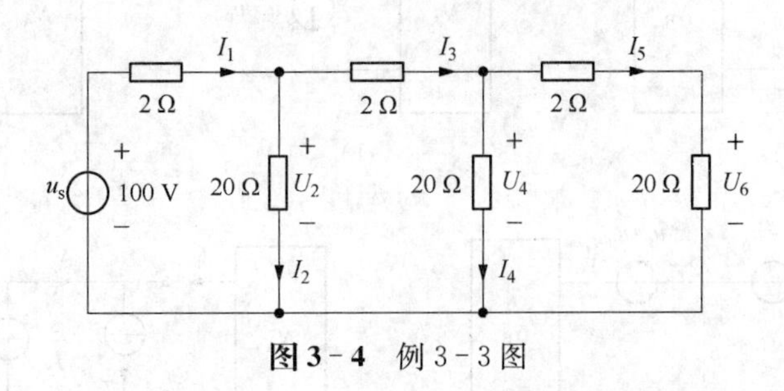

图 3-4 例 3-3 图

解：设 $U_6=U'_6=2$ V，故

$$I'_5=\frac{U'_6}{20}=0.1\ \text{A}\quad U'_4=2.2\ \text{V}\quad I'_4=\frac{U'_4}{20}=0.11\ \text{A}$$
$$I'_3=I'_4+I'_5=0.21\ \text{A}$$
$$U'_2=2\times I'_3+U'_4=0.42+2.2=2.62\ \text{V}$$
$$I'_2=\frac{U'_2}{20}=0.131\ \text{A}$$
$$I'_1=I'_2+I'_3=0.131+0.21=0.341\ \text{A}$$
$$u'_s=2\times I'_1+U'_2=0.682+2.62=3.302\ \text{V}$$

当 $u_s=100$ V 时，根据齐性定理可得

$$I_1=\frac{100}{3.302}\times I'_1=10.33\ \text{A}\quad I_4=\frac{100}{3.302}\times I'_4=3.33\ \text{A}$$

$$U_2=\frac{100}{3.302}\times U'_2=79.35\ \text{A}\quad U_6=\frac{100}{3.302}\times U'_6=60.57\ \text{A}$$

3.2 替代定理

对于一个复杂电路，可能存在下面的情况：

(1) 只想确定部分电路的电压、电流值，且与之相关的其他参数为已知量；

(2) 电路中某些元件参数未知，无法通过电路分析法确定，但可以测量出部分值，需要根据测量值确定待求量。

替代定理为此类问题提供了解决方案，它不仅适用于线性电路，也适用于非线性电路。替代定理可以对电路进行简化，使电路的分析或计算更加便捷。

替代定理可表述为：若一端口网络的端口电压 u_p 或端口电流 i_p 已知，那么就可用一个 $u_s=u_p$ 的电压源或一个 $i_s=i_p$ 的电流源来替代其中一个网络，而另一个网络内部的电流和电压均维持不变。

替代定理证明如下：图 3-5a 为原电路，图 3-5b 用电压源替代网络 N_B，图 3-5c 用电流源替代网络 N_B，替代后网络 N_A 中的响应与原电路中的响应保持一致。图 3-5d、图 3-5e 用于证明替代定理，在图 3-5d 中反向串联两个 $u_s=u_p$ 的电压源，不影响原电路的响应，因为端口电压为 u_p，A、B之间相当于短路，即等效电路图 3-5b；在图 3-5e 中反向并联两个 $i_s=i_p$ 的电流源，不影响原电路的响应，因为端口电流为 i_p，A、B之间相当于开路，即等效电路图 3-5c。

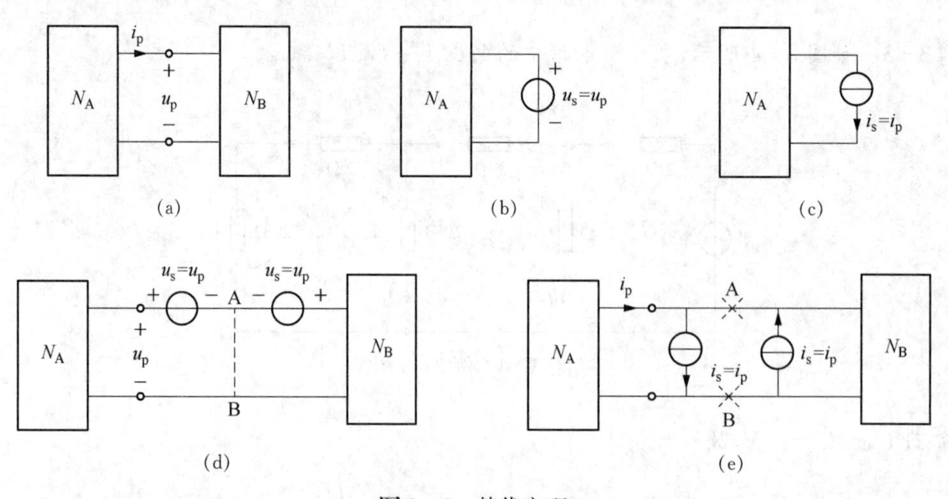

图 3-5 替代定理

例 3-4 图 3-6a 中的电路，假设 $I=-0.4$ A、$U=4.8$ V 已知(由测量或者其他途径得到)，求 I_1。

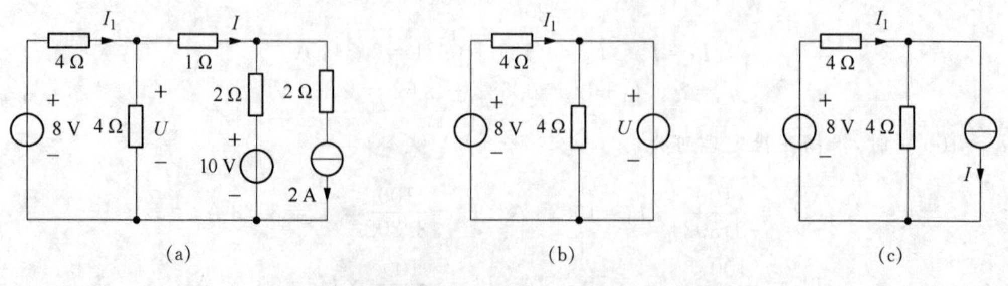

图 3-6 例 3-4 图

解:根据替代定理,图 3-6a 可简化为图 3-6b 或者图 3-6c。

由图 3-6b 可得

$$I_1=\frac{8-U}{4}=\frac{8-4.8}{4}=0.8\ \text{A}$$

由图 3-7c 可得

$$4\times I_1+4\times(I_1+0.4)=8$$

故
$$I_1=0.8\ \text{A}$$

例 3-5　求图 3-7a 中的电流 I。

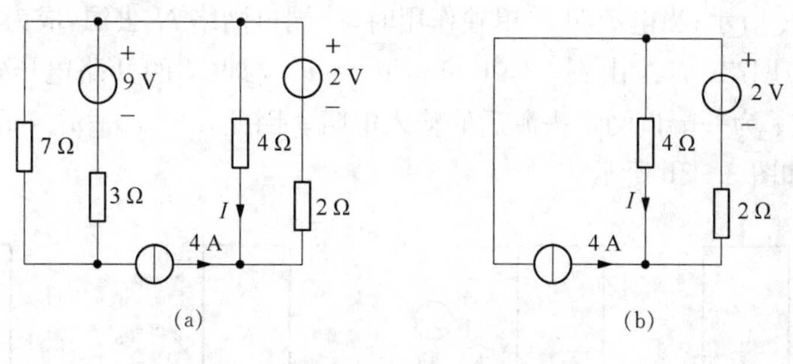

图 3-7　例 3-5 图

解:根据替代定理,图 3-7a 可简化为图 3-7b,故可得

$$4I=2-2(4+I)$$

$$I=-1\ \text{A}$$

3.3　戴维宁定理和诺顿定理

实际工程中,有时仅仅关注某一元件或者某条支路的特性,例如通过的电流、两端的电压及其电功率,如果采用前面学过的 KCL/KVL 法、网孔法、结点电压法势必会算出大量并不关注的变量,同时还会增加计算难度和时间。特别是,当关注的元件值变化时,电路分析更加频繁和耗时。

若将关注部分的电路或者元件分离出来,剩下的电路则可以看作含源(本节的“源”指独立源)一端口网络。无源线性一端口网络可以等效成一个输入电阻(见本书第 2 章 2.1.4 节),有源线性一端口网络的等效电路是什么呢? 本节介绍的戴维宁定理和诺顿定理将解决这一问题。

3.3.1　戴维宁定理

戴维宁定理　任何线性含有独立源的一端口电阻电路,可以用一个电压源和一个电阻串联来等效替换。图 3-8a 为含源一端口网络,图 3-8b 为戴维宁等效电路。其中,电压源等于一端口网络的开路电压,见图 3-8c;电阻为去源(电压源短路、电流源开路)后一端口的输入电阻,见图 3-8d。

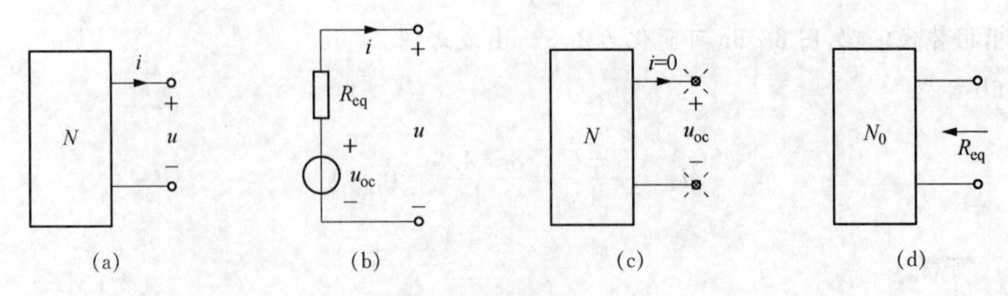

图 3-8　戴维宁定理

戴维宁定理的证明如下：图 3-9a 中，一端口网络 M 为关注的元件、支路或者部分电路，N 为含源一端口网络。假设一端口网络的端口电压为 u、端口电流为 i，根据替代定理，图 3-9b 等效于图 3-9a。由叠加定理计算端口电压 u，当一端口网络 N 单独作用时，电流源 i_s 开路，如图 3-9c 所示；当电流源 i_s 单独作用时，一端口网络 N 去源，成为无源(含有受控源或者不含受控源)网络 N_0。由图 3-9b 可得 $u'=u_{oc}$，即 N 的开路电压；由图 3-9c 可得 $u''=-R_{eq}\times i$，R_{eq} 为一端口网络去源后的输入电阻。因此，$u=u'+u''=u_{oc}-R_{eq}\times i$，故一端口的等效电路如图 3-8b 所示。

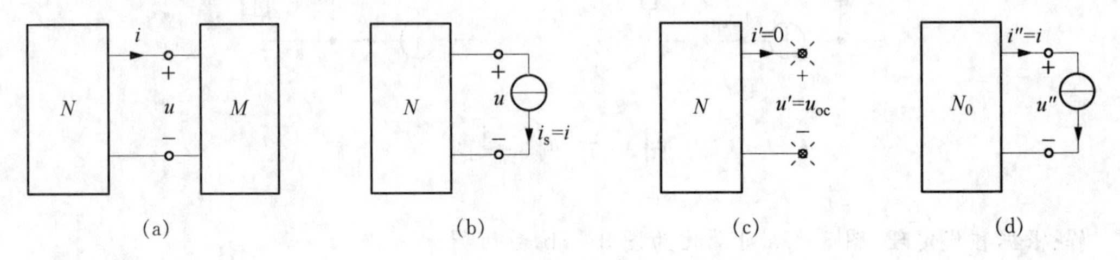

图 3-9　戴维宁定理证明

通过上面分析可知，戴维宁等效电路的步骤如下：

(1) 开路求电压 u_{oc}。将外电路断开，注意：断路后拓扑结构会有所简化，例如结点数会减少，原来并联的支路可能成为串联支路。开路电压采用 KCL/KVL 法、电源等效变换法、网孔法、结点电压法等求得。

(2) 去源求电阻 R_{eq}。将含源一端口网络中的独立电流源开路，独立电压源短路，得到无源一端口网络。若该无源网络中不含受控源，则运用电阻的串联、并联或者Y-△变换得到输入电路；若该无源网络中含受控源，则运用加压求流法计算输入电阻。

(3) 画戴维宁等效电路，确定待求量。

例 3-6　用戴维宁定理，求图 3-10a 中的电压 U。

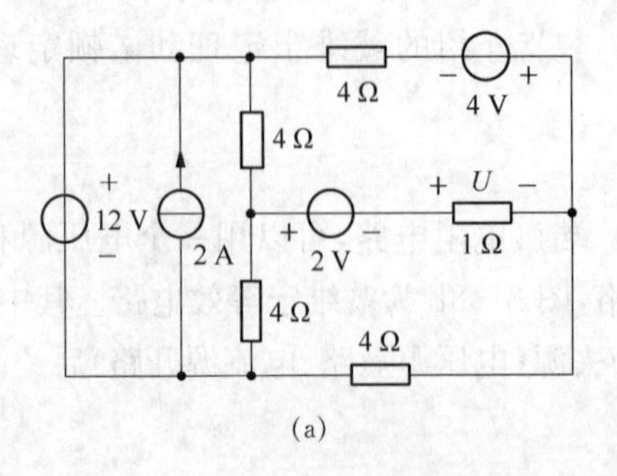

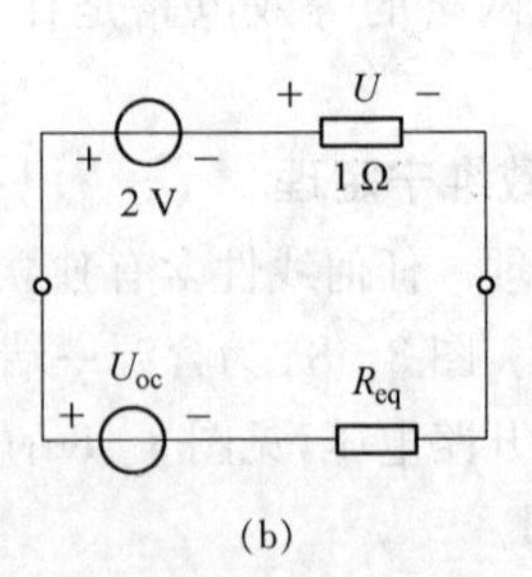

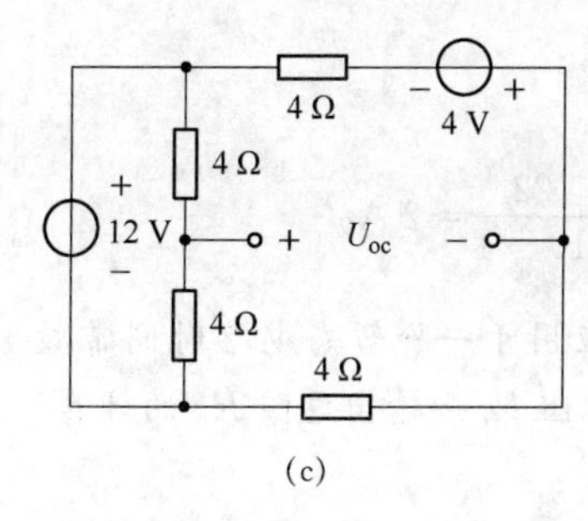

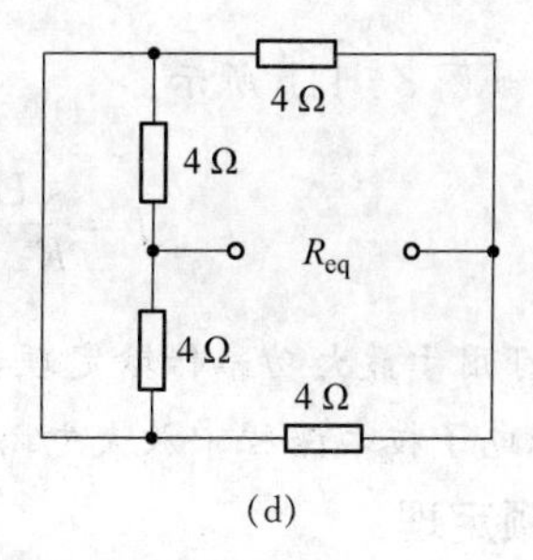

图3-10 例3-6图

解：开路求电压U_{oc}，如图3-10c所示：

$$U_{oc}=\frac{12+4}{2}-4-\frac{12}{2}=-2\ \mathrm{V}$$

去源求电阻R_{eq}，无受控源，运用电阻的串并联，如图3-10d所示：

$$R_{eq}=\frac{4\times4}{4+4}+\frac{4\times4}{4+4}=4\ \Omega$$

戴维宁等效电路，如图3-10b所示：

$$U=-\frac{2-U_{oc}}{1+R_{eq}}\times1=-0.8\ \mathrm{V}$$

例3-7 用戴维宁定理求图3-11a中的电流I。

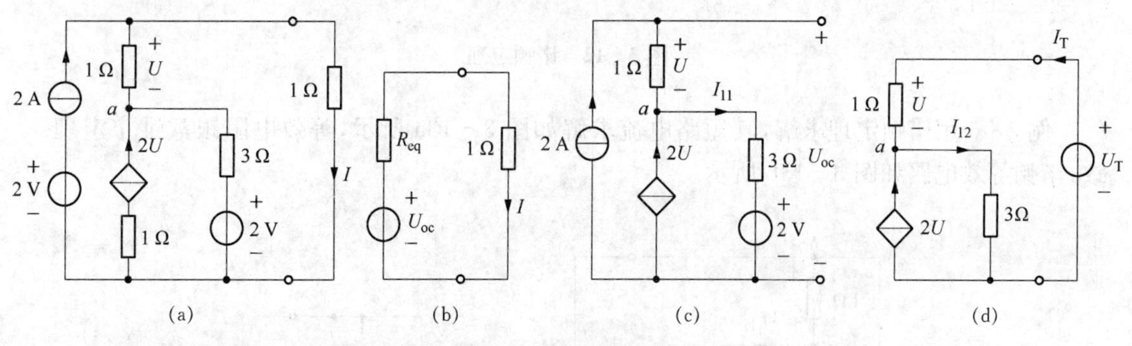

图3-11 例3-7图

解：开路求电压U_{oc}，如图3-11c所示：

$$U=1\times2=2\ \mathrm{V}$$

$$I_{11}=\frac{U}{1}+2U=3U$$

$$U_{oc}=U+3\times I_{11}+2=10U+2=22\ \mathrm{V}$$

去源求电阻R_{eq}，含有受控源，用加压求流法，如图3-11d所示：

$$I_T=\frac{U}{1}=U$$

$$I_{12}=2U+\frac{U}{1}=3U$$

$$R_{eq}=\frac{U_T}{I_T}=\frac{U+3\times3U}{U}=10\ \Omega$$

戴维宁等效电路，如图 3－11b 所示：

$$I=\frac{U_{oc}}{R_{eq}+1}=\frac{22}{10+1}=2\ \text{A}$$

戴维宁定理可用于最大功率传输定理，还可应用于一阶暂态电路时间常数 τ 中等效电阻 R_{eq} 的求解，以及模拟电子技术课程中放大电路输入电阻 R_i 和输出电阻 R_o 的计算。

3.3.2 诺顿定理

诺顿定理 任何线性含有独立源的一端口电阻电路，可以用一个电流源和一个电阻并联来等效替换。图 3－12a 为含源一端口网络，图 3－12b 为诺顿等效电路。其中，电流源等于一端口网络的短路电流，如图 3－12c 所示；电阻为去源（电压源短路、电流源开路）后一端口的输入电阻，如图 3－12d 所示。

诺顿定理的证明与戴维宁定理相似，只是替代定理是用电压源取代端口电压，电流进行叠加，验证图 3－12a 与图 3－12b 等效。

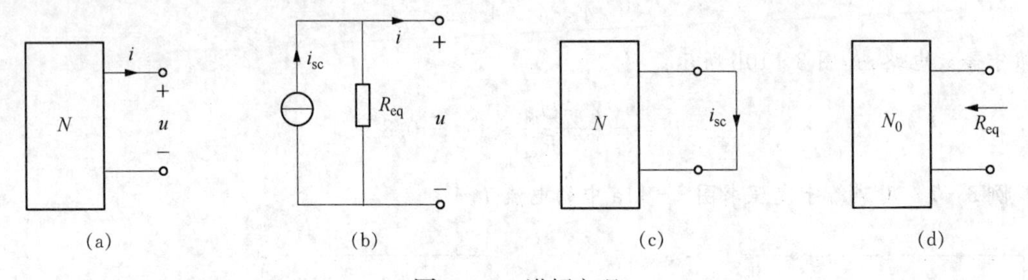

图 3－12 诺顿定理

例 3－6 用诺顿定理求解，其短路电流求解如图 3－13a 所示，等效电阻跟戴维宁定理一致，诺顿等效电路如图 3－13b 所示。

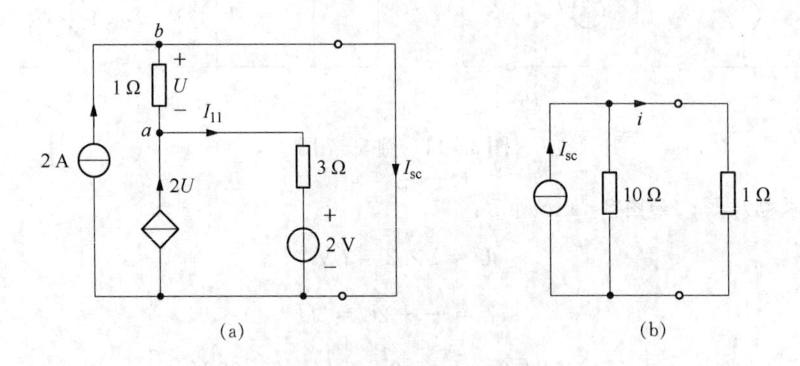

图 3－13 诺顿定理例题

由图 3－13a，b 结点的 KCL 方程

$$I_{11}=\frac{U}{1}+2U=3U$$

端口短路　　$U+3\times 3U+2=0$，故 $U=-0.2\ \text{V}$

求短路电流　　$2=\frac{U}{1}+I_{sc}$，故 $I_{sc}=2.2\ \text{A}$

由图 3 - 13b
$$I=\frac{10}{10+1}\times 2.2=2\text{ A}$$

一般情况下，诺顿等效电路可以由戴维宁等效电路变换得到。但若 $R_{eq}=0$，只能得到戴维宁等效电路；若 $R_{eq}=\infty$，只能得到诺顿等效电路。

3.4　最大功率传输定理

电源向负载传输功率时，电力传输系统关注的是传输效率，即输出功率与输入功率的比值要大，从而提高电能的利用率；在电子电信网络中，由于系统本身信号弱，为了提高负载的功率，关注的是负载上能否获得最大功率以及获得最大功率时的阻值，即要求电阻（交流电路中称为阻抗）匹配，这时效率并不是主要问题。

对负载而言，剩余部分的电路统称为电源，下面以图 3 - 14 所示电路讨论最大功率传输定理。图中，R_L 为负载电阻，一端口网络 N 为其电源。根据戴维宁定理，图 3 - 14a 可等效为图 3 - 14b，其中 U_{oc} 和 R_{eq} 已求得，确定当 R_L 取值多大时可以获得最大功率。

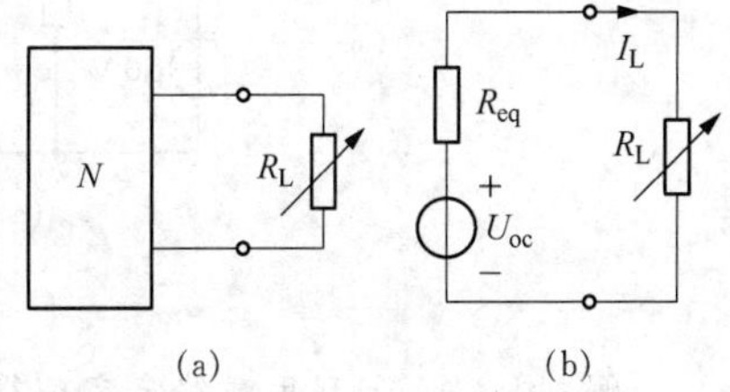

图 3 - 14　最大功率传输定理

负载上的功率

$$P_L=I_L^2R_L=\left(\frac{U_{oc}}{R_{eq}+R_L}\right)^2 \tag{3-5}$$

根据极值定理

$$\frac{dP_L}{dR_L}=0\Rightarrow U_{oc}^2\left[\frac{(R_{eq}+R_L)^2-R_L\times 2(R_{eq}+R_L)}{(R_{eq}+R_L)^4}\right]=0 \tag{3-6}$$

求得

$$R_L=R_{eq} \tag{3-7}$$

最大功率

$$P_{Lmax}=\frac{U_{oc}^2}{4R_{eq}} \tag{3-8}$$

又称负载电阻 R_L 与一端口的输入电阻匹配。

例 3 - 8　图 3 - 15a 中，求负载电阻 R_L 取何值时能获得最大功率，并求此最大功率。

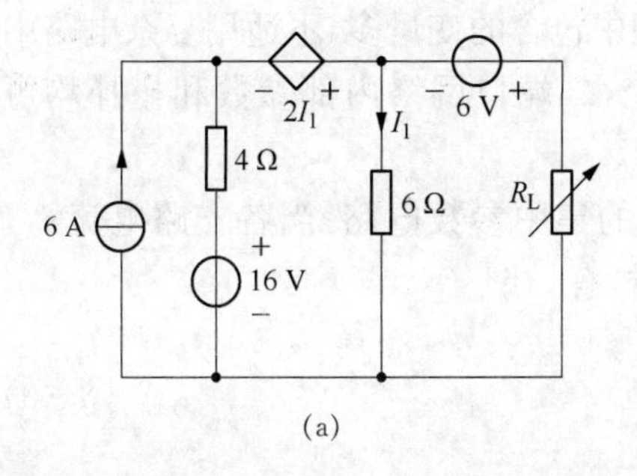

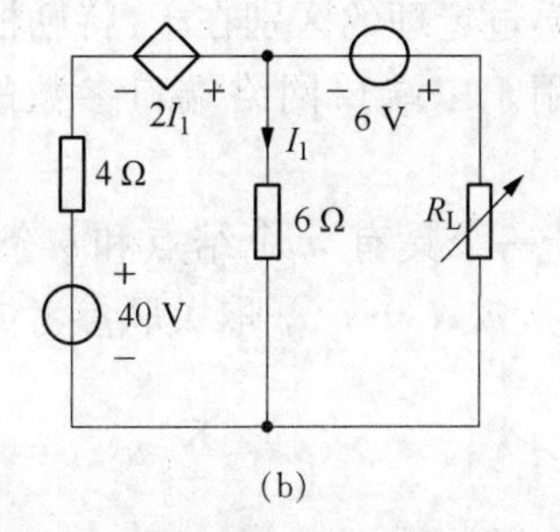

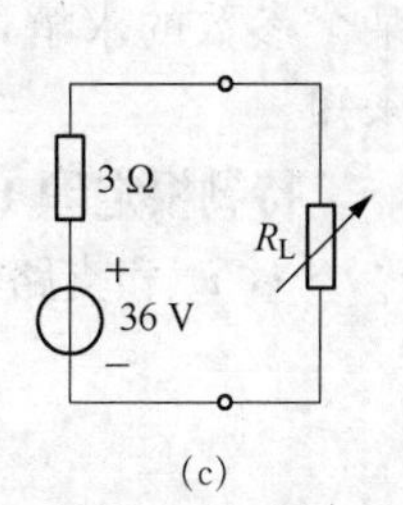

图 3 - 15　例 3 - 8 图

解:图 3-15a 通过电源等效变换法,转换成图 3-15b;再利用戴维宁定理得到 $U_{oc}=36\ \text{V}$, $R_{eq}=3\ \Omega$, 如图 3-15c 所示。当

$$R_L=R_{eq}=3\ \Omega$$

获得最大功率

$$P_{Lmax}=\frac{U_{oc}^2}{4R_{eq}}=\frac{36^2}{4\times3}=108\ \text{W}$$

例 3-9 图 3-16a 中负载电阻 R_L 取何值时它能获得最大功率,并求此最大功率以及电源的效率 η。

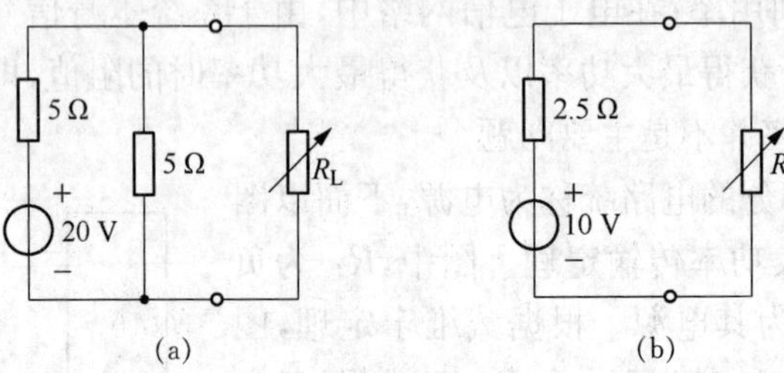

图 3-16 例 3-9 图

解:图 3-16a 利用戴维宁定理得到 $U_{oc}=10\ \text{V}$, $R_{eq}=2.5\ \Omega$, 如图 3-16b 所示。当

$$R_L=R_{eq}=2.5\ \Omega$$

获得最大功率

$$P_{Lmax}=\frac{U_{oc}^2}{4R_{eq}}=\frac{10^2}{4\times2.5}=10\ \text{W}$$

图 3-15a 中电压源的电流

$$I_{20\text{V}}=\frac{20}{5+\left(\frac{5\times2.5}{5+2.5}\right)}=3\ \text{A}$$

电压源发出的功率 $P_s=20\times3=60\ \text{W}$,因此传输效率为

$$\eta=\frac{P_{Lmax}}{P_s}=\frac{10}{60}=16.67\%$$

此时,电源仅有 16.67% 的功率传输给负载。运用最大功率传输定理时要注意:

(1) 通常需要结合戴维宁定理求解最大传输功率。

(2) 负载获得最大功率时,等效电路的传输效率为 50%,而实际电路的传输效率不一定是 50%,与网络拓扑有关。

3.5 特勒根定理

特勒根定理与之前学过定理的区别在于:特勒根定理中包含的变量多,不适用复杂电路中某个参数的求解,但适用于二端口网络端口参数的确定,二端口网络内部参数和拓扑均可未知。

特勒根定理 1 对于一个具有 n 个结点和 b 条支路的集中参数电路,当各支路电流 i_1, i_2, …, i_b 和支路电压 u_1, u_2, …, u_b 取关联参考方向时,有

$$\sum_{k=1}^{b}u_k i_k=0 \tag{3-9}$$

式(3-9)表明:一个电路在任意时刻各支路吸收的功率代数和为 0,即电路在任意时刻的

功率是守恒的。

特勒根定理的证明如图 3－17 所示，该图为某电路对应的有向图，该电路有 4 个结点、6 条支路。各支路电流方向用箭头表示；取结点 0 为参考点，另外 3 个结点的电压分别是 u_{n1}、u_{n2}、u_{n3}，因此支路电压表示为

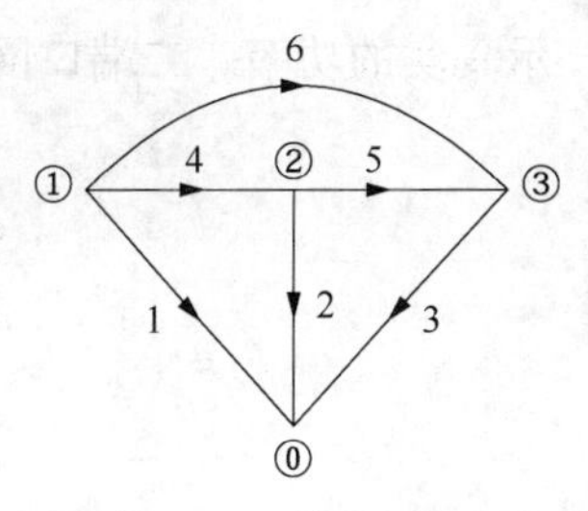

图 3－17　特勒根定理

$$\left.\begin{aligned}&u_1=u_{n1},\ u_2=u_{n2},\ u_3=u_{n3}\\&u_4=u_{n1}-u_{n2},\ u_5=u_{n2}-u_{n3}\\&u_6=u_{n1}-u_{n3}\end{aligned}\right\}\tag{3-10}$$

对结点①、②、③列写 KCL 方程

$$\left.\begin{aligned}i_1+i_4+i_6=0\\i_2-i_4+i_5=0\\i_3-i_5-i_6=0\end{aligned}\right\}\tag{3-11}$$

则

$$\begin{aligned}\sum_{k=1}^{6}u_k i_k&=u_{n1}i_1+u_{n2}i_2+u_{n3}i_3+(u_{n1}-u_{n2})i_4+(u_{n2}-u_{n3})i_5+(u_{n1}-u_{n3})i_6\\&=u_{n1}(i_1+i_4+i_6)+u_{n2}(i_2-i_4+i_5)+u_{n3}(i_3-i_5-i_6)\\&=0\end{aligned}$$

特勒根定理的证明不涉及各支路元件性质，若有两个电路，它们的有向图相同，但元件性质不同，只要满足式(3－10)和式(3－11)，一个电路的支路电压与另一个电路的支路电流乘积之和也满足式(3－9)，即特勒根定理 2。

特勒根定理 2　任意两个具有 n 个结点和 b 条支路且有向图相同的集中参数电路，令其中一个电路的支路电流为 $i_1,\ i_2,\ \cdots,\ i_b$，支路电压为 $u_1,\ u_2,\ \cdots,\ u_b$；另一个电路的支路电流为 $\hat{i}_1,\ \hat{i}_2,\ \cdots,\ \hat{i}_b$，支路电压为 $\hat{u}_1,\ \hat{u}_2,\ \cdots,\ \hat{u}_b$，各支路电流和电压取关联参考方向，则有

$$\sum_{k=1}^{b}u_k\hat{i}_k=0\tag{3-12}$$

$$\sum_{k=1}^{b}\hat{u}_k i_k=0\tag{3-13}$$

以式(3－12)为例，特勒根定理 2 的证明如下，一个电路的电压满足式(3－10)，另一个电路的电流满足式(3－14)：

$$\left.\begin{aligned}\hat{i}_1+\hat{i}_4+\hat{i}_6=0\\\hat{i}_2-\hat{i}_4+\hat{i}_5=0\\\hat{i}_3-\hat{i}_5-\hat{i}_6=0\end{aligned}\right\}\tag{3-14}$$

则

$$\begin{aligned}\sum_{k=1}^{6}u_k\hat{i}_k&=u_{n1}\hat{i}_1+u_{n2}\hat{i}_2+u_{n3}\hat{i}_3+(u_{n1}-u_{n2})\hat{i}_4+(u_{n2}-u_{n3})\hat{i}_5+(u_{n1}-u_{n3})\hat{i}_6\\&=u_{n1}(\hat{i}_1+\hat{i}_4+\hat{i}_6)+u_{n2}(\hat{i}_2-\hat{i}_4+\hat{i}_5)+u_{n3}(\hat{i}_3-\hat{i}_5-\hat{i}_6)\\&=0\end{aligned}$$

式(3-13)按此不难证明。注意:式(3-12)和式(3-13)虽然具有功率的量纲,但并不表示真实的功率。二端口网络是其典型应用,如图 3-18 所示,N_0 为线性电阻网络。

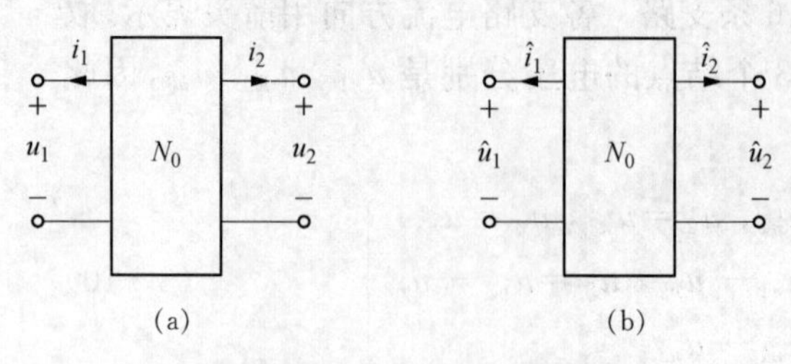

图 3-18　特勒根定理的应用

$$\sum_{k=1}^{b} u_k \hat{i}_k = u_1 \hat{i}_1 + u_2 \hat{i}_2 + \sum_{k=3}^{b} R_k i_k \hat{i}_k = 0$$

$$\sum_{k=1}^{b} \hat{u}_k i_k = \hat{u}_1 i_1 + \hat{u}_2 i_2 + \sum_{k=3}^{b} \hat{R}_k \hat{i}_k i_k = 0$$

因为

$$R_k = \hat{R}_k$$

所以

$$u_1 \hat{i}_1 + u_2 \hat{i}_2 = \hat{u}_1 i_1 + \hat{u}_2 i_2$$

例 3-10　如图 3-19 所示电路,N_0 为线性电阻网络,当 $R_1 = R_2 = 2\ \Omega$, $U_s = 8$ V 时,$I_1 = 2$ A, $U_2 = 2$ V;当 $R_1 = 1.4\ \Omega$, $R_2 = 0.8\ \Omega$, $U_s = 9$ V 时,$I_1 = 3$ A, U_2 应为多少?

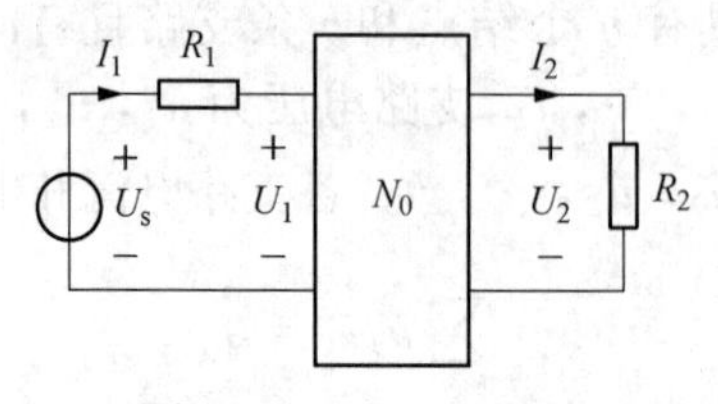

图 3-19　例 3-10 图

解:该题可理解为结构相同、参数不同的两个电路,由 $U_1\hat{I}_1 + U_2\hat{I}_2 = \hat{U}_1 I_1 + \hat{U}_2 I_2$ 可知,需要先确定端口的 8 个变量。

由 $R_1 = R_2 = 2\ \Omega$, $U_s = 8$ V 时,$I_1 = 2$ A, $U_2 = 2$ V 可知

$$U_1 = U_s - R_1 I_1 = 8 - 2 \times 2 = 4\ \text{V}$$

$$I_2 = \frac{U_2}{I_2} = \frac{2}{2} = 1\ \text{A}$$

由 $R_1 = 1.4\ \Omega$, $R_2 = 0.8\ \Omega$, $U_s = 9$ V 时,$I_1 = 3$ A 可知

$$\hat{I}_1 = 3\ \text{A}$$

$$\hat{U}_1 = \hat{U}_s - R_1 \hat{I}_1 = 9 - 1.4 \times 3 = 4.8\ \text{V}$$

$$\hat{I}_2=\frac{\hat{U}_2}{\hat{R}_2}=1.25\hat{U}_2$$

由特勒根定理，并确保各支路电压和电流为关联参考方向可得

$$4\times(-3)+2\times1.25\hat{U}_2=4.8\times(-2)+\hat{U}_2\times1$$

所以　　$\hat{U}_2=1.6\ \mathrm{V}$

即　　$U_2=1.6\ \mathrm{V}$

习　题

1. 如图 3 - 20 所示电路，用叠加定理求 U。

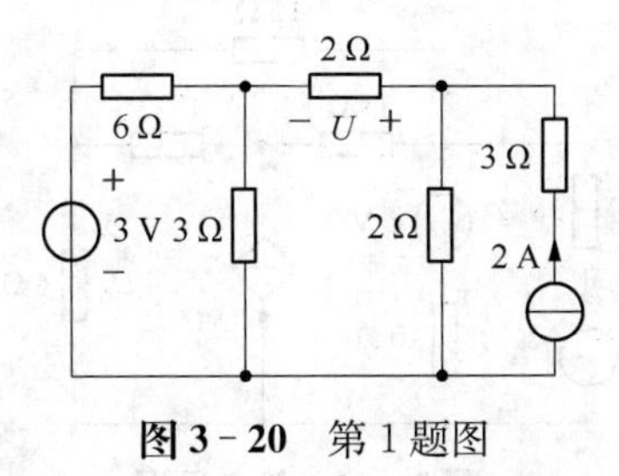

图 3 - 20　第 1 题图

2. 如图 3 - 21 所示电路，已知 $U_{AB}=2\ \mathrm{V}$，用叠加定理求理想电压源 U_{s2} 的值。

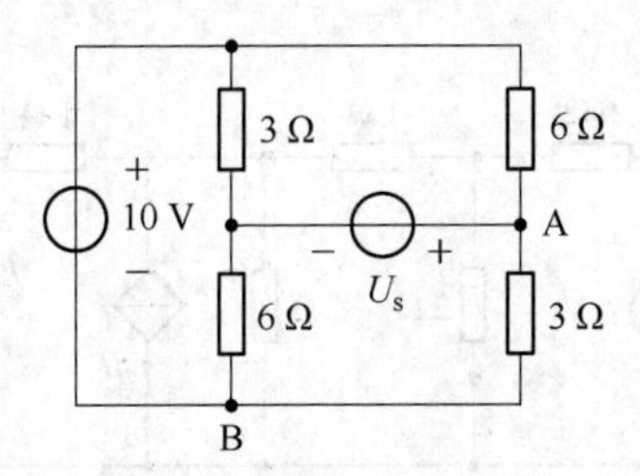

图 3 - 21　第 2 题图

3. 如图 3 - 22 所示电路，用叠加定理求 U。

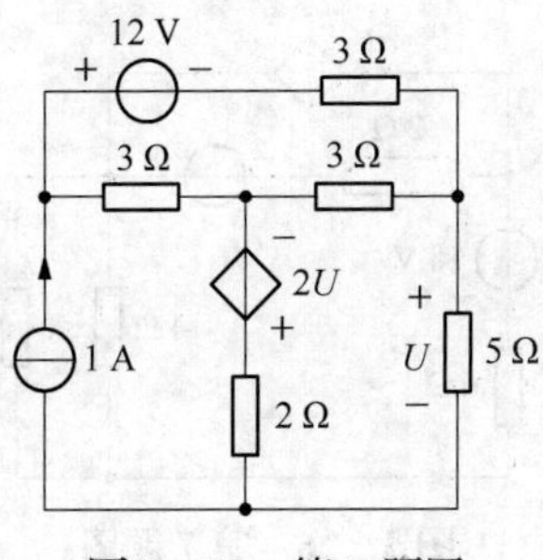

图 3 - 22　第 3 题图

4. 如图 3 - 23 所示电路，用叠加定理求 U。

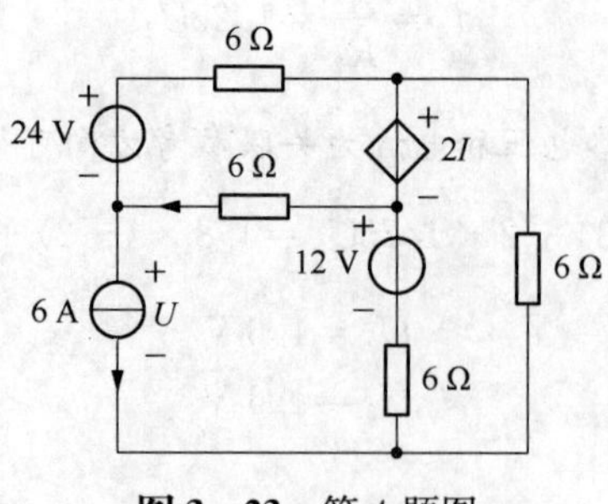

图 3-23 第 4 题图

5. 如图 3-24 所示电路，用戴维宁定理求 U_o。

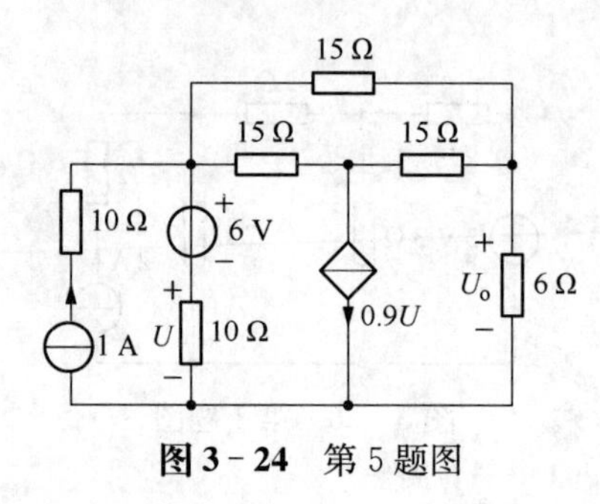

图 3-24 第 5 题图

6. 如图 3-25 所示电路，$R_L=1.5\ \Omega$ 时，可获得最大功率，求 β 及 R_L 获得的最大功率。

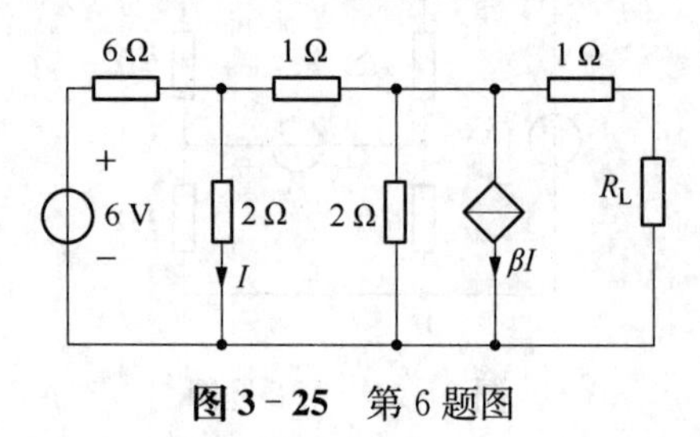

图 3-25 第 6 题图

7. 如图 3-26 所示电路，$R=3\ \Omega$ 时可获得最大功率 $P_{max}=12$ W，求 α 及 U_s。

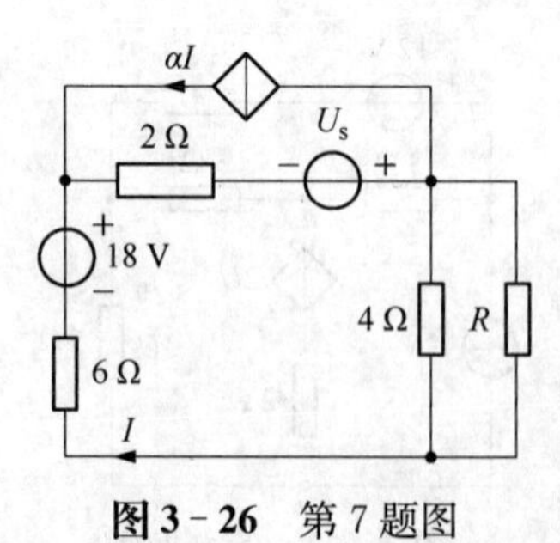

图 3-26 第 7 题图

8. 如图 3-27 所示电路，$R=\dfrac{10}{3}\ \Omega$ 时可获得最大功率 $P_{max}=\dfrac{3}{10}$ W，求 U_s。

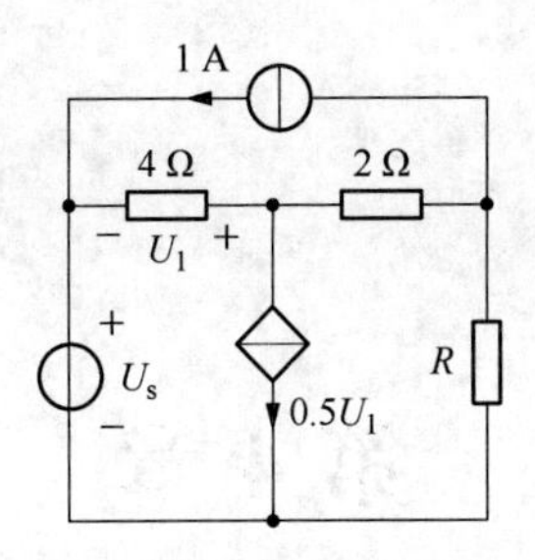

图 3-27　第 8 题图

9. 如图 3-28 所示电路，R 为何值时，可获得最大功率？并求此最大功率。

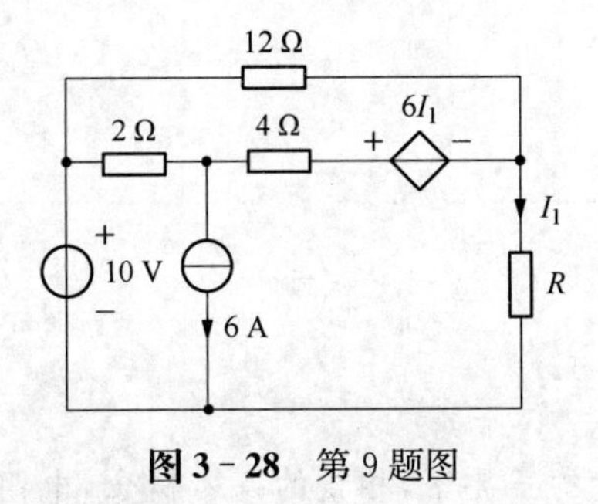

图 3-28　第 9 题图

10. 如图 3-29 所示电路，R 为何值时，可获得最大功率？并求此最大功率。

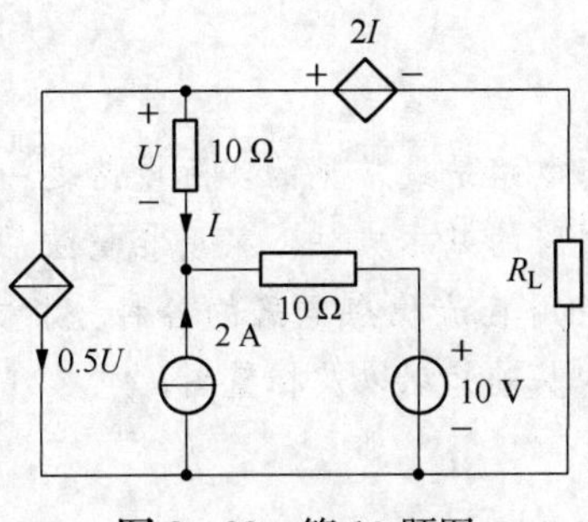

图 3-29　第 10 题图

第4章

相 量 法

本章内容

正弦量的三要素，相量的基本概念，电阻、电容和电感元件的相量模型，基尔霍夫定律的相量形式，以及相量图分析电路法等。

本章特点

正弦稳态电路是最常见的实际电路之一，相量法是分析正弦稳态电路的基本方法。采用相量法后，对正弦稳态电路就可以应用直流稳态电路的各种分析方法。本章即介绍相量法的基础知识以及相量图。

4.1 正弦量的基本概念

4.1.1 正弦量的三要素

正弦量是指电压和电流等随时间按照正弦规律变化的电气量。正弦交流电路是指电路中的电压、电流均为同一频率正弦量的电路。本书采用余弦函数表征正弦量。

如图 4-1 所示，正弦量随时间变化的图像称为正弦波形，简称正弦波，以 ωt 为横坐标的正弦电流 i，其函数表达式为

$$i = I_{\mathrm{m}}\cos(\omega t + \psi_i) \tag{4-1}$$

式中，I_{m}、ω 和 ψ_i 统称正弦量的三要素，这三个要素能唯一确定一个正弦量。

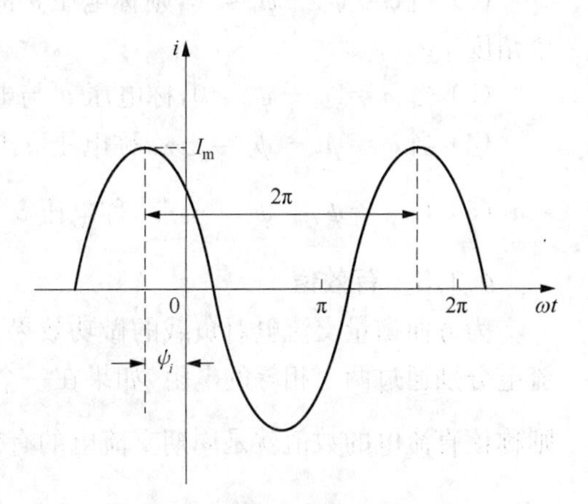

图 4-1 正弦电流波形 ($\psi_i > 0$)

正弦量的三要素 I_{m}、ω 和 ψ_i 定义如下：

(1) I_{m}。正弦电流 i 的最大值，也称为振幅，它是正弦电流在整个变化过程中所能达到的最大值。

(2) ω。正弦电流 i 的角频率，反映正弦量变化的快慢，单位是 rad/s(弧度/秒)。

(3) ψ_i。正弦电流的初相角，也称为初相，它是正弦量在 $t=0$ 时刻的相位，单位用弧度或度表示，取值范围为 $|\psi_i| \leqslant 180°$。$(\omega t + \psi_i)$ 称为正弦量的相角或相位，反映正弦量的变化过程。

由于正弦量的周期为 T(秒)，对应的角度为 2π(弧度)，所以角频率 ω、频率 f 和周期 T 之间的关系如下：

$$\omega = \frac{2\pi}{T} = 2\pi f \tag{4-2}$$

频率 f 的单位为 1/s，称为 Hz(赫[兹])，简称赫。我国工业用电的频率是 50 Hz，简称工频。无线电技术使用的频率则比较高，其单位常用一般为 kHz(千赫)和 MHz(兆赫)。

4.1.2 相位差

设正弦交流电路中电压量 $u = U_{\mathrm{m}}\cos(\omega t + \psi_u)$，电流量 $i = I_{\mathrm{m}}\cos(\omega t + \psi_i)$，那么电压量和电流量的相位差 $\varphi = (\omega t + \psi_u) - (\omega t + \psi_i) = \psi_u - \psi_i$。也就是说，具有相同频率的正弦量的相位差在任何时刻都是一个常数，这个常数即为初相之差，与时间无关。相位差的取值范围为 $|\varphi| \leqslant 180°$。如图 4-2 所示，通过观察波形可以确定相位差，在同一周期内两个波形的极大(小)值之间的角度值，即为两者的相位差，先达到极值点的为超前波。

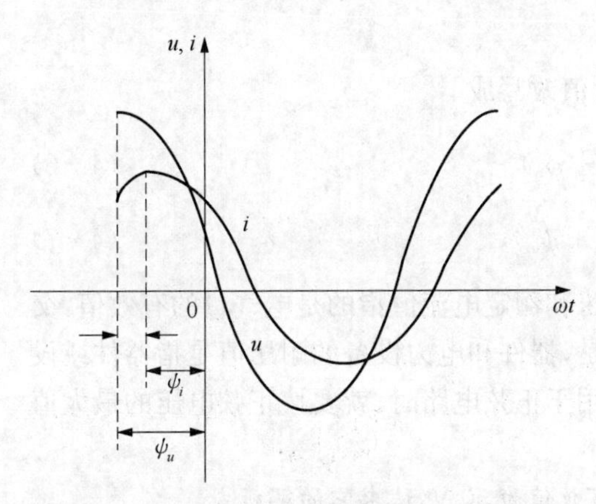

图 4-2 同频率正弦量得相位差(u 超前 i)

值得注意的是，当分析电气量的相位差时：

①函数表达形式必须相同，均采用 cos 或 sin 形式表示；②函数表达式前的正、负号要一致；③两个同频率正弦量的相位差与计时起点的选择无关。

采用超前和滞后来表示电路中两个同频率正弦量的相位差：

(1) 当 $\varphi=\psi_u-\psi_i>0$，则称电压 u 超前电流 i 一个角度 φ，或者称电流 i 滞后电压 u 一个角度 φ；

(2) 当 $\varphi=\psi_u-\psi_i<0$，则称电压 u 滞后电流 i 一个角度 $|\varphi|$，或者电流 i 超前电压 u 一个角度 $|\varphi|$；

(3) 当 $\varphi=\psi_u-\psi_i=0$，称电压 u 与电流 i 同相；

(4) 当 $\varphi=\psi_u-\psi_i=\pm\pi$，称电压 u 与电流 i 反相；

(5) 当 $\varphi=\psi_u-\psi_i=\pm\dfrac{\pi}{2}$，称电压 u 与电流 i 正交。

4.1.3 有效值

为方便衡量交流电对负载的做功效果，定义一个交流量的有效值为：周期性的交流电和直流电分别通过两个相等的电阻，如果在一个周期 T 内，两个相等电阻所消耗的电能是相等的，则称该直流电的数值就是周期交流电的有效值。也就是说，$I^2RT=\int_0^T i^2R\mathrm{d}t$，计算可得

$$I=\sqrt{\frac{1}{T}\int_0^T i^2\mathrm{d}t} \tag{4-3}$$

式中，I 是周期交流电流 $i(t)$ 的有效值。

对于正弦电流 $i(t)=I_\mathrm{m}\cos(\omega t+\psi_i)$ 来说，其有效值可计算为

$$I=\sqrt{\frac{1}{T}\int_0^T i^2\mathrm{d}t}=\sqrt{\frac{1}{T}\int_0^T I_\mathrm{m}^2\cos^2(\omega t+\psi_i)\mathrm{d}t}=\frac{I_\mathrm{m}}{\sqrt{2}} \tag{4-4}$$

对于正弦电压 $u=U_\mathrm{m}\cos(\omega t+\psi_u)$，其最大值与有效值的关系为

$$U=\frac{U_\mathrm{m}}{\sqrt{2}} \tag{4-5}$$

以我国所使用的单相正弦电源的电压 $U=220\ \mathrm{V}$ 为例，220 V 就是正弦电压的有效值，其对应的最大值 $U_\mathrm{m}=\sqrt{2}U=1.414\times220=311\ \mathrm{V}$。

另外，有效值可以代替最大值，将正弦量的瞬时值改写成

$$i=\sqrt{2}I\cos(\omega t+\psi_i) \tag{4-6}$$

$$u=\sqrt{2}U\cos(\omega t+\psi_u) \tag{4-7}$$

值得注意的是，电气设备铭牌上标识的额定电压和额定电流值指的是电气量的有效值，交流电流表、电压表的读数也是按着有效值刻度。但是，器件和电力设备的耐压值是指器件或设备所承受的最高安全使用电压，所以当这些器件应用于正弦电路时，就要按正弦电压的最大值来考虑。

例 4-1 一交流正弦量表征的电压初相为 30°，有效值为 50 V，试求它的解析式。

解：因为 $U=50\ \mathrm{V}$，所以其最大值为 $50\sqrt{2}\ \mathrm{V}$，则电压的解析式为

$$u = 50\sqrt{2}\cos(\omega t + 30°)$$

例 4-2 电容器的耐压值为 250 V,问能否用在 220 V 的交流电源上?

解: 因为 220 V 的单相交流电源为正弦电压,其振幅值为 311 V,大于其耐压值 250 V,电容可能被击穿,所以不能接在 220 V 的单相电源上。也就是说,各种电器件和电气设备的绝缘水平(耐压值),要按最大值考虑。

4.2 相量法的基本概念

考虑采用三角函数方法分析正弦稳态电路的复杂性,将正弦电压和电流采用数学中的复数来表示,以简化交流电路的分析与计算。

4.2.1 复数的表示形式

复数的表示形式包括代数形式、三角函数形式、指数形式和极坐标形式四种。代数形式表示为

$$A = a_1 + \mathrm{j}a_2 \tag{4-8}$$

式中,a_1 为复数的实部;a_2 为复数的虚部;j 为虚单位,$\mathrm{j}=\sqrt{-1}$。

接下来,将直角坐标平面中的横轴作为实轴,纵轴作为虚轴。这时,这两个坐标轴所在的坐标平面称为复平面。在复平面上,复数 A 可以用一条从原点 O 指向 A 所对应的坐标点的一个相量来表示,如图 4-3 所示。

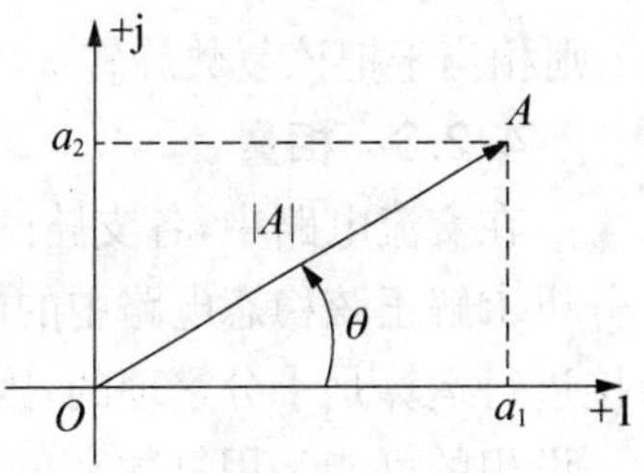

图 4-3 复数在复平面的表示

该相量的长度 $|A|$ 是复数的模,该相量与正实轴的夹角 θ 是复数的幅角,即

$$|A| = \sqrt{a_1^2 + a_2^2} \tag{4-9}$$

$$\theta = \arctan\left(\frac{a_2}{a_1}\right) \tag{4-10}$$

由此可得复数的三角形式

$$A = |A|\cos\theta + \mathrm{j}|A|\sin\theta \tag{4-11}$$

进一步地,根据欧拉公式 $\mathrm{e}^{\mathrm{j}\theta} = \cos\theta + \mathrm{j}\sin\theta$,将复数 A 的三角形式变换成指数形式,即

$$A = |A|\mathrm{e}^{\mathrm{j}\theta} \tag{4-12}$$

最后,工程一般将上述指数形式写成极坐标形式,即

$$A = |A|\angle\theta \tag{4-13}$$

在对正弦电流电路进行分析时,经常要对几种复数的表示形式进行相互转换。

4.2.2 复数的运算

复数的运算包含以下几条主要规律:

(1) 若 $A = a_1 + \mathrm{j}a_2 = 0$,那么实部和虚部都等于 0,即 $a_1 = 0$, $a_2 = 0$。

(2) 若 $A = a_1 + \mathrm{j}a_2$ 与 $B = b_1 + \mathrm{j}b_2$ 相等,那么它们的实部及虚部分别对应相等,即 $a_1 = b_1$, $a_2 = b_2$。

(3) $A=a_1+\mathrm{j}a_2=|A|\angle\theta$ 的共轭复数为 $A^*=a_1-\mathrm{j}a_2=|A|\angle-\theta$，并且 $AA^*=a_1^2+a_2^2=|A|^2$。

(4) 复数的加减运算以代数式计算比较方便，等于把它们代数式的实部和虚部分别相加减：

$$A\pm B=(a_1+\mathrm{j}a_2)\pm(b_1+\mathrm{j}b_2)=(a_1\pm b_1)+\mathrm{j}(a_2\pm b_2)$$

(5) 复数的乘除运算以极坐标形式来进行运算比较方便，相乘时等于模相乘、幅角相加，相除时等于模相除、幅角相减：

$$A\cdot B=|A|\angle\theta_1\cdot|B|\angle\theta_2=|A|\cdot|B|\angle(\theta_1+\theta_2)$$
$$\frac{A}{B}=\frac{|A|\angle\theta_1}{|B|\angle\theta_2}=\frac{|A|}{|B|}\angle(\theta_1-\theta_2)$$

(6) $\mathrm{e}^{\mathrm{j}\theta}=1\angle\theta$ 表示一个模等于1、幅角为 θ 的复数。将一个复数乘以 $\mathrm{e}^{\mathrm{j}\theta}$，相当于把该复数在模保持不变的情况下按逆时针方向旋转角度 θ，所以复数 $\mathrm{e}^{\mathrm{j}\theta}$ 又称为旋转因子。由欧拉公式 $\mathrm{e}^{\mathrm{j}\theta}=\cos\theta+\mathrm{j}\sin\theta$ 可知，$\mathrm{e}^{\mathrm{j}\frac{\pi}{2}}=\mathrm{j}$，$\mathrm{e}^{-\mathrm{j}\frac{\pi}{2}}=-\mathrm{j}$，$\mathrm{e}^{\mathrm{j}\pi}=-1$，所以 $\pm\mathrm{j}$ 和 -1 都可以看作旋转因子，一个复数乘以 $+\mathrm{j}$ 相当于把该复数逆时针旋转 $\frac{\pi}{2}$，乘以 $-\mathrm{j}$ 相当于把该复数顺时针旋转 $\frac{\pi}{2}$，乘以 -1 则相当于把该复数旋转 π，即反向。

4.2.3 相量

在交流电路中，各支路的电压或电流均是同频率的正弦量。通常电源频率是已知的，因此分析求解正弦稳态电路中的电压或电流，实质上是求电压、电流的有效值和初相。对正弦量直接进行运算是十分繁琐的，因此必须寻找简化计算的途径。而数学变换的方法提供了实现这一设想的可能。用复数来表示正弦量的最大值（或有效值）和初相就是相量法，它将描述正弦稳态电路的方程转换成复数形式的代数方程，简化计算。

在电路中，相量通常是由正弦量的最大值（或有效值）与初相构成的一个复数。相量的模取最大值时称为最大值相量；相量的模取有效值时称为有效值相量。例如，与正弦电流 $i=I_{\mathrm{m}}\cos(\omega t+\psi_i)$ 所对应的最大值相量表示为 $\dot{I}_{\mathrm{m}}=I_{\mathrm{m}}\angle\psi_i$，有效值相量 $\dot{I}=I\angle\psi_i$。显然，最大值相量与有效值向量之间的关系为 $\dot{I}_{\mathrm{m}}=\sqrt{2}\dot{I}$，在实际应用中一般采用有效值向量。

因为相量是复数，所以在复平面上它也可以用一条有向线段来表示。如图 4-4 所示为正弦电流 $i=\sqrt{2}I\cos(\omega t+\psi_i)$ 的有效值相量，其中 $\psi_i>0$。正弦电流的有效值 I 就是相量 $\dot{I}$ 的长度，正弦电流的初相就是相量 $\dot{I}$ 与正实轴的夹角。相量在复平面上的图示称为相量图。

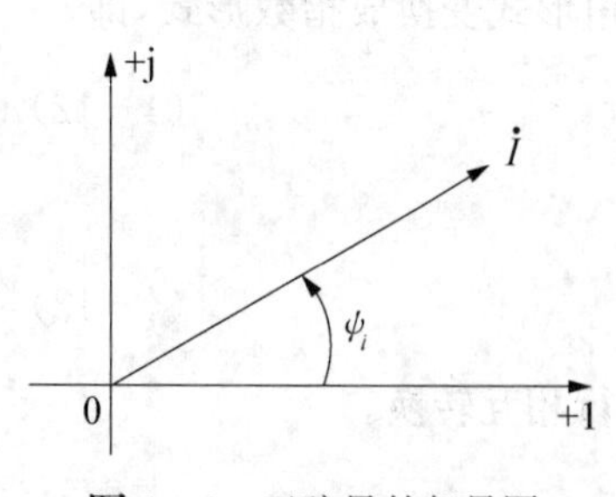

图 4-4 正弦量的相量图

根据上述的表示方法可知，每个正弦量有与之对应的相量，反之，如果知道了相量，也可立即写出它所代表的正弦量，这种对应关系不仅直观、简单，运算也很方便。

特别指出，相量和正弦量并不相等，它们之间是一种对应关系，如

$$i=\sqrt{2}I\cos(\omega t+\psi_i)\Leftrightarrow\dot{I}=I\angle\psi_i$$

但这两者之间确实存在着某种数学关系，下面讨论这种关系。

根据欧拉公式

$$\sqrt{2}I\mathrm{e}^{\mathrm{j}(\omega t+\psi_i)}=\sqrt{2}I\cos(\omega t+\psi_i)+\mathrm{j}\sqrt{2}I\sin(\omega t+\psi_i)$$

可见，i 是复指数函数 $\sqrt{2}I\mathrm{e}^{\mathrm{j}(\omega t+\psi_i)}$ 的实部，表示为

$$i=\sqrt{2}I\cos(\omega t+\psi_i)=Re[\sqrt{2}I\mathrm{e}^{\mathrm{j}(\omega t+\psi_i)}]$$

复指数函数可化简为 $\sqrt{2}I\mathrm{e}^{\mathrm{j}(\omega t+\psi_i)}=\sqrt{2}I\mathrm{e}^{\mathrm{j}\psi_i}\cdot\mathrm{e}^{\mathrm{j}\omega t}=\sqrt{2}\dot{I}\mathrm{e}^{\mathrm{j}\omega t}$，实际上复常数向量 $\sqrt{2}\dot{I}$ 以角速度 ω 逆时针方向旋转的相量就是复指数函数，任意时刻此相量在实轴上的投影均为正弦量在该时刻的大小，如图4-5所示。将旋转相量在实轴上的投影进行逐点描绘，便可以得到一条正弦量的曲线，旋转相量旋转一周，正弦量就相应变化了一个周期。

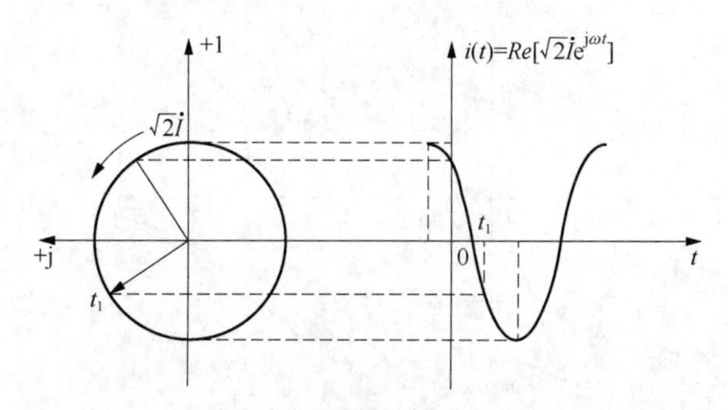

图4-5 旋转相量与正弦波

例4-3 已知两复数 $A=10\angle 60°$，$B=-7+\mathrm{j}7\sqrt{3}$，求：

(1) $A+B$；

(2) $A-B$；

(3) $A\cdot B$；

(4) $\dfrac{A}{B}$。

解：复数的加减用代数形式进行，复数乘除用极坐标形式：

$A=10\angle 60°=5+\mathrm{j}5\sqrt{3}$，$B=-7+\mathrm{j}7\sqrt{3}=14\angle 120°$，所以可得：

(1) $A+B=5+\mathrm{j}5\sqrt{3}+(-7+\mathrm{j}7\sqrt{3})=-2+\mathrm{j}2\sqrt{3}=4\angle 120°$；

(2) $A-B=5+\mathrm{j}5\sqrt{3}-(-7+\mathrm{j}7\sqrt{3})=12-\mathrm{j}2\sqrt{3}=2\sqrt{39}\angle -16.1°$；

(3) $A\cdot B=10\angle 60°\cdot 14\angle 120°=140\angle 180°$；

(4) $\dfrac{A}{B}=\dfrac{10\angle 60°}{14\angle 120°}=\dfrac{5}{7}\angle -60°$。

例4-4 已知两正弦电流 $i_1=20\sqrt{2}\cos(\omega t+30°)\mathrm{A}$，$i_2=20\sqrt{2}\sin(\omega t-30°)\mathrm{A}$，求 $i=i_1+i_2$，并画相量图。

解：把 i_2 转化成余弦形式，即

$$i_2=20\sqrt{2}\sin(\omega t-30°)=20\sqrt{2}\cos(\omega t-30°-90°)=20\sqrt{2}\cos(\omega t-120°)\mathrm{A}$$

i_1 和 i_2 对应的有效值相量分别为

$$\dot{I}_1=20\angle 30^\circ \text{ A},\ \dot{I}_2=20\angle -120^\circ \text{ A}$$

其和为

$$\begin{aligned}\dot{I}&=\dot{I}_1+\dot{I}_2=20\angle 30^\circ+20\angle -120^\circ\\&=20\cos 30^\circ+\text{j}20\sin 30^\circ+20\cos(-120^\circ)+\text{j}20\sin(-120^\circ)\\&=(17.32+\text{j}10)+(-10-\text{j}17.32)\\&=7.32-\text{j}7.32=10.35\angle -45^\circ \text{ A}\end{aligned}$$

与上式相量对应的正弦量为

$$i=i_1+i_2=10.35\sqrt{2}\cos(\omega t-45^\circ)\text{A}$$

相量图如图 4-6 所示，运算符合相量相加的平行四边形法则。

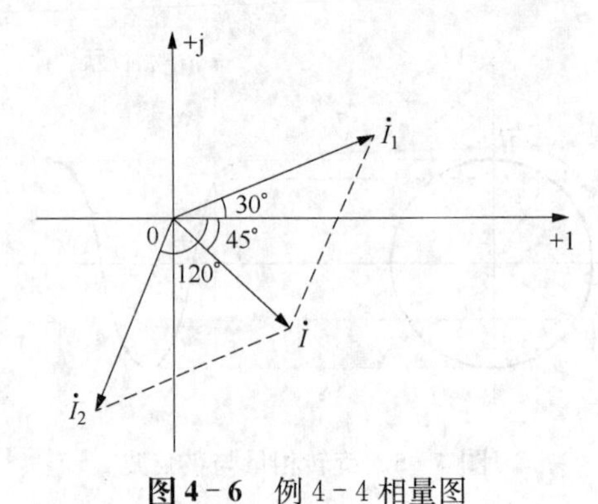

图 4-6 例 4-4 相量图

4.3 电路的相量模型

在正弦电路中，如果元件上的电压、电流都用相量的形式表示，则其数值和相位的关系可以在一个式子中反映出来。

4.3.1 电阻元件的相量模型

在正弦电路中，考察电阻元件的电流及其端电压，如图 4-7a 所示，在并联参考方向下，设电流为 $i_R=\sqrt{2}I_R\cos(\omega t+\psi_i)$。

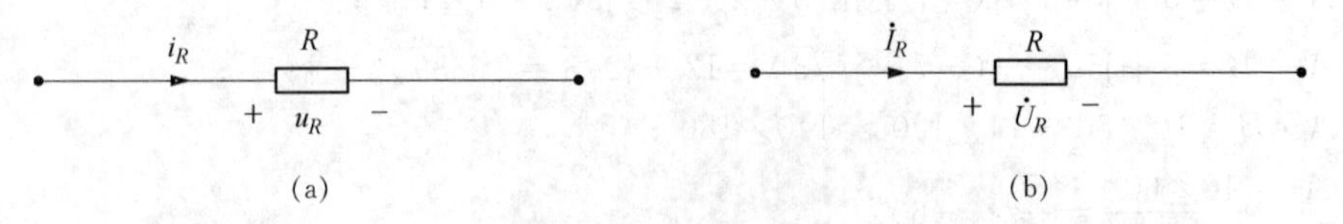

图 4-7 电阻元件

由欧姆定律 $u_R=Ri_R$ 可得其电压

$$\begin{aligned}u_R&=Ri_R\\&=\sqrt{2}RI_R\cos(\omega t+\psi_i)\\&=\sqrt{2}U_R\cos(\omega t+\psi_u)\end{aligned}$$

它们的波形图关系如图 4 - 8a 所示，电压与电流的数值关系为

$$U_R = RI_R$$

两者的相位关系为

$$\psi_u = \psi_i$$

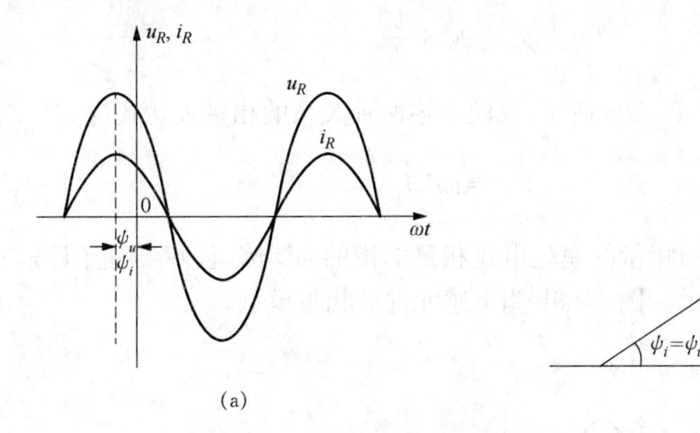

(a)　　　　　　(b)

图 4 - 8　电阻元件电压、电流波形及相量图

若用相量表示，为

$$\dot{U}_R = R\dot{I}_R \tag{4-14}$$

它们的相量图如图 4 - 8b 所示。式(4 - 14)是电压相量和电流相量的约束关系。在之后用相量分析法计算电路时，常直接画出标注电压相量和电流相量的电路图，如图 4 - 7b，称之为元件的相量模型。它与式(4 - 14)的关系相对应。

4.3.2　电感元件的相量模型

图 4 - 9a 所示的电感元件，在关联参考方向下电流和电压的关系如下：

$$u_L = L\frac{\mathrm{d}i_L}{\mathrm{d}t}$$

设电流为

$$i_L = \sqrt{2}I_L\cos(\omega t + \psi_i)$$

则其电压为

$$\begin{aligned} u &= L\frac{\mathrm{d}i_L}{\mathrm{d}t} \\ &= \sqrt{2}\omega LI_L\cos\left(\omega t + \psi_i + \frac{\pi}{2}\right) \\ &= \sqrt{2}U_L\cos(\omega t + \psi_u) \end{aligned}$$

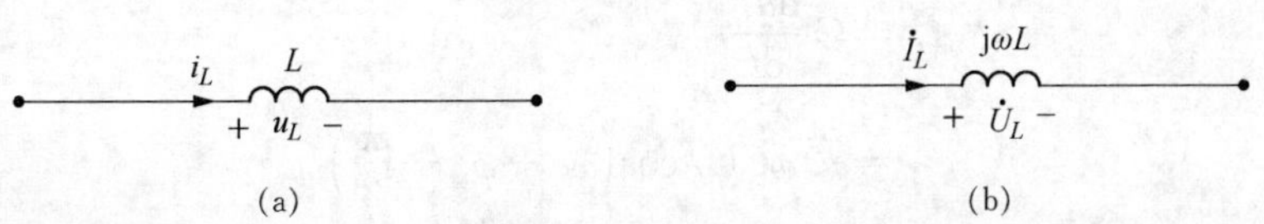

i_L　L　$+\ u_L\ -$　　　　$\dot{I}_L$　$\mathrm{j}\omega L$　$+\ \dot{U}_L\ -$

(a)　　　　　　(b)

图 4 - 9　电感元件

由上式可知电压与电流的数值关系为

$$U_L = \omega L I_L$$

两者的相位关系为

$$\psi_u = \psi_i + \frac{\pi}{2}$$

u_L 和 i_L 的波形图如图 4－10a 所示，反映上述两种关系的相量表达式为

$$\dot{U}_L = \mathrm{j}\omega L \dot{I}_L \tag{4-15}$$

式(4－15)表明电感电压相量的模是电流相量的模的 ωL 倍，且 $\dot{U}_L$ 超前 $\dot{I}_L$ $\pi/2$ 弧度。它们的相量图如图 4－10b 所示。图 4－9b 为电感元件的相量模型。

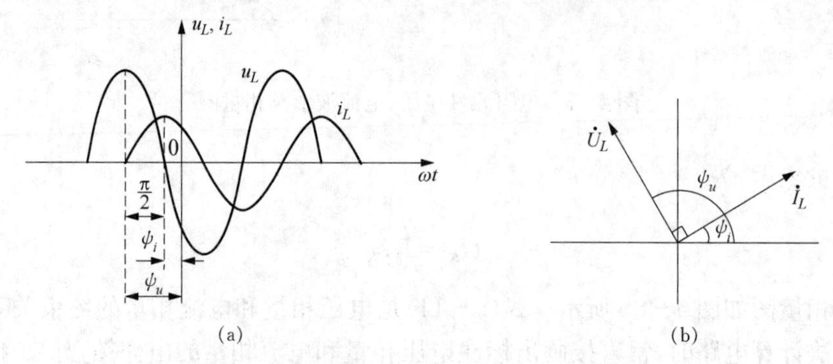

图 4－10 电感元件电压、电流波形及相量图

若令 $X_L = \omega L$，则式(4－15) 可写成

$$\dot{U}_L = \mathrm{j}X_L \dot{I}_L \tag{4-16}$$

表明当电压(有效值)一定时，X_L 越大，电流(有效值)越小。X_L 代表电感元件阻碍电流的能力，称为电感元件的电抗，简称感抗，单位为 Ω。感抗为 $X_L = \omega L$，可见频率越高则感抗越大，这是因为电流的频率越高，即变化越快，则感应电动势就越大的缘故，直流电流的频率为零，所以电感在直流电路中不呈现阻力，相当于短路。

4.3.3 电容元件的相量模型

图 4－11a 所示电容元件，当正弦电压加于电容 C 时，在关联参考方向下，电容两端电流电压瞬时值的关系为

$$i_C = C\frac{\mathrm{d}u_C}{\mathrm{d}t}$$

若 $u_C = \sqrt{2}U_C\cos(\omega t + \psi_u)$。则电流为

$$\begin{aligned} i_C &= C\frac{\mathrm{d}u_C}{\mathrm{d}t} \\ &= \sqrt{2}\,\omega C U_C \cos\left(\omega t + \psi_u + \frac{\pi}{2}\right) \\ &= \sqrt{2}\,I_C \cos(\omega t + \psi_i) \end{aligned}$$

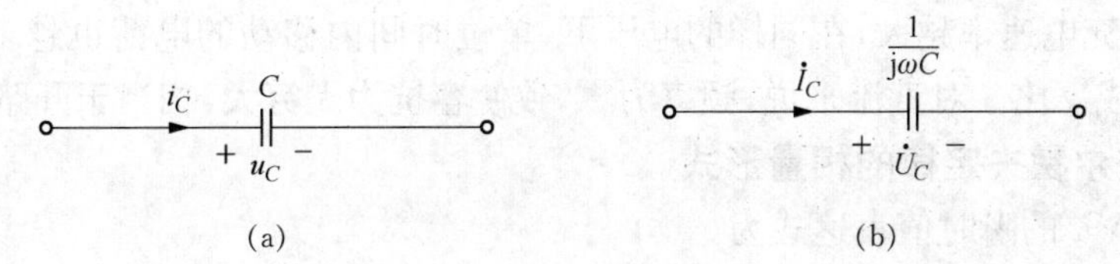

图 4-11 电容元件

可见,电压与电流的有效值关系为

$$I_C = \omega C U_C$$

即

$$U_C = \frac{1}{\omega C} I_C$$

两者的相位关系为

$$\psi_i = \psi_u + \frac{\pi}{2}$$

它们的波形图如图 4-12a 所示。

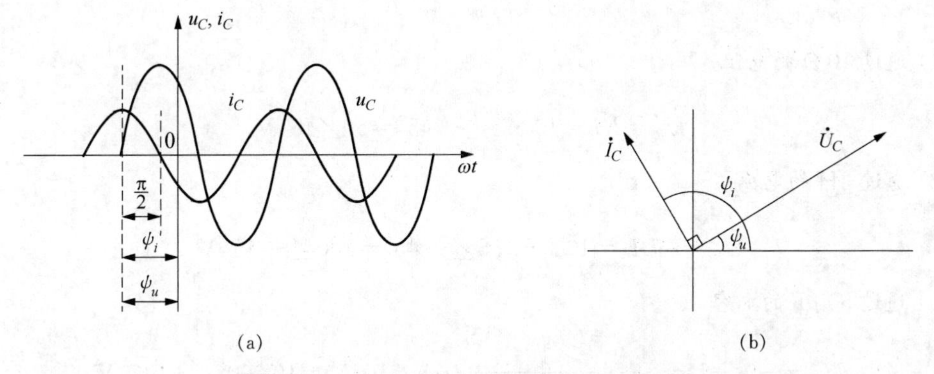

图 4-12 电容元件电压、电流波形及相量图

反映上述两种关系的相量表达式为

$$\dot{U}_C = \frac{1}{\mathrm{j}\omega C} \dot{I}_C = -\mathrm{j}\frac{1}{\omega C} \dot{I}_C \tag{4-17}$$

上式表明电容电压相量的模是电流相量的模的 $1/\omega C$ 倍,且 $\dot{U}_C$ 滞后于 $\dot{I}_C$ $\frac{\pi}{2}$弧度。它们的相量图如图 4-12b 所示,图 4-11b 为电容元件的相量模型。

若令 $X_C = \frac{1}{\omega C}$,则式(4-16) 可以写成

$$\dot{U}_C = -\mathrm{j}X_C \dot{I}_C \tag{4-18}$$

上式说明,当电压一定时,X_C 越大,电流越小。X_C 代表电容元件阻碍电流的能力,X_C 称为电容元件的电抗,简称容抗,单位也是 Ω。$X_C = \frac{1}{\omega C}$,可见容抗大小与频率成反比。这是因为频率

越高,电容元件充电速率越大,在同样的电压下,单位时间内移动的电荷也越多,电流就越大,所以容抗与 ω 成反比。对直流来说,频率为零,致使容抗为无穷大,相当于开路。

4.3.4 基尔霍夫定律的相量形式

KCL 和 KVL 的瞬时值表达式为

$$\sum i = 0 \tag{4-19}$$

$$\sum u = 0 \tag{4-20}$$

那么 KCL 和 KVL 的相量形式为

$$\sum \dot{I} = 0 \tag{4-21}$$

$$\sum \dot{U} = 0 \tag{4-22}$$

例 4-5 设有一正弦电流源 $i = 5\sqrt{2}\cos(10t - 45^\circ)$ A,若该电流源的电流分别通过:(1)10 Ω 的电阻;(2)2 H 的电感;(3)50 μF 的电容。试求各个元件端电压的相量。

解:先把正弦电流用相量表示为

$$\dot{I} = 5\angle -45^\circ \text{ A}$$

(1) 通过 10 Ω 的电阻

$$\dot{U}_R = R\dot{I} = 10 \times 5\angle -45^\circ = 50\angle 45^\circ \text{ V}$$

(2) 通过 2H 的电感

$$\dot{U}_L = \text{j}\omega L\dot{I} = \text{j}10 \times 2 \times 5\angle -45^\circ = 100\angle -45^\circ \text{ V}$$

(3) 通过 50 μF 的电容

$$\dot{U}_C = -\text{j}\frac{1}{\omega C}\dot{I} = -\text{j}\frac{1}{10 \times 50 \times 10^{-6}} \times 5\angle -45^\circ = 10\,000\angle -135^\circ \text{ V}$$

例 4-6 如图 4-13,已知电流表 A_1 和 A_2 的示数均为 3 A,求流经电流表 A 的有效值 I。

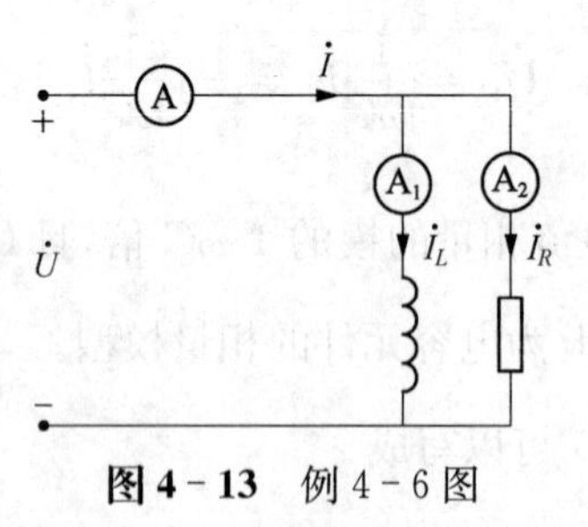

图 4-13 例 4-6 图

解:由 KCL 得 $\dot{I} = \dot{I}_R + \dot{I}_L$,可设 $\dot{U} = U\angle 0^\circ$ V,则 $\dot{I}_R = 3\angle 0^\circ$ A, $\dot{I}_L = 3\angle -90^\circ$ A,即

$$\dot{I} = 3\angle 0^\circ + 3\angle -90^\circ = 3 - \text{j}3 = 3\sqrt{2}\angle -45^\circ \text{ A}$$

所以,流经电流表 A 的有效值 I 为 $3\sqrt{2}$ A。

例 4-7 已知如图 4-14 所示电路中 $I_1 = I_2 = 10\ \mathrm{A}$。求 $\dot{I}$ 和 $\dot{U}_s$。

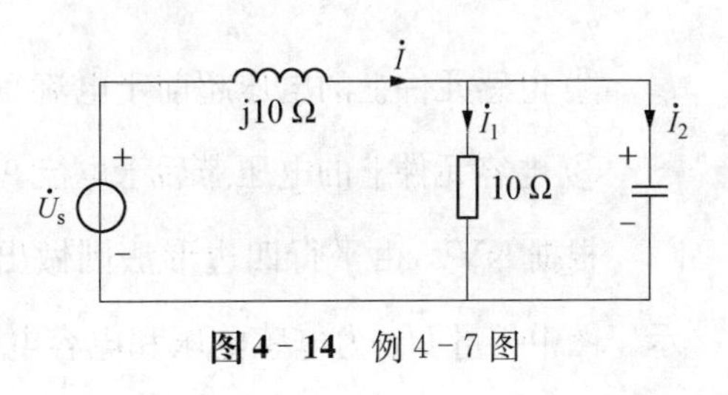

图 4-14 例 4-7 图

解:方法一:由于电路只有一个独立源,分析求解时,为了方便,可任意指定一个向量的相位为零。本题可从已知的并联部分开始。并联部分的 KCL 方程有

$$\dot{I} = \dot{I}_1 + \dot{I}_2$$

令 $\dot{I}_1 = 10\angle 0^\circ$(指定为零度),则 $\dot{I}_2 = \mathrm{j}10$(电容电流超前电压 90°),解得

$$\dot{I} = (10 + \mathrm{j}10)\mathrm{A} = 10\sqrt{2}\angle 45^\circ\ \mathrm{A}$$

根据 KVL,有

$$\dot{U}_s = \mathrm{j}10\dot{I} + 10\dot{I}_1 = \mathrm{j}100\ \mathrm{V}$$

方法二:设 $\dot{I}_2 = 10\angle 0^\circ\ \mathrm{A}$,则

$$\dot{I}_1 = 10\angle -90^\circ,$$
$$\dot{I} = \dot{I}_1 + \dot{I}_2 = 10 - \mathrm{j}10 = 10\sqrt{2}\angle -45^\circ$$

也就是说,这些角度都是相对量,随系统设置不同而不同。

4.4 相量图

在正弦稳态电路中,按着复数方程所表示的各电压、电流相量间的关系可用复平面上的几何图形加以描述,这个几何图形称为相量图,其既可以反映电压、电流的大小,也可以反映出相位关系。

4.4.1 电压、电流相量图

图 4-15a 所示为一 RLC 串联电路,现在同一复平面上做出它的电压、电流相量图。

(1) 当电路中的各相量为已知时做相量图,先画出参考轴,各向量均以参考轴为“基准”而做出,如在该电路中,假如已知

$$\dot{I} = 5\angle 30^\circ\ \mathrm{A},\ \dot{U}_R = 15\angle 30^\circ\ \mathrm{V},\ \dot{U}_L = 30\angle 120^\circ\ \mathrm{V}$$
$$\dot{U}_C = 15\angle -60^\circ\ \mathrm{V},\ \dot{U} = 21.21\angle 75^\circ\ \mathrm{V}$$

则可以做出相量图如图 4-15b 所示。

(2) 当电路中的多个或全部相量为未知时做基于相量图的电路定性分析时,先选定电路中的某相量为参考相量,然后依据元件特性及 KCL、KVL,以参考相量为“基准”做出各相量。以图 4-15a 为例,由于是串联电路,各元件通过的电流相同,所以选电流 $\dot{I}$ 为参考相量,即 $\dot{I} = I\angle 0^\circ\ \mathrm{A}$。接下来,根据元件的伏安特性做出各元件电压相量:

① 因电阻元件的电压、电流同相位,则 $\dot{U}_R$ 和 $\dot{I}$ 在同一方向上;

② 电感元件上的电压超前于电流 90°，则 $\dot{U}_L$ 是在从 $\dot{I}$ 逆时针旋转 90°的位置上；

③ 电容元件上的电压滞后于电流 90°，则 $\dot{U}_C$ 位于从 $\dot{I}$ 顺时针旋转 90°的位置上。

根据 KVL，由平行四边形法则做出端口电压相量 $\dot{U}$，由此得到的相量图如图 4-15c 所示。图中相量 $\dot{U}_X$ 为电感电压和电容电压的相量之和，$\dot{U}_R$ 和 $\dot{U}$ 间的夹角就是端口电压 $\dot{U}$ 和电流 $\dot{I}$ 之间的相位差。

由 $\dot{U}_R$、$\dot{U}_X$ 和 $\dot{U}$ 构成的直角三角形称为电压三角形，如图 4-15d 所示。

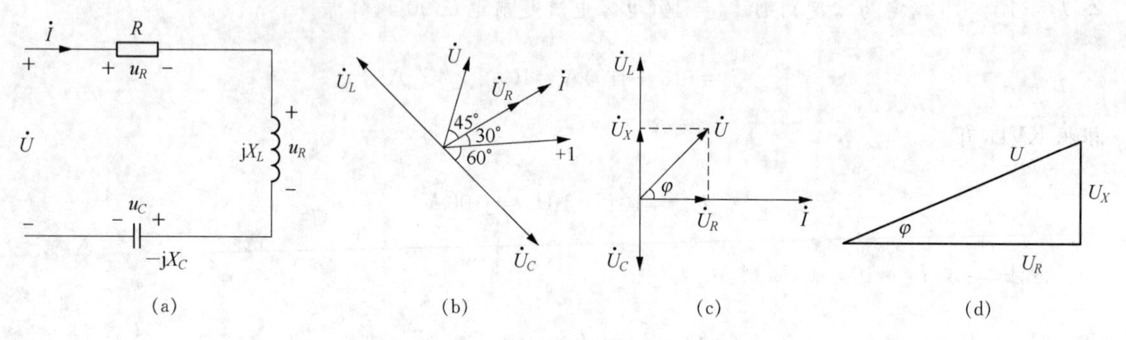

图 4-15 RLC 串联电路及其相量图

值得注意的是：

(1) 选参考相量的原则是使电路中的每一相量均能以参考相量为"基准"而做出，从而每一相量与参考相量间的夹角能容易地被加以确定。

通常对串联电路宜选电流为参考相量；对并联电路宜选端口电压作参考相量；对混联电路宜选电路末端支路上的电压或电流作为参考相量。当然，这是一般而论，许多实际问题需根据具体情况而定。

(2) 在相量图中，应标明每一相量的初相；同一类电量的各相量长短比例要适当；电压及电流相量可分别采用不同的标度基准。

(3) 要注意在正弦稳态分析中应用相量图这一工具。许多电路问题的分析采用相量图后可使分析计算过程简单明了。更有甚者，有的电路分析必须借助相量图，否则难于求解。

4.4.2 用相量图分析电路示例

例 4-8 如图 4-16 所示，$U=25$ V，$I=5$ A，$U_{R1}=10$ V，$U_C=20$ V，求 R_2 和 X_C。

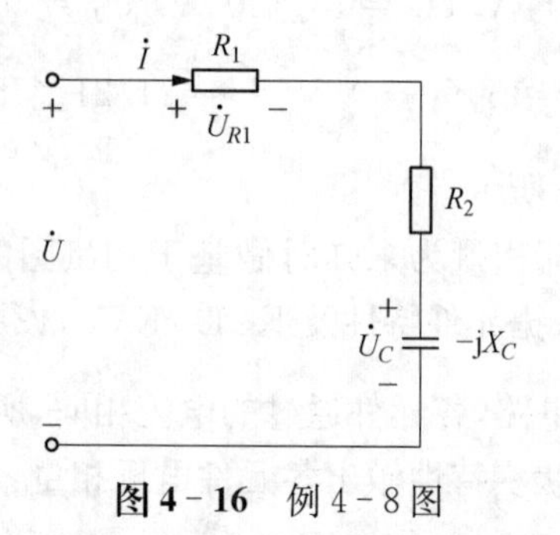

图 4-16 例 4-8 图

解: 画相量图如图 4-17 所示,则有

$$R_1=\frac{U_{R1}}{I}=2\ \Omega$$

$$X_C=\frac{U_C}{I}=4\ \Omega$$

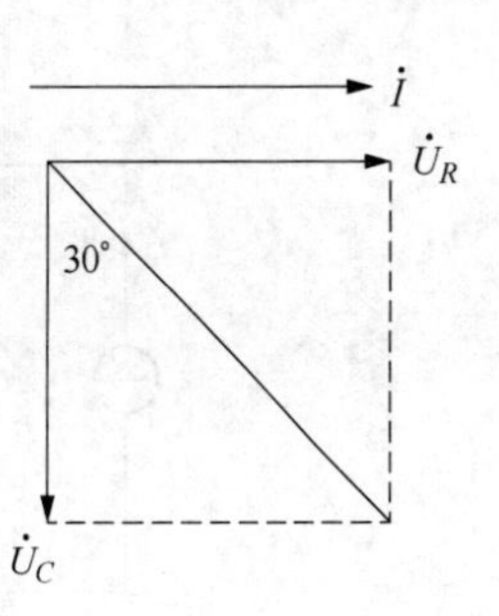

图 4-17 例 4-8 相量图

根据 KVL 得 $\dot U=\dot U_{R1}+\dot U_{R2}+\dot U_C$,则 $\dot U=\dot I(R_1+R_2-\mathrm{j}X_C)$,即 $25=5\sqrt{(2+R_2)^2+X_C^2}$,从而 $R_2=1\ \Omega$。

例 4-9 对 RC 并联电路做如下两次测量:(1)端口加 120 V 直流电压($\omega=0$)时,输入电流为 4 A;(2)端口加频率为 50 Hz,有效值为 120 V 的正弦电压时,输入电流有效值为 5 A。求 R 和 C 的值。

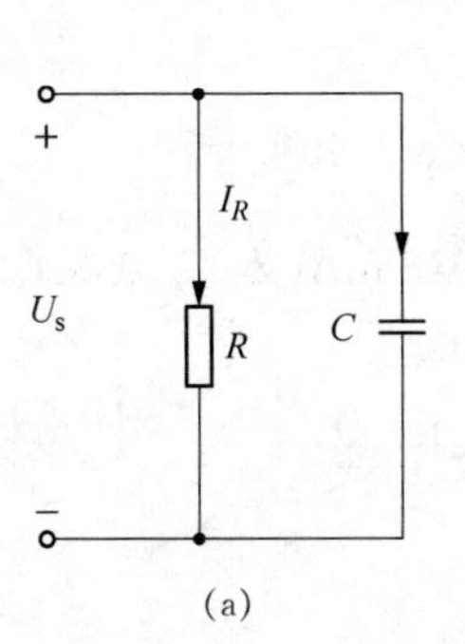

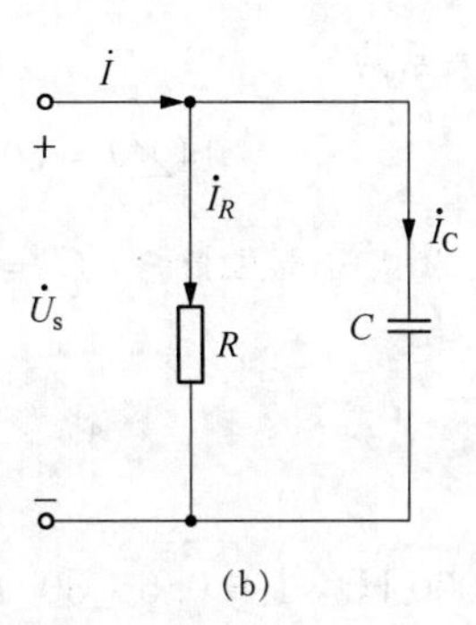

图 4-18 例 4-9 图

解:(1) $\omega=0$(直流)时,$\frac{1}{\omega C}=\infty$,电容相当于开路,如图 4-18a 所示,则电阻 $R=\frac{U_s}{I_R}=\frac{120}{4}=30\ \Omega$。

(2) 当 $f=50$ Hz 时,$\frac{1}{\omega C}=\frac{1}{2\pi fC}=\frac{1}{314C}$,如图 4-18b 所示。

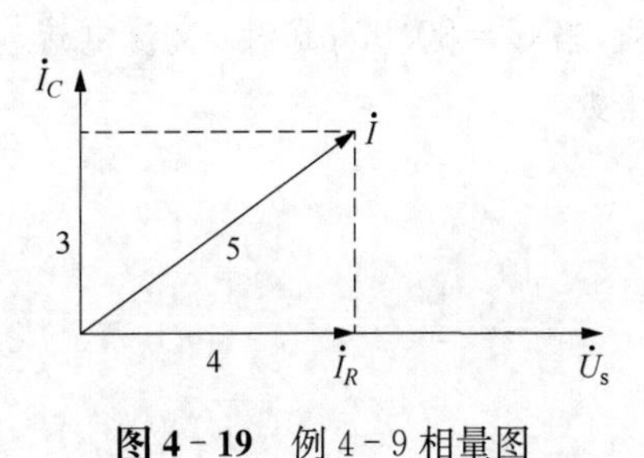

图 4-19 例 4-9 相量图

方法一:由题知 $I=5$ A,令 $\dot U_s=120\angle 0°$ V,则 $\dot I_R=\frac{\dot U_s}{R}=4\angle 0°$ A(不变),如图 4-19 所示可知 $I_C=3$ A, $X_C=\frac{U_s}{I_C}=\frac{120}{3}\ \Omega=40\ \Omega=\frac{1}{\omega C}=\frac{1}{314C}$,即 $C=79.62\ \mu$F。

方法二:由 KCL 得 $\dot I=\dot I_R+\dot I_C$,设 $\dot U_s=120\angle 0°$ V,则 $\dot I_R=\frac{\dot U_s}{R}=4\angle 0°$ A, $\dot I_C=I_C\angle 90°$,所以 $\dot I=\dot I_R+\dot I_C=4\angle 0°+I_C\angle 90°=4+\mathrm{j}I_C$,即 $5=\sqrt{4^2+I_C^2}$,解得 $I_C=3$ A,即 $X_C=\frac{U_s}{I_C}=\frac{120}{3}\ \Omega=40\ \Omega=\frac{1}{\omega C}=\frac{1}{314C}$, $C=79.62\ \mu$F。

例 4-10 如图所示电路中,$i_s=14\sqrt{2}\cos(\omega t+\phi)$mA,调节电容使其两端电压 $\dot U=U\angle\phi$ 时,电流表 A_1 的读数为 50 mA,求电流表 A_2 的读数。

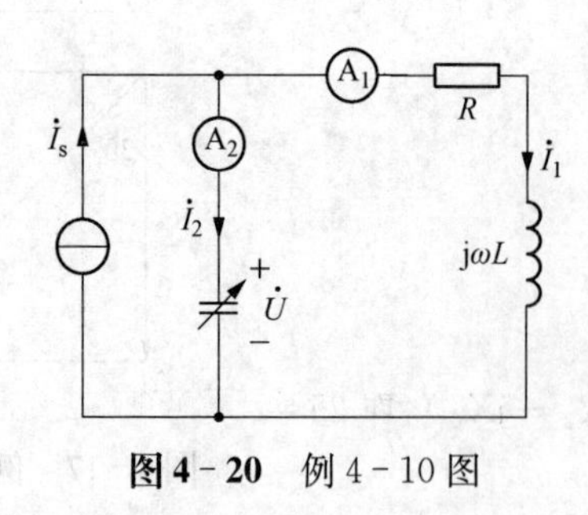

图 4-20 例 4-10 图

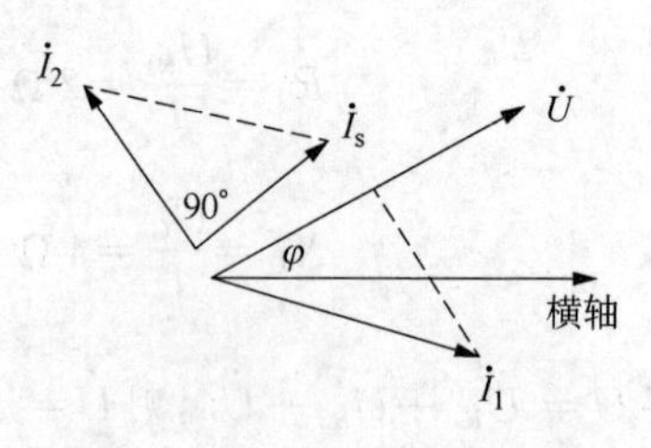

图 4-21 例 4-10 相量图

解:画相量图如图 4-21 所示。图中

$$\dot{I}_s = 14\angle\phi\ \text{mA},\ \dot{I}_2 = I_2\angle\phi + 90^\circ\ \text{mA}$$

列 KCL 方程和相位关系为

$$14\angle\phi = 50\angle\phi_{I1} + I_2\angle\phi + 90^\circ$$

也就是说,I_2, I_1, I_s 构成直角三角形,$I_2 = \sqrt{I_1^2 - I_s^2} = 48\ \text{mA}$(为 A_2 读数)。

习 题

1. 已知 $f = 1\,000\ \text{Hz}$, $\dot{I} = 0.5\angle 30^\circ\ \text{A}$,求 i。

2. 在选定的参考方向下,已知两正弦量的解析式为 $u = 200\cos(1\,000t + 200^\circ)\text{V}$, $i = -5\cos(314t + 30^\circ)\text{A}$,试求两个正弦量的三要素。

3. 已知 $u = 200\sqrt{2}\cos(314t + 20^\circ)\text{V}$,求其相量形式。

4. 已知 $u_1 = 8\sqrt{2}\cos(\omega t + 60^\circ)\text{V}$, $u_2 = 6\sqrt{2}\cos(\omega t - 30^\circ)\text{V}$,求 $u_1 + u_2$。

5. 图 4-22 中正弦电压 $U_s = 380\ \text{V}$、$f = 50\ \text{Hz}$,电容可调,当 $C = 80.95\ \mu\text{F}$ 时,交流电流表 A 的读数最小,其值为 2.59 A。求图中交流电流表 A_1 的读数。

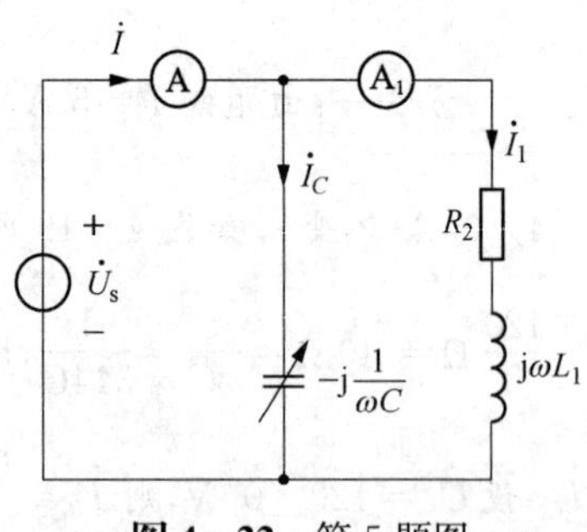

图 4-22 第 5 题图

6. 电路如图 4-23 所示,$R = 10\ \Omega$, $\dot{U}_1$ 和 $\dot{U}$ 的相位差 30°。

(1) 求 X_C;

(2) 若 $U_1 = 10\ \text{V}$,求 U。

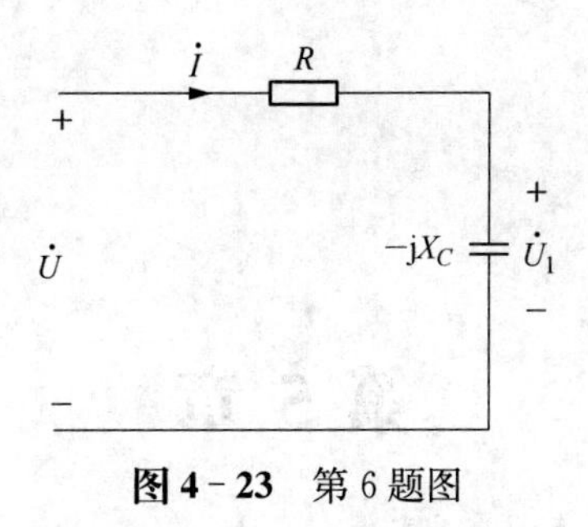

图 4 - 23 第 6 题图

7. 电路如图 4 - 24 所示，$R=1\ \mathrm{k\Omega}$，$L=0.5\ \mathrm{H}$，$C=1\ \mu\mathrm{F}$，$u=10\sqrt{2}\cos(10^3 t+30°)\mathrm{V}$，求 i_1 和 i。

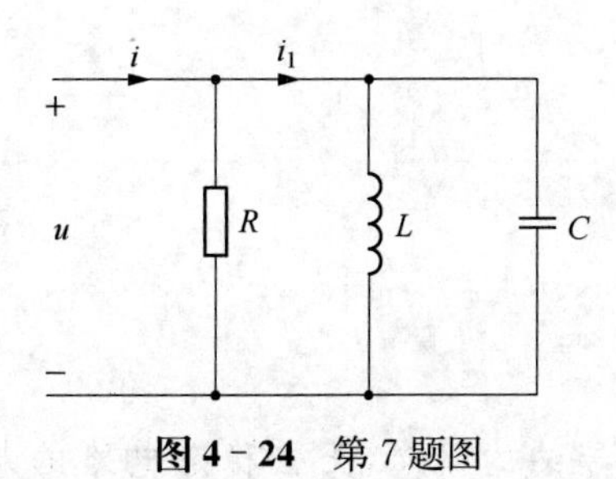

图 4 - 24 第 7 题图

第 5 章

正弦稳态电路分析

本章内容

阻抗和导纳的概念，正弦稳态电路的基本计算方法，正弦稳态电路中有功功率、无功功率、视在功率、复功率的概念及其计算，功率因数提高的意义与方法。

本章特点

研究分析电路在正弦稳态情况下各部分的电流、电压、功率等情况(称为正弦稳态分析)。本章在相量法的基础上讨论采用直流稳态电路的分析方法分析电路，以及正弦稳态电路的功率问题。

5.1　阻抗与导纳

5.1.1　阻抗

如图5-1a所示，在正弦稳态无源一端口电路中，把端口电压相量与电流相量的比值定义为该一端口网络的阻抗，其阻抗用大写字 Z 来表示：

$$Z=\frac{\dot{U}}{\dot{I}} \tag{5-1}$$

$$\dot{U}=Z\dot{I} \tag{5-2}$$

式(5-2)称为欧姆定律的相量形式。电阻 R、电感 L、电容 C 元件的阻抗分别表示如下：

电阻元件
$$Z_R=\frac{\dot{U}_R}{\dot{I}_R}=R \tag{5-3}$$

电感元件
$$Z_L=\frac{\dot{U}_L}{\dot{I}_L}=\mathrm{j}X_L=\mathrm{j}\omega L \tag{5-4}$$

电容元件
$$Z_C=\frac{\dot{U}_C}{\dot{I}_C}=-\mathrm{j}X_C=-\mathrm{j}\frac{1}{\omega C} \tag{5-5}$$

阻抗 Z 的单位为 Ω，符号如图5-1b所示。

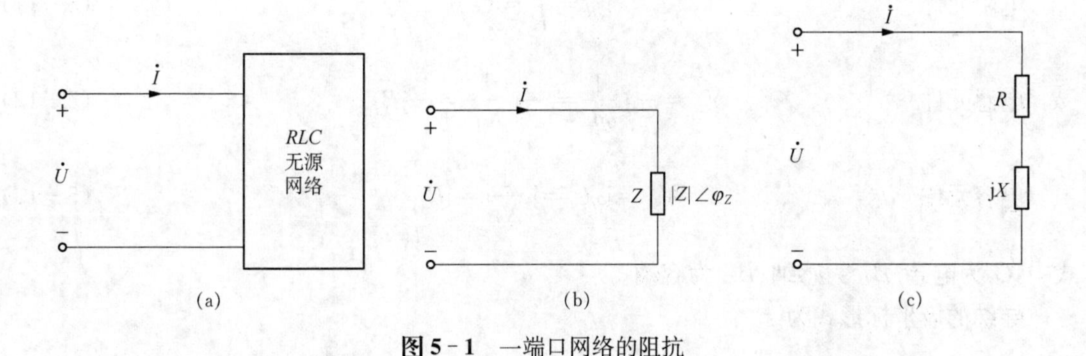

图5-1　一端口网络的阻抗

阻抗写成极坐标形式为

$$Z=\frac{\dot{U}}{\dot{I}}=\frac{U\angle\psi_u}{I\angle\psi_i}=\frac{U}{I}\angle(\psi_u-\psi_i)=|Z|\angle\varphi_z \tag{5-6}$$

阻抗的模 $|Z|$ 是该一端口网络的电压有效值与电流有效值之比，阻抗的辐角 φ_z 是电压 u 与电流 i 的相位差，φ_z 也称为一端口网络的阻抗角。

阻抗写成代数形式为

$$Z=R+\mathrm{j}X \tag{5-7}$$

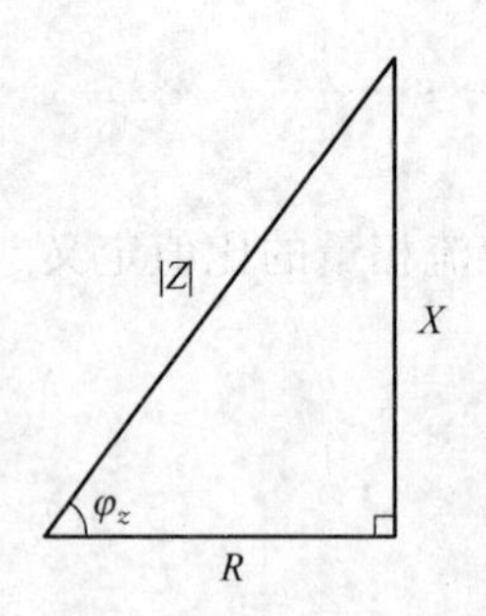

图 5-2 阻抗三角形

式中，实部 R 为电阻；虚部 X 为电抗，在电路中以串联结构形式存在，如图 5-1c 所示。当 $X=0$，$Z=R$ 时，电压与电流同相，网络呈电阻性；当 $X>0$，即 $\varphi_z>0$ 时，电压相位超前于电流相位，网络呈电感性；当 $X<0$，即 $\varphi_z<0$ 时，电压相位滞后于电流相位，网络呈电容性。

阻抗 Z 的模 $|Z|$ 与电阻 R 及电抗 X 的关系符合直角三角形关系，由图 5-2 可得出

$$\left.\begin{aligned}R&=|Z|\cos\varphi_z\\X&=|Z|\sin\varphi_z\end{aligned}\right\} \tag{5-8}$$

$$\left.\begin{aligned}|Z|&=\sqrt{R^2+X^2}\\\varphi_z&=\arctan\frac{X}{R}\end{aligned}\right\} \tag{5-9}$$

5.1.2 导纳

在正弦稳态无源一端口电路中，把端口电流相量与电压相量的比值定义为该一端口网络的导纳，导纳用大写字母 Y 来表示：

$$Y=\frac{\dot{I}}{\dot{U}} \tag{5-10}$$

导纳的单位为 S(西门子)，电路符号如图 5-3a 所示。

电阻 R、电感 L、电容 C 元件的导纳表示如下：

电阻元件
$$Y_R=\frac{1}{R}=G \tag{5-11}$$

电感元件
$$Y_L=-\mathrm{j}\frac{1}{\omega L}=-\mathrm{j}\frac{1}{X_L}=-\mathrm{j}B_L \tag{5-12}$$

电容元件
$$Y_C=\mathrm{j}\omega C=\mathrm{j}\frac{1}{X_C}=\mathrm{j}B_C \tag{5-13}$$

式中，G 为电导；B_L 为感纳；B_C 为容纳。

导纳的极坐标形式为

$$Y=|Y|\angle\varphi_y \tag{5-14}$$

导纳的模 $|Y|$ 用该网络电流与电压有效值的比表示，导纳的幅角 φ_y 表示电流与电压的相位差，φ_y 称为一端口网络导纳角。

导纳的代数形式为

$$Y=G+\mathrm{j}B \tag{5-15}$$

式中，实部 G 为电导，虚部 B 为电纳，两者为并联结构，如图 5-3b 所示。根据导纳 φ_y 的正、负（即 $B>0$ 或 $B<0$），可判断电路是容性还是感性。

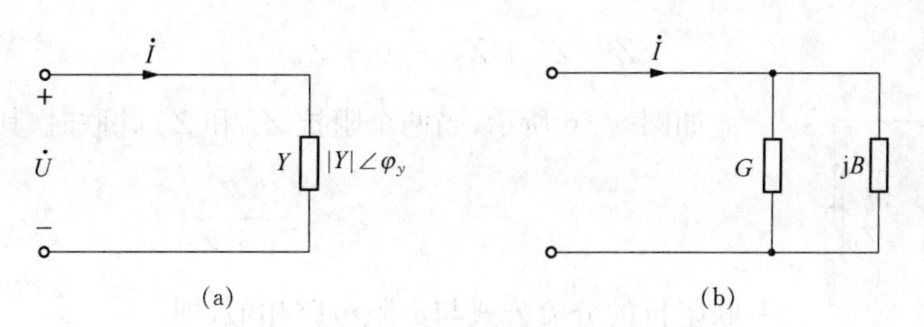

图5-3　导纳

导纳Y的模$|Y|$与电导G、电纳B三者符合直角三角形关系，如图5-4所示。

由图5-4可得

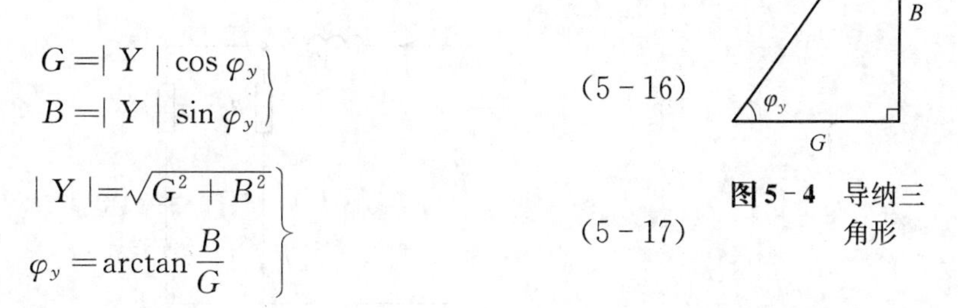

$$\left.\begin{aligned} G &= |Y| \cos\varphi_y \\ B &= |Y| \sin\varphi_y \end{aligned}\right\} \tag{5-16}$$

$$\left.\begin{aligned} |Y| &= \sqrt{G^2 + B^2} \\ \varphi_y &= \arctan\frac{B}{G} \end{aligned}\right\} \tag{5-17}$$

图5-4　导纳三角形

5.1.3　阻抗(导纳)的等效变换

对于同一个线性的无源一端口网络的端口特性，既可用阻抗Z表示，又可用导纳Y表示，因此两者存在一定的等效关系。

由Z和Y的定义可以得出

$$Y = \frac{1}{Z} = \frac{1}{|Z|\angle\varphi_Z} \quad 或 \quad Z = \frac{1}{Y} = \frac{1}{|Y|\angle\varphi_y} \tag{5-18}$$

$\dot{U} = Z\dot{I} = R\dot{I} + \mathrm{j}X\dot{I}$，说明$R$与$X$为串联结构，如图5-5a所示。

$\dot{I} = Y\dot{U} = G\dot{U} + \mathrm{j}B\dot{U}$，说明$G$与$B$是并联结构，如图5-5b所示。

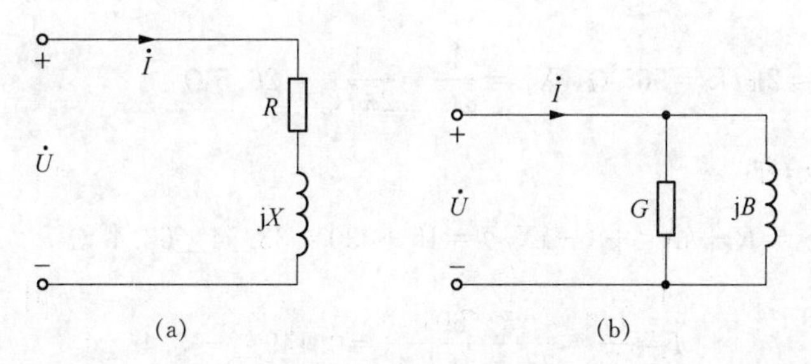

图5-5　Z、Y等效变换

5.1.4　阻抗(导纳)的串联和并联

根据KVL，当n个阻抗串联时，其等效阻抗为

$$Z = Z_1 + Z_2 + \cdots + Z_n \tag{5-19}$$

根据KCL，当n个导纳并联时，其等效导纳为

$$Z = Z_1 + Z_2 + \cdots + Z_n \tag{5-20}$$

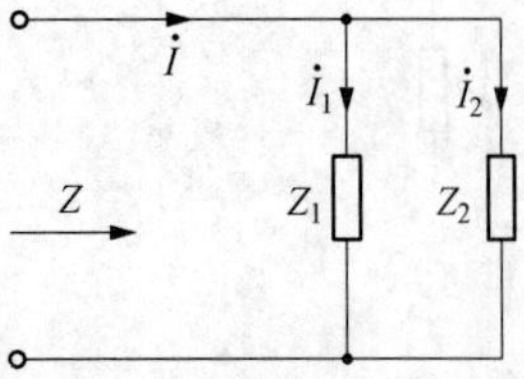

如图 5-6 所示，当两个阻抗 Z_1 和 Z_2 并联时，其等效阻抗如下：

$$Z = \frac{Z_1 Z_2}{Z_1 + Z_2} \tag{5-21}$$

图 5-6　两个阻抗并联

并联阻抗的分流公式与电阻电路相似，即

$$\dot{I}_1 = \dot{I}\,\frac{Z_2}{Z_1 + Z_2} \quad \dot{I}_2 = \dot{I}\,\frac{Z_1}{Z_1 + Z_2}$$

例 5-1　已知如图 5-7 所示电路，求 $\dot{I}_1$。

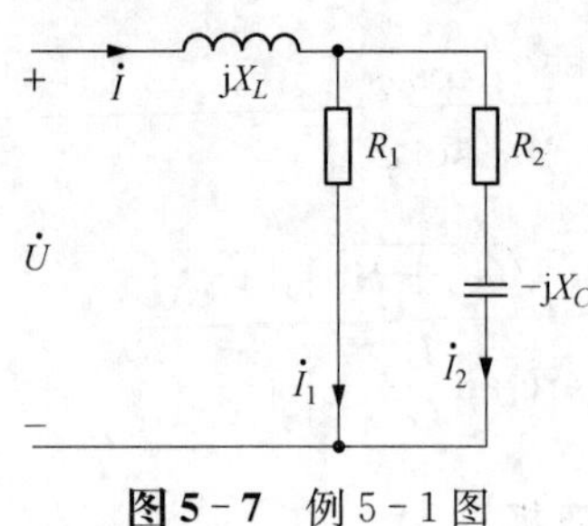

图 5-7　例 5-1 图

解：电路总阻抗　　$Z = [(R_2 - \mathrm{j}X_C) \,/\!/\, R_1] + \mathrm{j}X_L$

干路电流　　$\dot{I} = \dfrac{\dot{U}}{Z}$

所以　　$\dot{I}_1 = \dfrac{(R_2 - \mathrm{j}X_C)}{R_1 + R_2 - X_C} \cdot \dot{I}$

例 5-2　如图 5-8 所示电路，已知 $\dot{U} = 5\sqrt{2}\cos(\omega t + 60^\circ)$，$R = 15\ \Omega$，$L = 0.3\ \mathrm{mH}$，$C = 0.2\ \mu\mathrm{F}$，$f = 3 \times 10^4\ \mathrm{Hz}$。求电路总阻抗 Z，干路电流 i，以及电压 u_R、u_C、u_L。

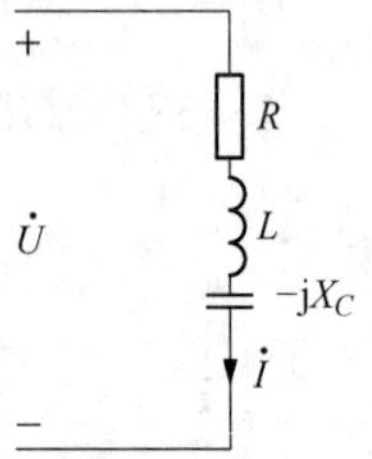

图 5-8　例 5-2 图

解：　$X_L = \omega L = 2\pi f L = 565\ \Omega$，$X_L = \dfrac{1}{\omega C} = \dfrac{1}{2\pi f C} = 26.5\ \Omega$

总阻抗由三部分组成，即

$$Z = Z_R + Z_L + Z_C = R + \mathrm{j}X_L + (-\mathrm{j}X_C) = 15 + \mathrm{j}30 = 33.54\angle 63.4^\circ\ \Omega$$

因为　　$\dot{I} = \dfrac{\dot{U}}{Z} = \dfrac{5\angle 60^\circ}{33.5\angle 63.4^\circ} = 0.149\angle -3.4^\circ$

所以干路电流　　$i = 0.149\sqrt{2}\cos(\omega t - 3.4^\circ)\ \mathrm{A}$

因为　　$\dot{U}_R = R\dot{I} = 15 \times 0.149\angle -3.4^\circ = 2.235\angle -3.4^\circ$

所以　　$u_R = 2.235\sqrt{2}\cos(\omega t - 3.4^\circ)\ \mathrm{V}$

因为 $\dfrac{\dot{U}_L}{\dot{I}}=+\mathrm{j}X_L$，所以

$$\dot{U}_L=\dot{I}\cdot(+\mathrm{j}X_L)=0.149\angle-3.4^\circ\times56.5\angle90^\circ=8.42\angle86.4^\circ\ \mathrm{V}$$

所以
$$u_L=8.42\sqrt{2}\cos(\omega t+86.4^\circ)\mathrm{V}$$

因为 $\dfrac{\dot{U}_C}{\dot{I}}=-\mathrm{j}X$，所以

$$\dot{U}_C=\dot{I}\cdot(-\mathrm{j}X_L)=0.149\angle-3.4^\circ\times26.5\angle-90^\circ=3.95\angle-93.4^\circ\ \mathrm{V}$$

所以
$$u_C=3.95\sqrt{2}\cos(\omega t-93.4^\circ)\mathrm{V}$$

注意：$U_L>U_{总}$ 这是可能的，因为不在一个角度。

例 5-3　如图 5-9 所示，已知 $u_2=100\sqrt{2}\cos\omega t\ \mathrm{V}$，$R_1=\dfrac{1}{\omega C}=25\ \Omega$，$X_L=R_2=10\ \Omega$。求 Z，i，u。

解：　$Z=(R_2\ /\!/\ \mathrm{j}X_L)+R_1-\mathrm{j}X_C=36.2\angle-33.7^\circ\ \Omega$

$\dot{I}=\dot{I}_1+\dot{I}_2=\dfrac{\dot{U}_2}{R_2}+\dfrac{\dot{U}_2}{\mathrm{j}X_L}=10\sqrt{2}\angle-45^\circ\ \mathrm{A}$（一定标参考方向）

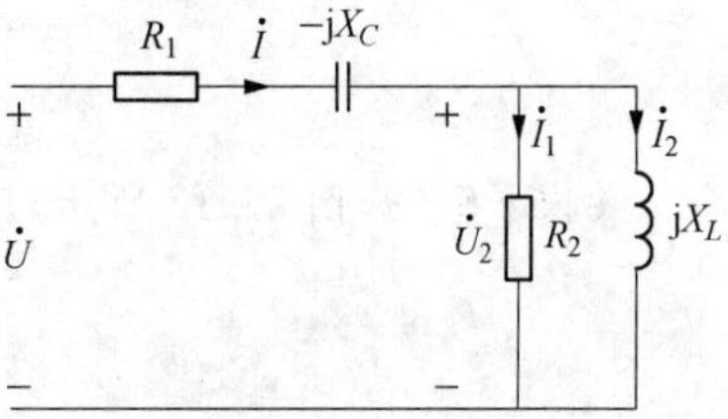

图 5-9　例 5-3 图

因为 $\dot{U}=\dot{I}\cdot Z$，所以

$$\dot{U}=I\cdot(R-\mathrm{j}X_C)+U_2=510\angle-78.7^\circ\ \mathrm{V}$$
$$i=20\cos(\omega t-45^\circ)\mathrm{A}$$
$$u=510\sqrt{2}\cos(\omega t-78.7^\circ)\mathrm{V}$$

5.2　相量法求解电路中的正弦稳态响应

正弦交流电路的分析与计算，可以使用线性电阻电路分析计算的各种方法和电路定理，其差别在于正弦交流电路的方程为相量形式，其相量形式复数方程可对应为两个实数方程，即实部与实部相等、虚部与虚部相等两个方程，或者模与模相等、辐角与辐角相等两个方程。

例 5-4　将图 5-10 所示电路利用戴维宁等效，计算出等效电路等效阻抗。

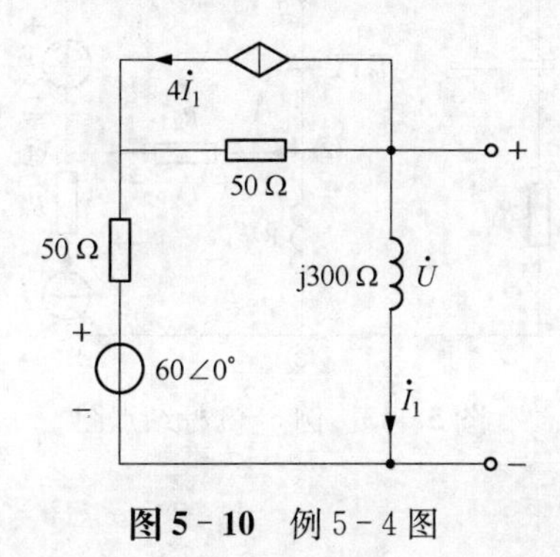

图 5-10　例 5-4 图

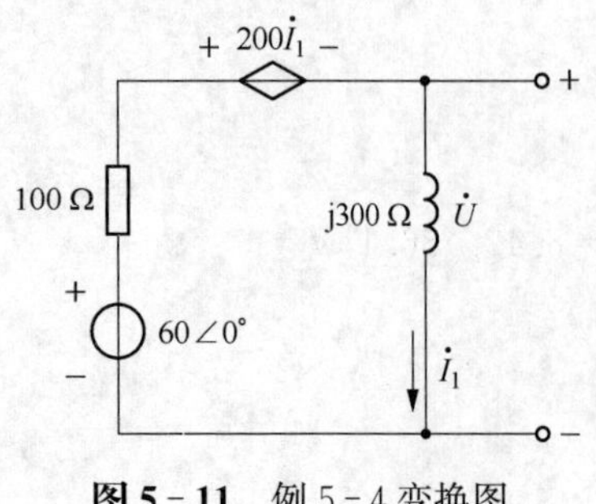

图 5－11　例 5－4 变换图

解:利用电源等效变换,把图 5－10 变换为图 5－11。应用 KVL 得

$$\dot{U}_0=-200\dot{I}_1-100\dot{I}_1+60=-300\dot{I}_1+60=-300\frac{\dot{U}_0}{\text{j}300}+60$$

解得开路电压

$$\dot{U}_0=\frac{60}{1-\text{j}}=30\sqrt{2}\angle 45°$$

求短路电流:把图 5－11 电路端口短路得

$$\dot{I}_{sc}=60/100=0.6\angle 0°$$

所以等效阻抗

$$Z=\frac{\dot{U}_0}{\dot{I}_{sc}}=\frac{30\sqrt{2}\angle 45°}{0.6}=50\sqrt{2}\angle 45$$

例 5－5　如图 5－12 所示,用结点电压法求 $\dot{U}_4$。

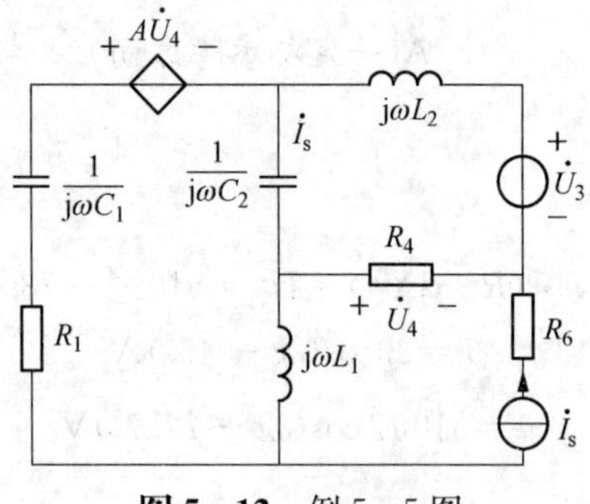

图 5－12　例 5－5 图

解:按照图 5－13 所示,设置电流方向以及结点,④作为零电位点,可得①、②、③三个结点的电压方程如下:

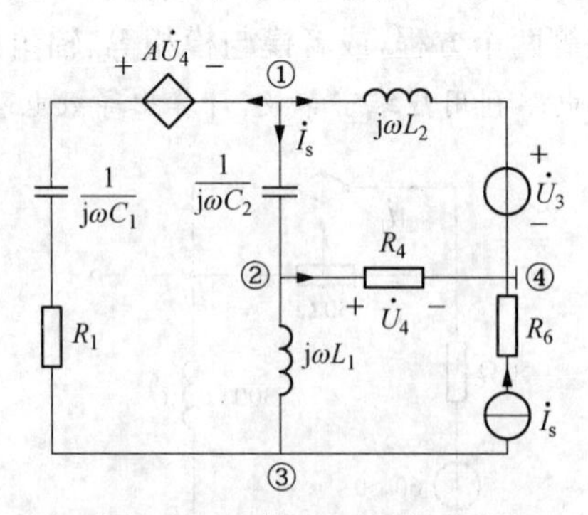

图 5－13　例 5－5 标结点图

$$①\left(\frac{1}{R_1+\frac{1}{j\omega C_1}}+j\omega C_2+\frac{1}{j\omega L_2}\right)\dot{U}_{n1}-j\omega C_2\dot{U}_{n2}-\frac{1}{R_1+\frac{1}{j\omega C_1}}\dot{U}_{n3}=\frac{\dot{U}_3}{j\omega L_2}-\frac{A\dot{U}_4}{R_1+\frac{1}{j\omega C_1}}$$

$$②\ (-j\omega C_2)\dot{U}_{n1}+\left(\frac{1}{j\omega L_1}+\frac{1}{R_4}+j\omega C_2\right)\dot{U}_{n2}-\frac{1}{j\omega L_1}\dot{U}_{n3}=0$$

$$③-\frac{1}{R_1+\frac{1}{j\omega C_1}}\dot{U}_{n1}-\frac{1}{j\omega L_1}\dot{U}_{n2}+\left(\frac{1}{R_1+\frac{1}{j\omega C_1}}+\frac{1}{j\omega L_1}\right)\dot{U}_{n3}=-\dot{I}_s+\frac{A\dot{U}_4}{R_1+\frac{1}{j\omega C_1}}$$

由于存在$\dot{U}_{n1}$、$\dot{U}_{n2}$、$\dot{U}_{n3}$、$\dot{U}_4$四个未知量，三个式子无法求解，故而利用补充条件

$$\dot{U}_{n2}=\dot{U}_4$$

进而可以求出$\dot{U}_4$。

例5-6　电路结构和参数如图5-14所示，请用网孔电流法求$\dot{I}$。

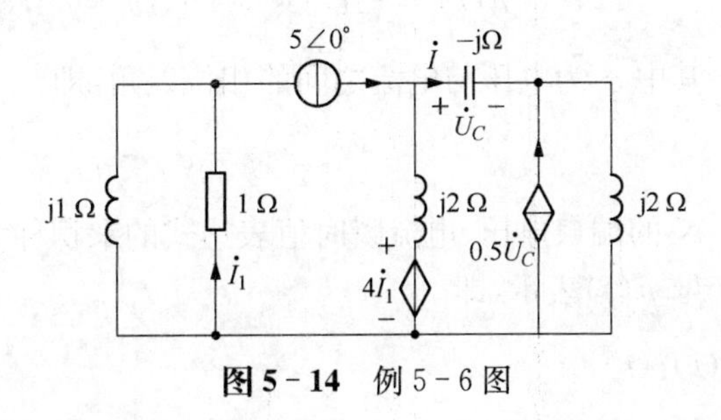

图5-14　例5-6图

解：首先通过电源等效变换，将最右边两条支路变换成如图5-15所示形式，随后设三个网络的网孔电流分别为$\dot{I}_{m1}$、$\dot{I}_{m2}$、$\dot{I}_{m3}$，方向如图所示。

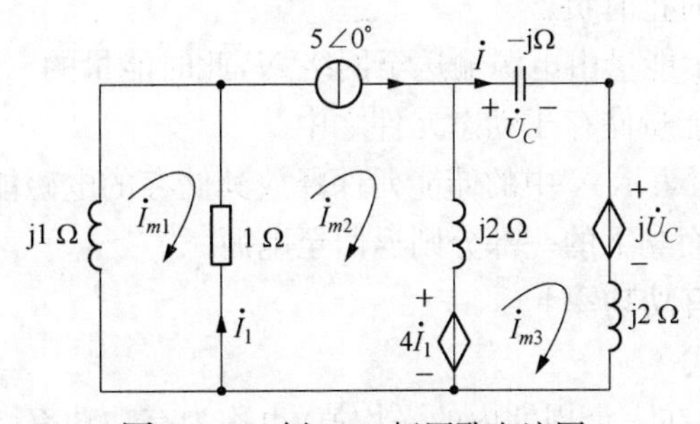

图5-15　例5-6标网孔电流图

列网孔电流方程　$j1\times\dot{I}_{m1}+1\times(\dot{I}_{m1}-\dot{I}_{m2})=0$

$$\dot{I}_{m2}=5\angle 0^\circ$$

$$-j2\dot{I}_{m2}+(j2+j2-j1)\dot{I}_{m3}=4\dot{I}_1-j\dot{U}_C$$

补充带求量和受控量方程　$\dot{U}_C=(-j)\times\dot{I}_{m3}$

$$\dot{I}_1 = \dot{I}_{m2} - \dot{I}_{m1}$$

$$\dot{I} = \dot{I}_{m3}$$

所以
$$\dot{I} = 7.07\angle -8.13^\circ$$

5.3 正弦稳态电路中的功率

由于电感和电容这两种储能元件的存在，使得正弦稳态电路中的功率问题比直流电路复杂，本节讨论正弦稳态情况下的功率问题，主要包括瞬时功率、平均功率(有功功率)、无功功率、视在功率和复功率。

5.3.1 瞬时功率

对于如图 5-16 所示的正弦稳态二端网络 N，在端口电压 u、电流 i 为关联参考方向下，假设其瞬时值表达式为

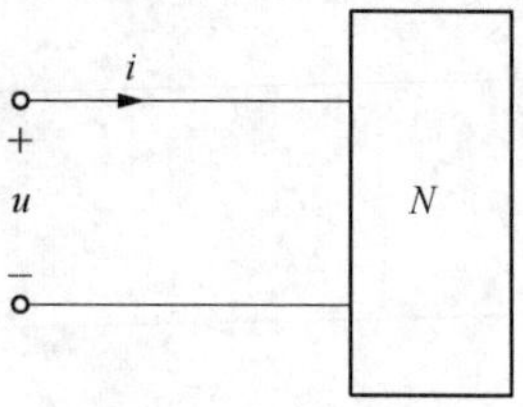

$$u(t) = \sqrt{2}U\cos\omega t,\ i(t) = \sqrt{2}I\cos(\omega t - \varphi)$$

图 5-16 正弦稳态二端网络

其中 φ 为电压与电流之间的相位差角，即

$$\varphi = \varphi_u - \varphi_i$$

N 的端口电压、电流瞬时值表达式的乘积称为瞬时功率，并用小写字母 $p(t)$ 表示，即

$$\begin{aligned} p(t) &= u(t)i(t) \\ &= \sqrt{2}U\cos\omega t \cdot \sqrt{2}I\cos(\omega t - \varphi) = UI\cos\varphi + UI\cos(2\omega t - \varphi) \end{aligned} \quad (5-22)$$

瞬时功率 $p(t)$ 可看作由不随时间变化的常量和以两倍于电源的角频率按正弦规律变化的变量两部分构成。

可以看出，瞬时功率时正时负：

(1) 当 $p > 0$ 时，表示能量由电源输送至网络 N，此时能量的一部分转化为热能消耗于电阻上，一部分转化为电磁能量储存于动态元件之中。

(2) 当 $p < 0$ 时，此时表示 N 中的储能元件释放其储存的电磁能量，有一部分能量转化为热能从而被电阻所消耗，而剩下的一部分则返回至电源。

5.3.2 平均功率(有功功率)

1) 平均功率的计算式

平均功率是瞬时功率在一个周期内的平均值，也称为有功功率，用大写字母 P 表示：

$$P = \frac{1}{T}\int_0^T p(t)\mathrm{d}t \quad (5-23)$$

正弦稳态电路的平均功率为

$$P = \frac{1}{T}\int_0^T p(t)\mathrm{d}t = \frac{1}{T}\int_0^T [UI\cos\varphi + UI\cos(2\omega - \varphi)]\mathrm{d}t = UI\cos\varphi \quad (5-24)$$

式(5-24)是正弦稳态电路平均功率的计算公式，其中 U、I 为电压、电流的有效值，$\varphi = \varphi_u - \varphi_i$，为电压 u 和电流 i 的相位差。当电压的单位为 V(伏)、电流的单位为 A(安)时，平均

功率的单位为 W(瓦)。

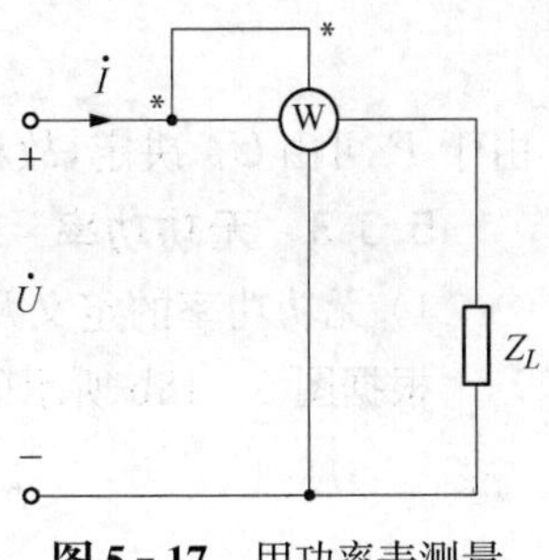

图 5-17　用功率表测量平均功率

上述计算方法为关联参考方向下，若在 $\dot{U}$ 与 $\dot{I}$ 为非关联参考方向的情况下，则在该计算公式前应冠一负号，即 $P=-UI\cos\varphi$。

此外，当 U、I 一定时，平均功率的大小由 $\cos\varphi$ 的大小所决定，$\cos\varphi$ 称为功率因数，并将 φ 称为功率因数角。

功率表可以用来测量电路中的平均功率，测量时功率表的电流线圈与被测负载阻抗 Z_L 串联，电压线圈与被测量负载阻抗 Z_L 并联，功率表的电路符号如图 5-17 所示。

2) 单一元件的平均功率

对 R、L、C 三种电路元件，分别计算出它们的平均功率为

$$R: P_R = UI\cos\varphi = UI\cos 0° = UI = RI^2 = \frac{U^2}{R}$$

$$L: P_L = UI\cos\varphi = UI\cos 90° = 0$$

$$C: P_C = UI\cos\varphi = UI\cos(-90°) = 0$$

也就是说，电路中仅有电阻元件消耗平均功率，而电感、电容这两种储能元件的平均功率均为零。

3) 根据等效电路计算平均功率

图 5-18a 所示任意无源二端电路 N 可用一等效阻抗 Z 代替，且有

$$Z = \frac{\dot{U}}{\dot{I}} = \frac{U}{I}\angle\varphi_u - \angle\varphi_i = |z|\angle\varphi_Z = R + jX$$

等效电路图如图 5-18b 所示。以电流 $\dot{I}$ 为参考相量，做出该电路的相量图如图 5-18c 所示(设 $X>0$)。可看出等效电阻端电压的大小为

$$U_R = U\cos\varphi_Z = U\cos\varphi \tag{5-25}$$

将式(5-25)代入平均功率的一般计算式，得

$$P = UI\cos\varphi = U_R I \tag{5-26}$$

因 $U_R = RI$，式(5-26)又可写为

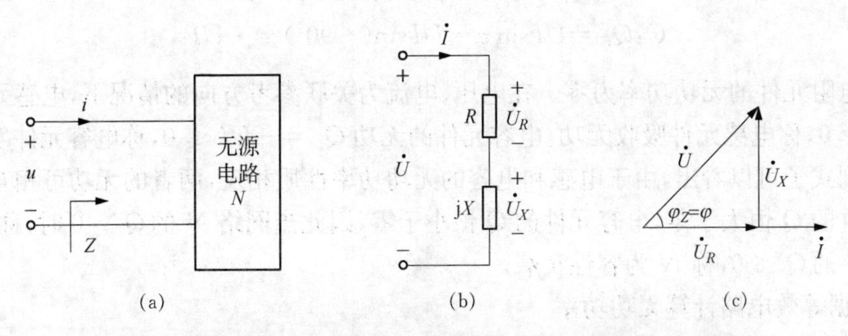

图 5-18　任意正弦稳态无源二端电路 N 及其等效电路、相量图

$$P = U_R I = RI^2 = U_R^2/R \tag{5-27}$$

由于 P 可由 U_R 决定，故称 U_R 为 U 的有功分量。

5.3.3 无功功率

1）无功功率的定义及其一般计算公式

根据图 5-18b 所示的等效电路，任意正弦稳态网络 N 的瞬时功率可表示为

$$p = ui = (u_R + u_X)i = u_R i + u_X i = p_R + p_X$$

式中，p_R 为等效电阻 R 的瞬时功率，称为 p 的有功分量；p_X 为等效电抗 X 的瞬时功率，称为 p 的无功分量。

由图 5-18c 所示的相量图，可得等效电抗的端电压为

$$U_X = U\sin(\varphi_u - \varphi_i) = U\sin\varphi$$

显然，u_X 与 i 的相位差是 $\pm 90°$，

$$\varphi_X = \varphi_i \pm 90°$$

所以瞬时值 u_X 的表达式为

$$u_X = \sqrt{2}U_X\cos(\omega t + \varphi_X) = \sqrt{2}U\cos\varphi\sin(\omega t + \varphi_i \pm 90°) = \pm\sqrt{2}U\sin\varphi\sin(\omega t + \varphi_i)$$

故瞬时功率 p 的无功分量为

$$p_X = u_X i = \pm\sqrt{2}U\sin\varphi\sin(\omega t + \varphi_i) \times \sqrt{2}I\cos(\omega t + \varphi_i) = \pm UI\sin\varphi\sin 2(\omega t + \varphi_i)$$

由此可见，p_X 按正弦规律变化，定义 p_X 的最大值为网络 N 的无功功率，并用 Q 表示：

$$Q = UI\sin\varphi \tag{5-28}$$

无功功率计算式中的 U、I、φ 和有功功率计算式中的 U、I、φ 是完全相同的。若 U、I 的单位为 V(伏)和 A(安)，则 Q 的单位为 var(乏)。

无功功率的无功并非指无用的意思，与瞬时功率的可逆部分有关，它体现的是电路与外界交换能量的最大速率，在工程上是诸如电机，变压器等电气设备正常工作所必需的。

2）单一元件的无功功率

计算 R、L、C 元件的无功功率为

$$R: Q_R = UI\sin\varphi = UI\sin 0° = 0$$
$$L: Q_L = UI\sin\varphi = UI\sin 90° = UI$$
$$C: Q_C = UI\sin\varphi = UI\sin(-90°) = -UI$$

可见电阻元件的无功功率为零。在电压、电流为关联参考方向的情况下，电感元件的无功 $Q_L = UI \geqslant 0$，称电感元件吸收无功；电容元件的无功 $Q_C = -UI \leqslant 0$，称电容元件发出无功。

由上列式子可以看出，由于电感和电容的无功功率性质相反，两者的无功可相互补偿。由于电感元件的 Q 恒大于零，电容元件的 Q 恒小于零，因此当网络 N 的 $Q > 0$ 时，称 N 为感性负载；当 N 的 $Q < 0$，称 N 为容性负载。

3）根据等效电路计算无功功率

在图 5-18b 所示的阻抗等效电路中，电抗元件上的电压为

$$U_X = U\sin\varphi$$

由于 $\sin\varphi$ 可正可负，故 U_X 为代数量。将上式代入无功功率的计算式，得

$$Q = UI\sin\varphi = U_X I$$

因

$$U_X = IX$$

所以

$$Q = U_X I = I^2 X = \frac{U_X^2}{X}$$

5.3.4　视在功率

视在功率　在工程实际中，电气设备均标有一定的"容量"，这一容量是指该用电设备的额定电压和额定电流的乘积。用电设备的容量就是它的视在功率 S，反映设备所具备做功的能力，其大小为正弦稳态二端电路 N 的端口电压与电流有效值的乘积，并用大写字母 S 表示，即

$$S = UI$$

若 U、I 的单位分别为 V(伏)和 A(安)，则 S 的单位 VA(伏安)。值得注意的是，视在功率的计算式 $S = UI$ 与参考方向无关，这是电路理论中极少有的与参考方向无关的公式之一。由于 U、I 是有效值，均为正值，故 S 值恒为正。

功率三角形　有功功率和无功功率均可用视在功率表示，即

$$\left.\begin{aligned} P &= UI\cos\varphi = S\cos\varphi \\ Q &= UI\sin\varphi = S\sin\varphi \end{aligned}\right\} \tag{5-29}$$

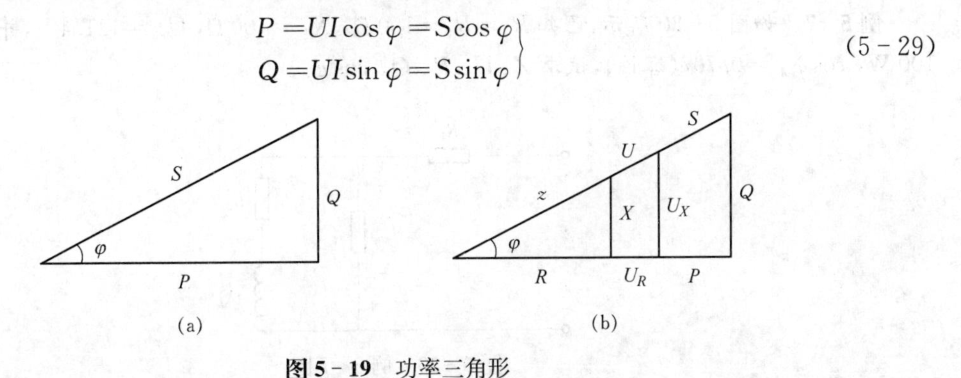

图 5-19　功率三角形

由式(5-29)可见，S、P、Q 三者之间关系可用一直角三角形表示，如图 5-19a 所示，这一三角形称为功率三角形。

若将阻抗三角形的各边乘以电流 I 可得到电压三角形，将电压三角形的各边再乘以 I 就得到功率三角形。因此，阻抗三角形，电压三角形及功率三角形是相似三角形，如图 5-19b 所示。

5.3.5　复功率守恒定理

1) 复功率的定义

将相量 $\dot{I}$ 用其共轭复数 $\overset{*}{I} = I\angle -\varphi_i$ 代替，定义复功率如下：

$$\tilde{S} = \dot{U}\overset{*}{I} = U\angle\varphi_u \times I\angle -\varphi_i = UI\angle\varphi_u - \varphi_i = S\angle\varphi \tag{5-30}$$

根据功率三角形,可将 S、P、Q 三者的关系用复功率来表示:

$$\widetilde{S}=P+\mathrm{j}Q=S\angle\varphi \tag{5-31}$$

式中

$$\left.\begin{aligned}S&=\sqrt{P^2+Q^2}\\ \varphi&=\arctan\frac{Q}{P}\end{aligned}\right\} \tag{5-32}$$

由于复功率 $\widetilde{S}$ 这一复数不与一个正弦量对应,它并不是相量,故其表示符号与相量不同。复功率 $\widetilde{S}$ 的单位为 VA,与视在功率的单位相同。

2) 复功率与等效阻抗间的关系

设任意无源二端电路 N 的等效阻抗为

$$Z=R+\mathrm{j}X=\dot{U}/\dot{I}$$

设 N 的复功率为

$$\widetilde{S}=\dot{U}\overset{*}{I}=Z\dot{I}\overset{*}{I}=ZI^2=(R+\mathrm{j}X)I^2 \tag{5-33}$$

于是有

$$\widetilde{S}=ZI^2 \tag{5-34}$$

例 5-7 如图 5-20 所示,已知 $R_1=R_2=100\ \Omega$, $X_L=100\ \Omega$, $U_{n3}=141.4\ \mathrm{V}$,并联部分 $P_{并}=100\ \mathrm{W}$, $\cos\varphi_{并}=0.707$(容性),试求 Z、U、P、Q、$\cos\varphi_Z$。

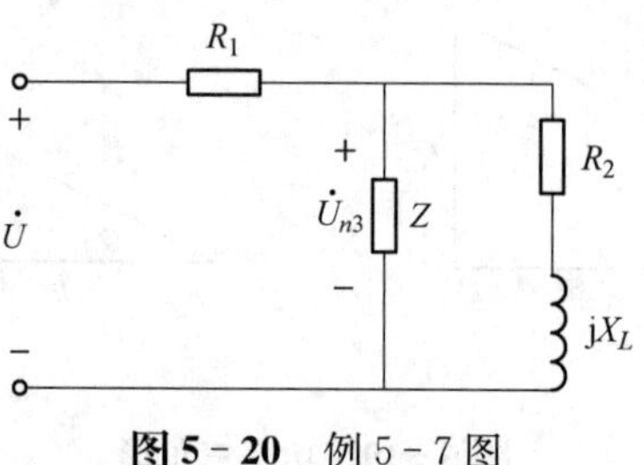

图 5-20 例 5-7 图

解: 并联部分为容性,可知

$$\varphi_{并}=\varphi_{U_{并}}-\varphi_{I_{并}}=-45^\circ,\ \dot{I}_{并}=\dot{I}(\text{干路电流}),\ Z_1(\text{点阻抗})=R_1+Z_{并},\ Z_{并}=\frac{\dot{U}_{n3}}{\dot{I}}$$

令 $\dot{U}_{n3}=141.4\angle 0$,则

$$P_{并}=U_{n3}I\cos\varphi_{并}$$

可得 $I=1\ \mathrm{A}$,并联电流比并联电压超前 45°,所以

$$\dot{I}=1\angle 45^\circ$$

代入上式,继而解得

$$Z_{并}=\frac{\dot{U}_{n3}}{\dot{I}}=141.4\angle-45^\circ\ \Omega$$

$$Z_1=R_1+Z_{并}=100+141.4\angle-45^\circ$$

$$\dot{U}=R_1\dot{I}+\dot{U}_{n3}=223.58\angle18.43^\circ$$

$$P=UI\cos\varphi_Z=223.58\times1\times\cos(18.43^\circ-45^\circ)=200\ \text{W}$$

$$Q=UI\sin\varphi_Z=223.58\times1\times\sin(18.43^\circ-45^\circ)=-100\ \text{W}(容性)$$

$$\cos\varphi_Z=\cos(18.43^\circ-45^\circ)=0.89(容性)$$

例5-8 如图5-21所示，$u=500\sqrt{2}\cos 314t$ V，$P_1=5$ kW，$P_2=8$ kW，$\cos\varphi_1=0.8$(呈感性)，$\cos\varphi_2=0.6$(呈容性)，试求 Z_1、Z_2、Z 和 I、P、Q、$\cos\varphi_Z$。

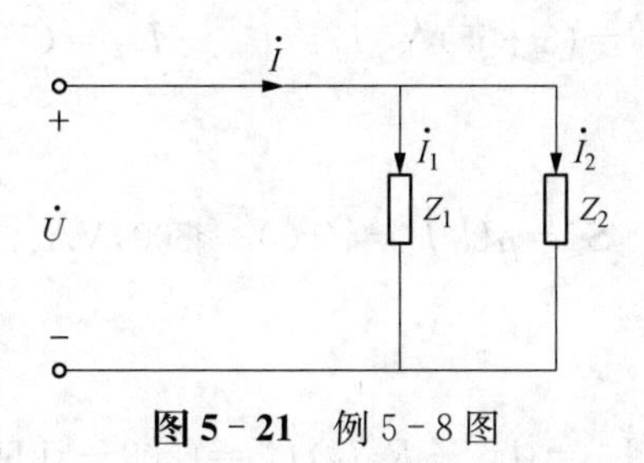

图5-21 例5-8图

解: 由 $$P_1=UI_1\cos\varphi_1,\ P_2=UI_2\cos\varphi_2$$

可分别求得 $$I_1=12.5\ \text{A},\ I_2=26.67\ \text{A}$$

由题意可知 $$\varphi_1=\varphi_U-\varphi_{I_1}=\angle36.9^\circ,\ \varphi_2=\varphi_U-\varphi_{I_2}=\angle-53.1^\circ$$

所以 $$Z_1=\frac{U}{I_1}\angle\varphi_1=40\angle36.9^\circ\ \Omega,\ Z_2=\frac{U}{I_2}\angle\varphi_2=18.75\angle-53.1^\circ\Omega$$

$$Z=Z_1\parallel Z_2=17\angle-28^\circ\ \Omega,\ \varphi_Z=\angle-28^\circ,\ \cos\varphi_Z=0.88$$

$$I=\frac{U}{Z}=29.45\angle28^\circ\ \text{A}$$

$$i=29.45\sqrt{2}\cos(314t+28^\circ)\ \text{A}$$

$$P=P_1+P_2=13\ \text{kW}$$

$$Q=UI\sin\varphi_Z=-6.912\ \text{kV}$$

例5-9 已知图5-22所示电路中，$I_s=10$ A，$\omega=5\,000$ rad/s，$R_1=R_2=10\ \Omega$，$C=10\ \mu$F，$\mu=0.5$。求电源发出的复功率。

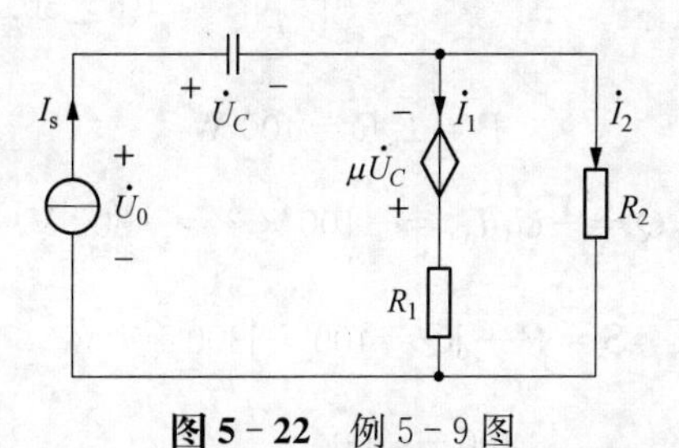

图5-22 例5-9图

解: 求功率必先解电路。求得电流 $\dot{I}_1$ 和 $\dot{I}_2$ 及端电压 $\dot{U}_0$ 后,就能求得电源发出的复功率。

用网孔电流(顺时针)求解,设网孔电流为 $\dot{I}_{m1}$(左,顺时针)和 $\dot{I}_{m2}$(右,顺时针)。网孔电流方程为

$$\dot{I}_{m1}=\dot{I}_s$$

$$-10\dot{I}_{m1}+20\dot{I}_{m2}+\mu\dot{U}_C=0$$

$$\dot{U}_C=\frac{\dot{I}_s}{j\omega C}$$

令 $\dot{I}_s=10\angle 0°$ A,可解得

$$\dot{I}_2=\dot{I}_{m2}=(5+j5)\text{A},\ \dot{I}_1=\dot{I}_{m1}-\dot{I}_{m2}=(5-j5)\text{A}$$

受控源(VCVS)发出的复功率

$$\bar{S}_d=\mu\dot{U}_C\dot{I}_1^*=(500-j500)\text{VA}$$

电源流 $\dot{I}_s$ 发出的复功率 $\bar{S}_s$ 为

$$\bar{S}_s=\dot{U}_0\dot{I}_s^*=(\dot{U}_C+R_2\dot{I}_2)\dot{I}_s^*=(500-j1\,500)\text{VA}$$

例 5-10 如图 5-23 所示,$I_R=4$ A,$I=5$ A,求电路总阻抗 Z。

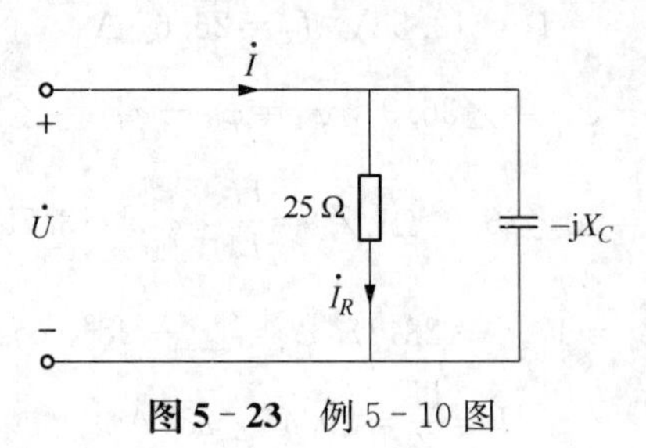

图 5-23 例 5-10 图

解: 方法一:因为 $\dot{U}=25\times4=100$ V,设 $\dot{U}=100\angle 0°$,所以流过电容的电流 $I_C=3$ A,则

$$X_C=\frac{U}{I_C}=\frac{100}{3}$$

$$Z=R\parallel -jX_C=16-j12\ \Omega \quad 或 \quad \frac{\dot{U}}{\dot{I}}=Z=\frac{100\angle 0°}{5\angle 30.7°}=16-j12\ \Omega$$

方法二:

$$P=I_R^2R=400\ \text{W}$$

$$Q=-U_CI_C=-100\times3=-300\ \text{V}$$

所以

$$\tilde{S}=P+jQ=400-j300=I^2Z$$

所以

$$Z=\frac{400-j300}{25}=16-j12\ \Omega$$

5.4　最大功率传输定理

最大功率传输问题是指电路的负载在什么条件下可从电路获取最大平均功率。在正弦稳态电路中,负载为阻抗,可表示为

$$Z_L = R_L + \mathrm{j}X_L = |Z_L| \angle \varphi_L$$

本节分以下两种情况讨论最大平均功率的获得:

(1) 电阻和电抗部分均独立可调;

(2) 模可调,但幅角固定。

5.4.1　负载阻抗的电阻和电抗均独立可调

图 5 - 24a 为负载 Z_L 与有源网络 N 相联的示意图。

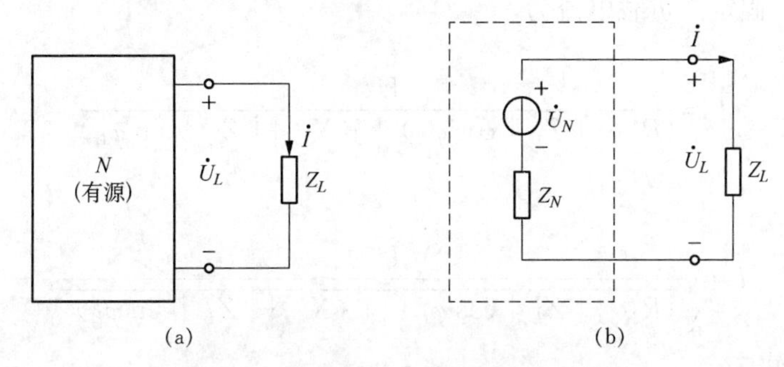

图 5 - 24　正弦稳态二端网路与它的负载

将 N 用戴维宁电路等效如图 5 - 24b 所示,则负载电流为

$$\dot{I} = \frac{\dot{U}_N}{Z_N + Z_L} = \frac{\dot{U}_N}{(R_N + \mathrm{j}X_N) + (R_L + \mathrm{j}X_L)} = \frac{\dot{U}_N}{(R_N + R_L) + \mathrm{j}(X_N + X_L)} \tag{5-35}$$

$\dot{I}$ 的有效值为

$$I = \frac{U_N}{\sqrt{(R_N + R_L)^2 + (X_N + X_L)^2}} \tag{5-36}$$

负载的有功功率为

$$P_L = I^2 R_L = \frac{U_N^2}{(R_N + R_L) + (X_N + X_L)^2} R_L \tag{5-37}$$

将上式分别对变量 R_L 和 X_L 求偏导数,并令偏导数为零,由此求出 P_L 达最大值的条件:

$$\frac{\partial P_L}{\partial R_L} = \frac{[(R_N + R_L)^2 + (X_N + X_L)^2 - 2(R_N + R_L)R_L]U_N^2}{[(R_N + R_L)^2 + (X_N + X_L)^2]^2} = 0 \tag{5-38}$$

$$\frac{\partial P_L}{\partial X_L} = \frac{-2(X_N + X_L)R_L U_N^2}{[(R_N + R_L)^2 + (X_N + X_L)^2]^2} = 0 \tag{5-39}$$

联立式(5 - 38)、式(5 - 39),求解得

$$\left.\begin{aligned} R_L &= R_N \\ X_L &= -X_N \end{aligned}\right\} \tag{5-40}$$

由式(5-40)知，当 $Z_L = R_N - jX_N = \overset{*}{Z}_N$ 时，P_L 达最大值。换句话说，电路负载阻抗 Z_L 等于该电路 N 的戴维宁等效阻抗的共轭复数时，Z_L 从 N 获取最大功率，最大功率为

$$P_{L\max} = \frac{U_N^2}{4R_N} \tag{5-41}$$

5.4.2 负载阻抗的模可调但幅角固定

设负载阻抗为

$$Z_L = |Z_L| \angle \varphi_L = |Z_L| \cos\varphi_L + j|Z_L| \sin\varphi_L \tag{5-42}$$

其中 $|Z_L|$ 可调 φ_L 固定。负载电流为

$$\dot{I} = \frac{\dot{U}_N}{(R_N + |Z_L| \cos\varphi_L) + j(X_L + |Z_L| \sin\varphi_L)} \tag{5-43}$$

其有效值为

$$I = \frac{U_N}{\sqrt{(R_N + |Z_L| \cos\varphi_L)^2 + (X_L + |Z_L| \sin\varphi_L)^2}} \tag{5-44}$$

负载的有功功率为

$$P_L = I^2 |Z_L| \cos\varphi_L = \frac{U_N^2 |Z_L| \cos\varphi_L}{(R_N + |Z_L| \cos\varphi_L)^2 + (X_N + |Z_L| \sin\varphi_L)^2} \tag{5-45}$$

将上式对变量 $|Z_L|$ 求导，并令该导数为零，可得

$$|Z_L| = \sqrt{R_N^2 + X_N^2} = |Z_N| \tag{5-46}$$

由此，可得出结论：在负载阻抗的模可调且幅角固定的情况下，当电路负载阻抗 Z_L 的模与该电路 N 的戴维宁等效阻抗的模相等时，Z_L 从 N 获取最大功率。

综上所述，在正弦稳态电路中，负载的最大功率需根据负载的情况而定，因此在应用最大功率传输定理时，必须首先确定负载阻抗实、虚部是否均可独立变化，还是仅模可变而幅角固定。在确定具体电路的功率匹配问题时，应先将负载之外的电路转换成戴维宁电路。

例 5-11 如图 5-25 所示电路，$\dot{U} = 24\angle 0°$ V，$R = 20\ \Omega$，$X_L = X_C = 20\ \Omega$，求当负载 Z 为多少时可获得最大有功功率，并求此最大功率。

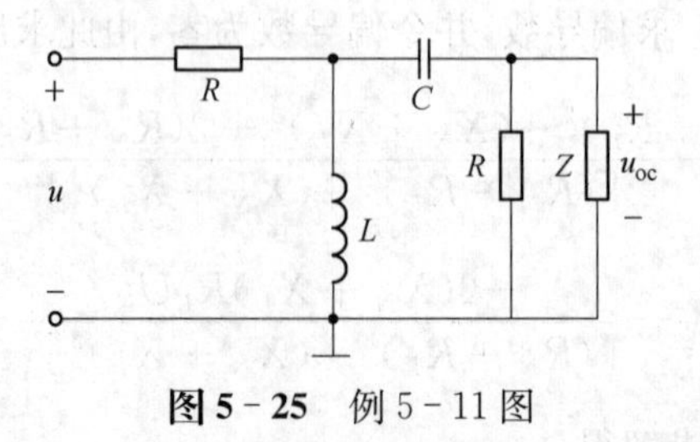

图 5-25 例 5-11 图

解:将负载 Z 开路,则　$Z_{并}=\mathrm{j}X_L \parallel (R-\mathrm{j}X_C)=(20+\mathrm{j}20)\Omega$

$$\dot{U}_{并}=\frac{20+\mathrm{j}20}{20+20+\mathrm{j}20}\times 24\angle 0^\circ=15.2\angle 18.4^\circ\ \mathrm{V}$$

开路电压

$$\dot{U}_{oc}=\frac{20}{20-\mathrm{j}20}\times 15.2\angle 18.4^\circ=10.7\angle 63.4^\circ\ \mathrm{V}$$

等效阻抗

$$Z_{eq}=[(R \parallel \mathrm{j}X_L)-\mathrm{j}X_C] \parallel R=(8-\mathrm{j}4)\Omega$$

当 $Z=(8+\mathrm{j}4)\Omega$ 时获得最大有功功率,该功率为 $P_{max}=\dfrac{U_{oc}^2}{4\times 8}=3.6\ \mathrm{W}$。

例 5-12　图 5-26 中 $R_1=R_2=100\ \Omega$, $L_1=L_2=1\ \mathrm{H}$, $C=100\ \mu\mathrm{F}$, $\dot{U}_s=100\angle 0^\circ\ \mathrm{V}$, $\omega=100\ \mathrm{rad/s}$。求 Z_L 获得的最大功率。

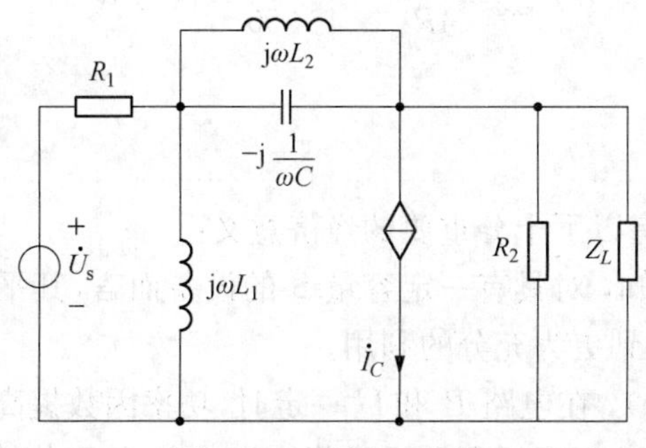

图 5-26　例 5-12 图

解:由最大功率传输定理可知,电路可等效成如图 5-27 所示电路结构,且当 $Z_L=Z_{eq}^*$ 时,获得最大功率。

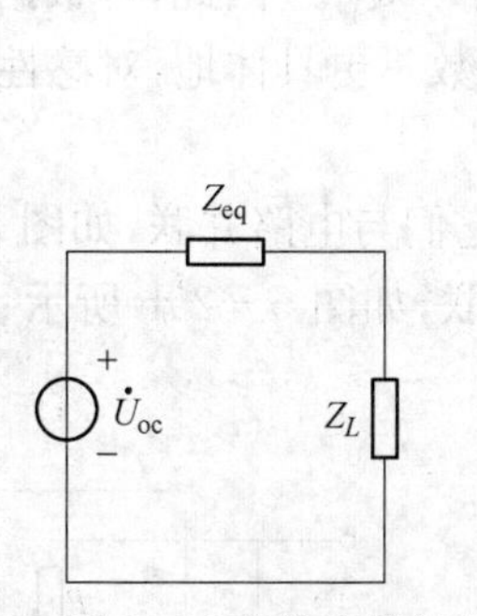

图 5-27　例 5-12 戴维宁等效电路图

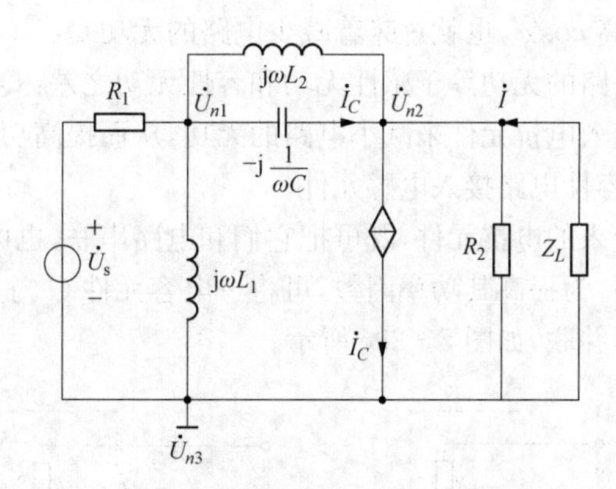

图 5-28　例 5-12 结点电压图

下面用结点电压法求 $\dot{U}_{oc}$、Z_{eq}。电路中 $\mathrm{j}\omega L_1=100\ \Omega$, $-\mathrm{j}\dfrac{1}{\omega C}=-\mathrm{j}100\ \Omega$,用电流 $\dot{I}$ 替代 Z_L,选取结点如图 5-28 所示。结点方程为

$$\left(\frac{1}{R_1}+\frac{1}{\mathrm{j}\omega L_1}+\frac{1}{\mathrm{j}\omega L_2}+\frac{1}{\frac{1}{\mathrm{j}\omega C}}\right)\dot{U}_{n1}-\left(\frac{1}{\mathrm{j}\omega L_2}+\frac{1}{\frac{1}{\mathrm{j}\omega C}}\right)\dot{U}_{n2}=\frac{\dot{U}_s}{R_1}$$

$$-\left(\frac{1}{j\omega L_2}+\frac{1}{\frac{1}{j\omega C}}\right)\dot{U}_{n1}+\left(\frac{1}{j\omega L_2}+\frac{1}{\frac{1}{j\omega C}}+\frac{1}{R_2}\right)\dot{U}_{n2}=\dot{I}-\dot{I}_C$$

$$\dot{I}_C=\frac{\dot{U}_{n1}-\dot{U}_{n2}}{\frac{1}{j\omega C}}$$

所以
$$\dot{U}_{n2}=50+50(1+j1)\dot{I}$$

因此
$$\dot{U}_{oc}=50\ \text{V},\ Z_{eq}=50+j50\ \Omega$$

所以，当 $Z_L=Z_{eq}^*=50-j50\ \Omega$ 时获得最大功率

$$P_{max}=\frac{U_{oc}^2}{4R_{eq}}=\frac{2\,500}{4\times 50}=12.5\ \text{W}$$

5.5 功率因数的提高

电路功率因数的提高有以下十分重要的经济意义：

(1) 由 $P=S\cos\varphi$ 可知，对具有一定容量 S 的设备而言，其平均功率随着功率因数的提高而提高，使设备的容量得到更为充分的利用。

(2) 由 $I=P/(U\cos\varphi)$，在电路 P 和 U 一定时，功率因数提高，线路中的电流减小，而线路的电阻一定，所以线路的功率损耗和电压降落均将减小，从而使输电的效率提高和供电质量提升。

5.5.1 提高功率因数的方法

根据功率三角形可知，当电路的平均功率 P 一定时，无功功率 Q 越大，则功率因数越小。因此，要提高 $\cos\varphi$，也就意味着减少电路的无功 Q。

由于电路的无功等于感性无功和容性无功之差：$Q=Q_L-Q_C$。因此，可根据具体的电路情况采用接入电抗元件来减小电路的无功，从而提高功率因数。更具体地，对感性电路接入电容元件，对容性电路接入电感元件。

对于接入的电抗元件，既可把它们和电路串联，也可将它们与电路并联，如图 5-29a 所示的感性电路，为提高其功率因数，可将一电容元件 C 与其串联，如图 5-29b 所示；也可将一电容元件与其并联，如图 5-29c 所示。

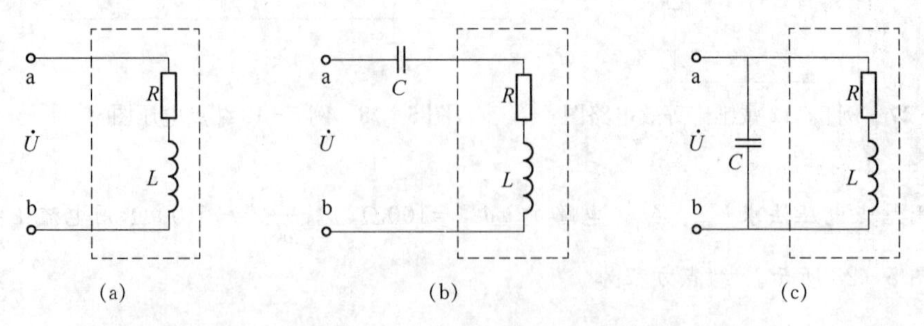

图 5-29 用接入电抗元件的方法提高电路的功率因数

考虑到在串联电抗将会改变电路的端电压，从而影响电路中设备的正常工作，因此实际中

通常都采用如图 5-29c 所示的并联方式。

功率因数的提高又称为无功补偿，这是因为提高 $\cos\varphi$ 是根据 L、C 这两种电抗元件无功功率的符号相反可相互补偿而进行的，其实质在于减少电路从电源吸取的无功。无功补偿有欠补偿、全补偿和过补偿三种情形：

(1) 若提高 $\cos\varphi$ 后，感性电路仍是感性的，容性电路仍是容性的，则称为欠补偿。

(2) 若补偿的结果使电路变为纯电阻性的，即 $\cos\varphi=1$，则称为全补偿。

(3) 若提高 $\cos\varphi$ 后，电路由感性变为容性，或由容性变为感性，则称为过补偿。

考虑到感性电路的电压超前电流，而容性电路中的电压滞后于电流，因此常在功率因数值的后面用“滞后”和“超前”来说明电路的性质。例如，$\cos\varphi=0.67$(超前)，进行无功补偿后，其 $\cos\varphi=0.90$(滞后)，这表明该电路的功率因数得以提高，且电路由感性变成容性，为过补偿。显然，全补偿是理想情况，但实际上从经济角度考虑，并不追求全补偿，通常所采用的是欠补偿，即在不改变电路性质的情况下提高功率因数，且使 $\cos\varphi$ 提高至 0.9 左右。

5.5.2　关于提高功率因数计算的说明

考虑实际电路负载大都是感性负载，在不影响负载额定工作条件的情况下，通常采用并联电容元件的方法提高功率因数。提高功率因数的计算也就是求出所并联的电容元件的参数。进行提高功率因数的计算时，可按下列步骤进行：

(1) 根据有功功率和补偿前的功率因数 $\cos\varphi$，计算电路未补偿时的无功功率 $Q=P\tan\varphi$。

(2) 根据补偿后的功率因数 $\cos\varphi'$，计算电路在补偿后的无功功率 $Q'=P\tan\varphi'$。

(3) 求出应予补偿的无功功率 $Q_X=Q-Q'$。

(4) 计算用作补偿的电抗元件的参数：若是电容元件，则 $C=\dfrac{Q_C}{\omega U^2}$，若是电感元件，则 $L=\dfrac{U^2}{\omega Q_X}$。

总结如下，上述计算步骤概括为下面的两个公式：

$$\begin{cases} C=\dfrac{P(\tan\varphi-\tan\varphi')}{\omega U^2} \\ L=\dfrac{U^2}{\omega P(\tan\varphi-\tan\varphi')} \end{cases}$$

例 5-13　感性负载接在 50 Hz、220 V 的电源上，其有功功率为 5 kW，功率因素为 0.5，求：

(1) 若将功率因数提高到 0.9，需要并联的电容以及并联电容前后线路中的电流；

(2) 若将功率因数进一步提高到 1，需要增加的并联电容和并联后电路的电流。

解：(1) 已知 $\cos\varphi=0.5$，即 $\varphi=60°$，$\cos\varphi'=0.9$，即 $\varphi'=25.84°$，则

$$P=5\,000\ \text{W},\ U=220\ \text{V},\ \omega=2\pi f=314\ \text{rad/s}$$

所以

$$C=\frac{P}{\omega U^2}(\tan\varphi-\tan\varphi')=\frac{5\,000}{314\times220^2}(\tan 60°-\tan 25.84°)$$
$$=410.6\ \mu\text{F}$$

并联电容前的线路电流为

$$I=\frac{P}{U\cos\varphi}=\frac{5\,000}{220*0.5}=45.45\ \text{A}$$

并联电容器后的线路电流为

$$I'=\frac{P}{U\cos\varphi'}=\frac{5\,000}{220\times0.9}=25.25\ \text{A}$$

(2) 若 $\cos\varphi''=1$，$\varphi''=0°$，则还需增加的电容

$$C=\frac{P}{\omega U^2}(\tan\varphi'-\tan\varphi'')=\frac{5\,000}{314\times220^2}(\tan25.84°-\tan0°)=159.25\ \mu\text{F}$$

此时线路电流

$$I''=\frac{P}{U\cos\varphi''}=\frac{5\,000}{220\times1}=22.73\ \text{A}$$

对比可得，当功率因数比较低时，投入较少电容就能获得功率因数的较大提高，而当功率因数较高时，需要较大电容而且电流减少很小。因此，出于经济的考量，一般不要求功率因数提高到1，而多提高到0.9～0.95。

习 题

1. 如图5-30所示正弦电路中，已知 $U=166.2\ \text{V}$，$\omega=1\,000\ \text{rad/s}$，$R_1=50\ \Omega$，$R_2=30\ \Omega$，$L=0.04\ \text{H}$，$C=25\ \mu\text{F}$，试求各支路电流。

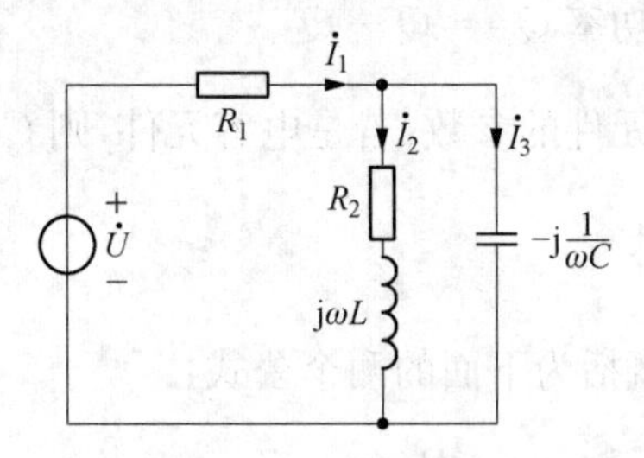

图5-30 第1题图

2. 如图5-31所示电路，$R=\frac{10}{3}\ \Omega$，$R_1=R_2=\frac{10}{3}\ \Omega$，$\omega L_1=\frac{10}{3}\ \Omega$，$\omega L_2=10\ \Omega$，$\frac{1}{\omega C_2}=10\ \Omega$，$u_s=30+10\sqrt{2}\cos(\omega t+30°)+5\sqrt{2}\sin(2\omega t+60°)\ \text{V}$，求电流有效值 I_1 及电压有效值 U_2。

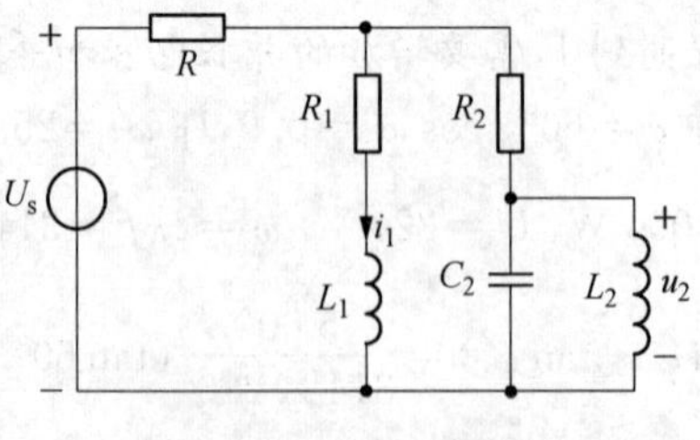

图5-31 第2题图

3. 如图5-32所示电路，$\frac{I_1}{I_2}=\frac{1}{\sqrt{3}}$，$X_L=10\ \Omega$，$U=10\ \text{V}$，$\dot{U}$ 与 $\dot{I}$ 同相，求 R、X_C、I_1、I。

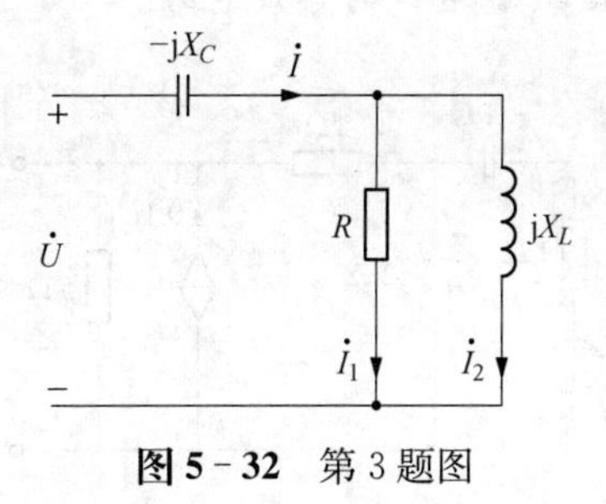

图 5-32　第 3 题图

4. 用叠加定理计算图 5-33 所示电路的电流 $\dot{I}_2$，已知 $\dot{I}_s=4\angle 0°$ A，$Z_1=Z_3=50\angle 30°$ Ω，$Z_2=50\angle -30°$ Ω。

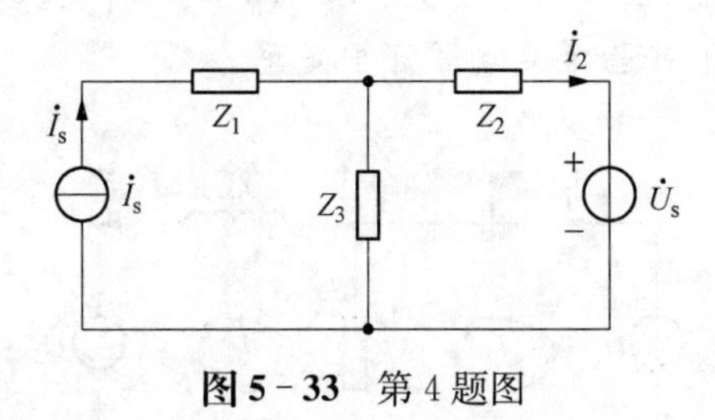

图 5-33　第 4 题图

5. 如图 5-34 所示电路，$R_1=R_2=X_L=10$ Ω，$U_1=U=100$ V，求：

(1) X_C；

(2) I_1 与 I_2 的相位差；

(3) 电路的有功功率和无功功率。

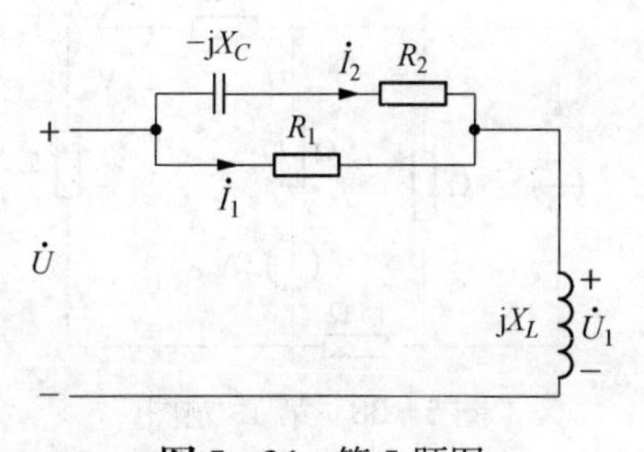

图 5-34　第 5 题图

6. 试用回路法求解图 5-35 所示电路中各支路电流和，已知 $\dot{U}_{s1}=55-j30$ V，$\dot{U}_{s2}=10\angle 0°$ V，$R=10$ Ω，$X_L=10$ Ω，$X_C=-15$ Ω。

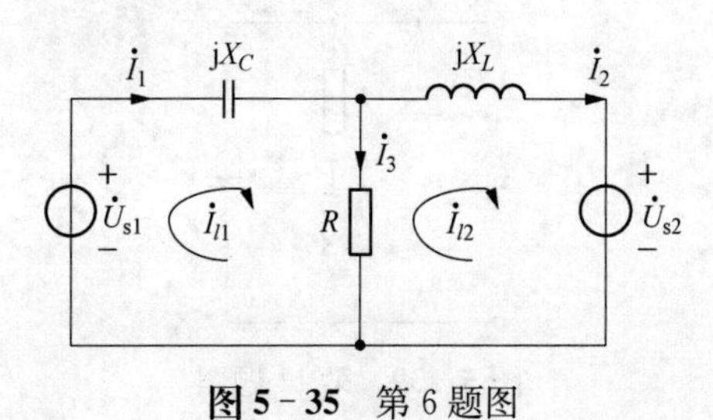

图 5-35　第 6 题图

7. 如图 5-36 所示电路,求 a、b 端口的等效电路。

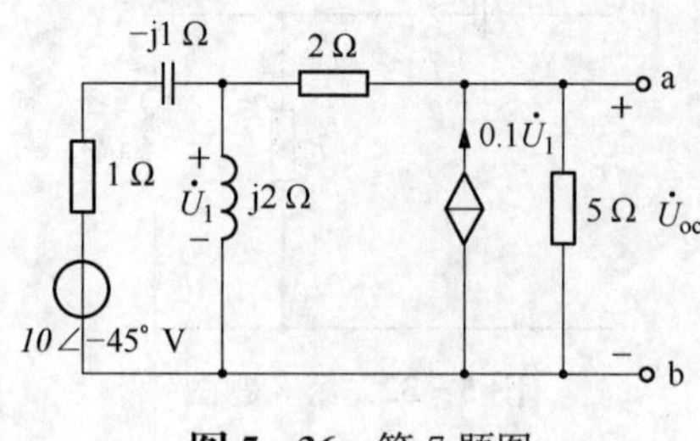

图 5-36 第 7 题图

8. 已知某电路的视在功率为 1 500 VA,等效导纳为 $Y=(3+j4)S$,试求该电路 P 和 Q。

9. 如图 5-37 所示电路,已知 $\dot{U}_1=10\angle 10°$ V,$\dot{U}_2=10\angle 90°$ V,$R=5\ \Omega$,$X_L=5\ \Omega$,$X_C=2\ \Omega$,求各元件的复功率并验证复功率守恒定理。

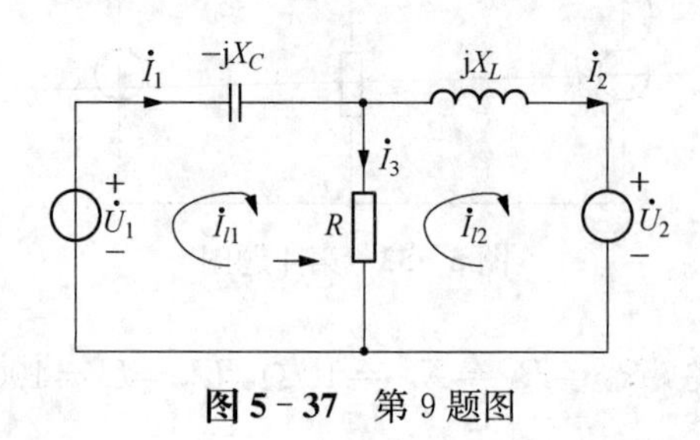

图 5-37 第 9 题图

10. 如图 5-38 所示电路,请问 R 为何值时,可获得最大功率并求出此功率。

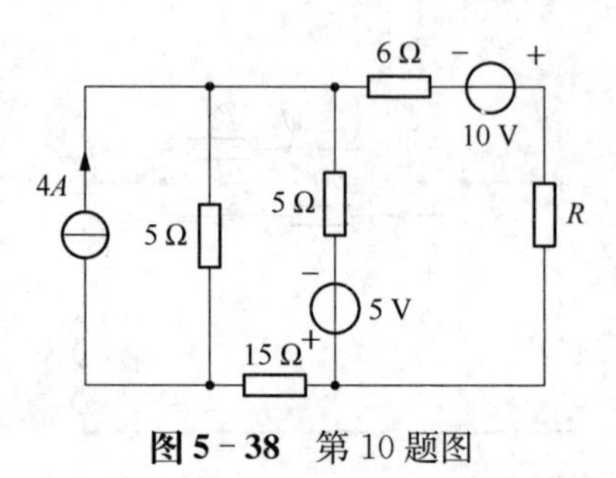

图 5-38 第 10 题图

11. 如图 5-39,已知 $f=50$ Hz,$U=220$ V,$P=10$ kW,$\cos\phi_1=0.6$,要使功率因数提高到 0.9,求并联电容 C 及并联前后电路的总电流。

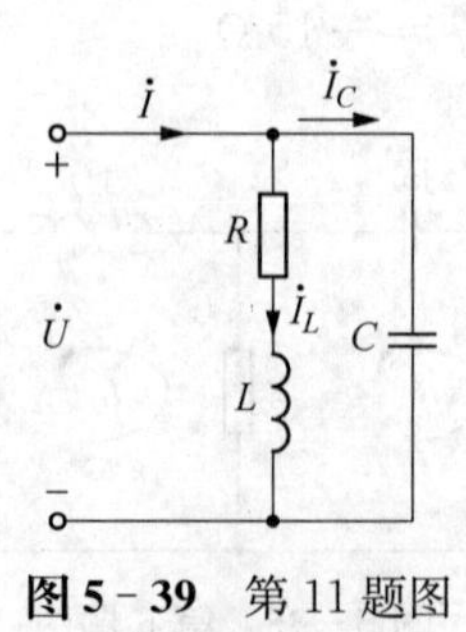

图 5-39 第 11 题图

12. 如图 5-40 所示电路，$\dot{U}=100\angle 0^\circ$ V，支路 1 的有功功率为 $P_1=480$ W，功率因数 $\cos\varphi_1=0.6$，支路 2 的有功功率为 $P_2=960$ W，功率因数 $\cos\varphi_2=0.6$，求：

(1) 等效阻抗 Z_{eq}；

(2) $\dot{I}$；

(3) $\dot{U}_{ab}$。

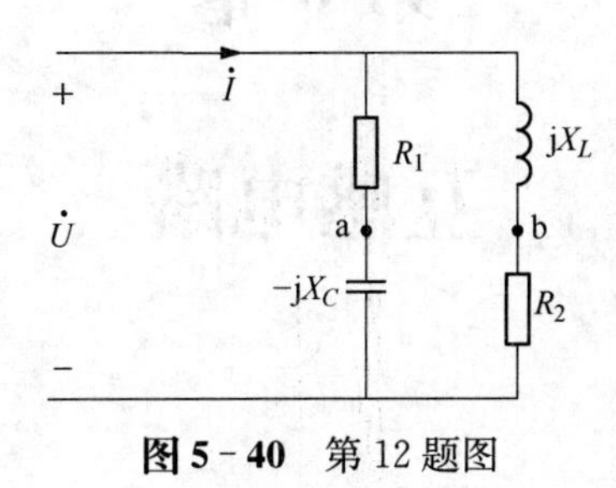

图 5-40 第 12 题图

第 6 章

互感电路

本章内容

本章从互感现象出发，引出互感、耦合因数等基本概念，进而引出同名端标记法则，主要介绍互感线圈中电压、电流关系，同名端，含互感电路的分析计算方法，空心变压器，理想变压器等内容。

本章特点

根据法拉第电磁感应定律可知，两个线圈相互靠近时，其中一个线圈中电流产生的磁通将有一部分与另一个线圈交链，虽然没有直接接触，但通过两个线圈间形成了磁耦合，可实现非接触式能量或信号的传递与转换。有关耦合电路的计算，不仅要考虑电压、电流的大小，还要注意其相位及相位差。

6.1　互感

当电路中含有两个或两个以上相互耦合的线圈时，若在某一线圈中通以交变电流，则该电流所产生的交变磁通，不仅在本线圈产生感应电动势，也会在其他线圈中产生感应电动势，这种现象称为耦合电感(简称互感)现象。

6.1.1　耦合电路

具有耦合电感(简称互感)现象的电路称为耦合电感电路(简称互感电路)。

耦合电感元件是通过磁场相互约束的若干个电感的总称，它是忽略了磁耦合线圈中的损耗电阻的作用和匝间电容，并假设一个线圈中的电流所产生的磁通与线圈本身各匝交链，且其他线圈电流产生的与本线圈耦合的磁通也与本线圈各匝相交链的理想化模型。互感不能单独存在，一对耦合电感才是一个电路元件，其参数为两个电感的自感 L_1、L_2 和它们之间的互感 M_{12}。如果包含三个耦合电感时，一般需要用自感 L_1、L_2、L_3 和互感 M_{12}、M_{23}、M_{13} 六个参数来表征。

6.1.2　耦合电感的特性方程

为了便于分析，先考虑如图 6-1 所示的两个实际磁耦合线圈，其中 L_1 和 L_2 为两个磁耦合线圈的自感系数，M_{12} 和 M_{21} 分别为两个耦合线圈的互感系数。

图 6-1 中 Φ_{11} 和 Φ_{22} 分别为电感 L_1 和电感 L_2 自身电流 i_1 和 i_2 产生的自感磁通；Φ_{12} 为电感 L_2 的电流 i_2 在电感 L_1 中产生的互感磁通，Φ_{21} 为电感 L_1 的电流 i_1 在电感 L_2 中产生的互感磁通；N_1 和 N_2 分别是两线圈的匝数。

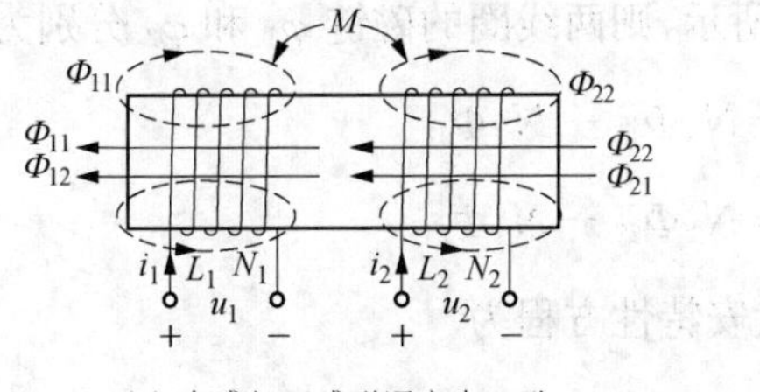

(a) 自感与互感磁通方向一致

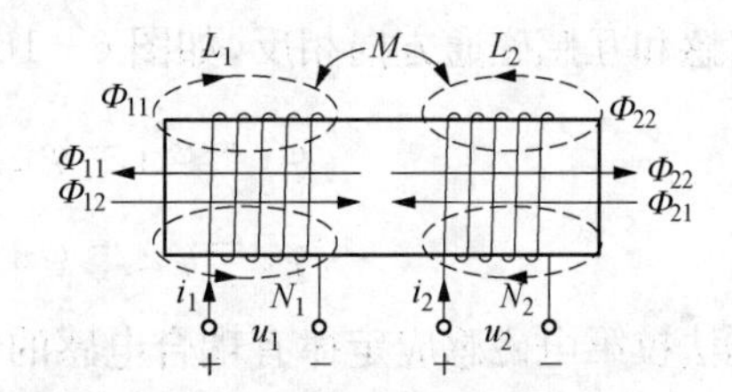

(b) 自感与互感磁通方向相反

图 6-1　两线圈的互感作用

若自感和互感磁通方向一致，如图 6-1a 所示，则两线圈的磁链 φ_1 和 φ_2 分别为

$$\varphi_1=\varphi_{11}+\varphi_{12}=N_1\Phi_{11}+N_1\Phi_{12} \tag{6-1a}$$

$$\varphi_2=\varphi_{22}+\varphi_{21}=N_2\Phi_{22}+N_2\Phi_{21} \tag{6-1b}$$

式中，$\varphi_{11}=N_1\Phi_{11}$，$\varphi_{12}=N_1\Phi_{12}$，分别为线圈 1 和线圈 2 的自感磁链；$\varphi_{12}=N_1\Phi_{12}$，$\varphi_{21}=N_2\Phi_{21}$，分别为线圈 1 和线圈 2 的互感磁链。

此时，由于电流 i_1 产生的磁通 $\Phi_1=\Phi_{11}+\Phi_{21}$ 和电流 i_2 产生的磁通 $\Phi_2=\Phi_{22}+\Phi_{12}$ 的方向相同，在每个线圈中都是相互增强的，所以忽感磁链在叠加时前面取正号。设每个线圈上的端电流和端电压都取关联参考方向，且每个电感中电流的方向和自感磁通的方向符合右手螺旋定则，则根据法拉第电磁感应定律有

$$\mu_1=\frac{d\varphi_1}{dt}=\frac{d}{dt}(\varphi_{11}+\varphi_{12})=\frac{d\varphi_{11}}{dt}+\frac{d\varphi_{12}}{dt}=\mu_{11}+\mu_{12} \tag{6-2a}$$

$$\mu_2 = \frac{d\varphi_2}{dt} = \frac{d}{dt}(\varphi_{22} + \varphi_{21}) = \frac{d\varphi_{22}}{dt} + \frac{d\varphi_{21}}{dt} = \mu_{22} + \mu_{21} \tag{6-2b}$$

式中，$\mu_{11} = \frac{d\varphi_{11}}{dt}$，$\mu_{22} = \frac{d\varphi_{22}}{dt}$，分别为线圈 1 和线圈 2 的自感电压；$\mu_{12} = \frac{d\varphi_{12}}{dt}$，$\mu_{21} = \frac{d\varphi_{21}}{dt}$，分别为线圈 1 和线圈 2 的互感电压。

对于线性时不变的耦合线圈来说，磁链是电流的线性函数，即 $\varphi_{11} = L_1 i_1$，$\varphi_{22} = L_2 i_2$，$\varphi_{12} = M_{12} i_2 = M i_2$，$\varphi_{21} = M_{21} i_1 = M i_1$，则式(6 - 1a)可改写为

$$\varphi_1 = \varphi_{11} + \varphi_{12} = L_1 i_1 + M i_2 \tag{6-3a}$$

$$\varphi_2 = \varphi_{22} + \varphi_{21} = M i_1 + L_2 i_2 \tag{6-3b}$$

式 6 - 3 即为由图 6 - 1a 所示两个耦合线圈抽象出的线性不变时不变耦合电感元件的韦安特性方程，它说明两个线性时不变电感组成耦合电感元件后，作为一个整体必须用 L_1、L_2 和 M 三个参数来表征。将式(6 - 3)带入式(6 - 2)中，即可得到耦合电感的伏安特性方程为

$$\mu_1 = L_1 \frac{di_1}{dt} + M \frac{di_2}{dt} \tag{6-4a}$$

$$\mu_2 = M \frac{di_1}{dt} + L_2 \frac{di_2}{dt} \tag{6-4b}$$

式(6 - 4)说明，每个互感元件上的电压除了决定于本线圈的电流外，还与其他相邻线圈上的电流有关，因此，每个元件上的电压是其自感电压和互感电压的叠加。

若自感和互感磁通方向相反，如图 6 - 1b 所示，则两线圈的磁链 φ_1 和 φ_2 分别为

$$\varphi_1 = \varphi_{11} - \varphi_{12} = N_1 \Phi_{11} - N_1 \Phi_{12} \tag{6-5a}$$

$$\varphi_2 = \varphi_{22} - \varphi_{21} = N_2 \Phi_{22} - N_2 \Phi_{21} \tag{6-5b}$$

根据法拉第电磁感应定律有耦合电感的伏安特性方程为

$$\mu_1 = L_1 \frac{di_1}{dt} - M \frac{di_2}{dt} \tag{6-6a}$$

$$\mu_2 = -M \frac{di_1}{dt} + L_2 \frac{di_2}{dt} \tag{6-6b}$$

综合式(6 - 4)和式(6 - 6)耦合电感的伏安特性方程可用下式表示：

$$\mu_1 = L_1 \frac{di_1}{dt} \pm M \frac{di_2}{dt} \tag{6-7a}$$

$$\mu_2 = L_2 \frac{di_2}{dt} \pm M \frac{di_1}{dt} \tag{6-7b}$$

其对应的正弦稳态的伏安关系相量形式为

$$\dot{U}_1 = j\omega L_1 \dot{I}_1 \pm j\omega M \dot{I}_2 \tag{6-8a}$$

$$\dot{U}_2 = j\omega L_2 \dot{I}_2 \pm j\omega M \dot{I}_1 \tag{6-8b}$$

对自感电压，当μ、i取关联参考方向，μ、i与Φ符合右手螺旋定则，其表达式为

$$\mu_{11}=\frac{d\varphi_{11}}{dt}=N_1\frac{d\Phi_{11}}{dt}=L_1\frac{di_1}{dt} \tag{6-9}$$

式(6-9)说明，对于自感电压由于电压电流为同一线圈上的，只要参考方向确定了，其数学描述便可容易地写出，可不用考虑线圈绕向。

对互感电压，因产生该电压的电流在另一线圈上，因此，要确定其符号，除了知道两耦合电感电流的方向外，还必须知道两个线圈的绕向，由于实际线圈往往是密封的，无法看到具体情况，所以，根据磁通的方向来确定互感电压的正负在实际中是行不通的。为解决这个问题，在电路理论中引入同名端的概念，采用同名端规则来简化这个问题。

6.1.3 同名端

如图6-2所示是两个电感线圈，当线圈1,2同时载流时，电流i_1产生的磁链ψ_{11}与线圈1交链，ψ_{11}的一部分ψ_{21}还与线圈2交链；类似地，电流i_2产生的磁链ψ_{22}与线圈2交链，ψ_{22}的一部分ψ_{12}还与线圈1交链。假设线圈1的总磁链为ψ_1，线圈1的总磁链为ψ_2，则

$$\left.\begin{aligned}\psi_1=\psi_{11}+\psi_{12}=L_1i_1+M_{12}i_2\\ \psi_2=\psi_{22}+\psi_{21}=L_2i_2+M_{21}i_1\end{aligned}\right\} \tag{6-10}$$

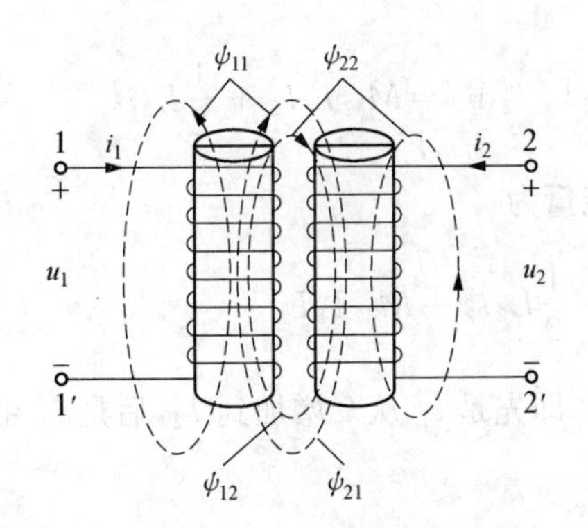

(a) 互感磁链加强自感磁链的情况

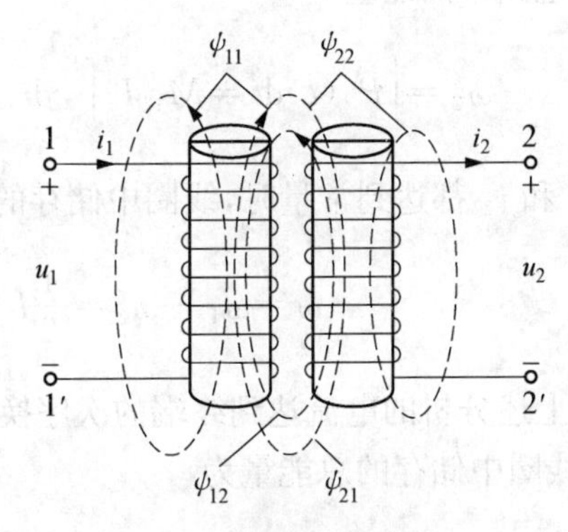

(b) 互感磁链削弱自感磁链的情况

图6-2 耦合电感线圈同时载流情况

可以证明，$M_{12}=M_{21}$，所以可以略去下标，即令$M_{12}=M_{21}=M$。

如图6-2a所示的电压、电流参考方向下，互感磁链ψ_{12}与自感磁链ψ_{11}同方向，线圈1的总磁链因磁耦合而得到加强，互感磁链ψ_{21}亦与自感磁链ψ_{22}同方向，线圈2的总磁链也得到加强。反之，则减弱，如图6-2b所示。

互感磁链对自感磁链加强或削弱的不同情况，采用同名端来标记，常用“·”或“*”标记。具有磁耦合的两个线圈之间的一对端钮，当电流同时从这一对端钮流入(或流出)时，所产生的互感磁链与自感磁链方向一致，则称这两个端钮为同名端。

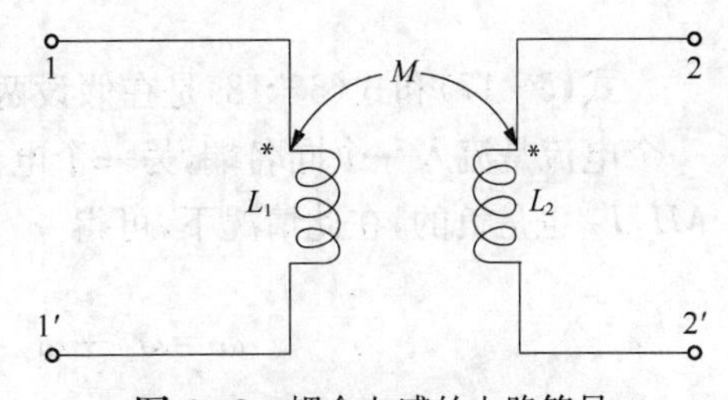

图6-3 耦合电感的电路符号

如图6-2a所示的线圈，端钮1,2是一对同名端，可用图6-3所示电路符号表示。而图6-2b所示线圈，端钮1与2′是同名端。

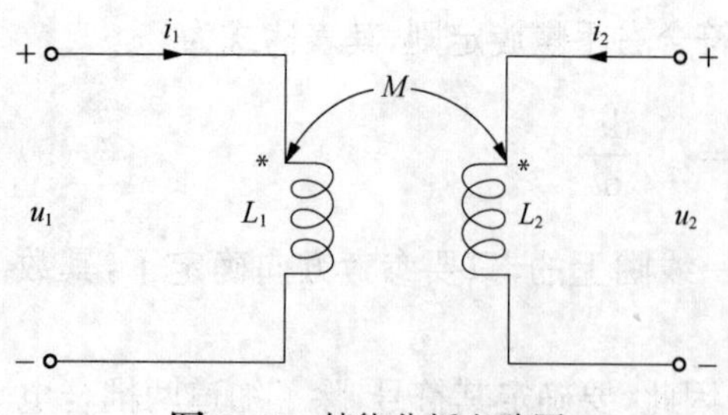

图 6-4 储能分析电路图

6.1.4 耦合电感元件的储能及耦合系数

如图 6-4 所示电路,假设初始时电流 i_1 和 i_2 均为零,则初始时线圈中的储能为零。现令 i_1 由 0 增加到 I_1,并维持 $i_2=0$,则线圈 1 中的功率为

$$P_1(t)=u_1 i_1=L_1 i_1\frac{\mathrm{d}i_1}{\mathrm{d}t} \tag{6-11}$$

其储存的能量为

$$\omega_1=\int P_1(t)\mathrm{d}t=L_1\int_0^{I_1}\frac{\mathrm{d}i_1}{\mathrm{d}t}=\frac{1}{2}L_1 i_1^2 \tag{6-12}$$

现在维持 $i_1=I_1$,并将 i_2 从 0 增加到 I_2,则在线圈 1 中的互感电压为 $M_{12}\frac{\mathrm{d}i_2}{\mathrm{d}t}$,因为 I_1 没有变化,在线圈 2 中的互感电压为零。因此,此时两线圈中的功率为

$$P_2(t)=M_{12}i_1\frac{\mathrm{d}i_2}{\mathrm{d}t}+u_2 i_2=M_{12}i_1\frac{\mathrm{d}i_2}{\mathrm{d}t}+L_2 i_2\frac{\mathrm{d}i_2}{\mathrm{d}t} \tag{6-13}$$

则储存在电路中的能量是

$$\omega_2=\int P_2(t)\mathrm{d}t=M_{12}I_1\int_0^{I_2}\mathrm{d}i_2+L_2\int_0^{I_2}i_2\mathrm{d}i_2=M_{12}I_1 I_2+\frac{1}{2}L_2 i_2^2 \tag{6-14}$$

当 i_1 和 i_2 都达到常量时,线圈中储存的总能量为

$$\omega=\omega_1+\omega_2=\frac{1}{2}L_1 i_1^2+\frac{1}{2}L_2 i_2^2+M_{12}I_1 I_2 \tag{6-15}$$

若将上述分析的电流达到终端的次序换过来,即先是 i_2 从 0 增加到 I_2,后是 i_1 由 0 增加到 I_1,则线圈中储存的总能量为

$$\omega=\omega_1+\omega_2=\frac{1}{2}L_1 i_1^2+\frac{1}{2}L_2 i_2^2+M_{21}I_1 I_2 \tag{6-16}$$

因为不管怎样达到最终的条件,电路所储存的能量总是一样的,所以,比较式(6-15)和式(6-16),可得

$$M_{12}=M_{21}=M \tag{6-17}$$

$$\omega=\omega_1+\omega_2=\frac{1}{2}L_1 i_1^2+\frac{1}{2}L_2 i_2^2+MI_1 I_2 \tag{6-18}$$

式(6-17)和式(6-18)是在假设两个电流线圈都是流入同名端条件下推导出来的,如果一个电流是流入一个同名端,另一个电流是离开另一个同名端,则互感电压是负的,由此互感 MI_1I_2 也是负的,在此情况下,可得

$$\omega=\omega_1+\omega_2=\frac{1}{2}L_1 i_1^2+\frac{1}{2}L_2 i_2^2-MI_1 I_2 \tag{6-19}$$

由于 I_1 和 I_2 是任意值,可以用 i_1 和 i_2 取代,这样就得到了电路中储存瞬时能量的一般

表达式

$$\omega=\frac{1}{2}L_1i_1^2+\frac{1}{2}L_2i_2^2\pm MI_1I_2 \tag{6-20}$$

式中,若两个电流都是流入或流出线圈同名端,则式中符号取“+”,反之,取“−”。

定义耦合系数 K 为

$$K\overset{\text{def}}{=}\frac{M}{\sqrt{L_1L_2}} \tag{6-21}$$

耦合系数 K 和线圈结构、相互位置和磁介质等因素有关,用来描述两线圈磁耦合的紧密程度。

分析耦合电感的磁链,可以证明 $0\leqslant K\leqslant 1$。设两个线圈匝数分别为 N_1, N_2,流过电流为 i_1 和 i_2,那么

$$K^2=\frac{M^2}{L_1L_2}=\frac{M^2i_1i_2}{L_1L_2i_1i_2}=\frac{\psi_{21}\psi_{12}}{\psi_{11}\psi_{22}} \tag{6-22}$$

式中,$\psi_{21}=Mi_1$, $\psi_{12}=Mi_2$; $\psi_{11}=Li_1$, $\psi_2=Li_2$。显然,$\psi_{11}\geqslant\psi_{21}$, $\psi_{22}\geqslant\psi_{12}$ 所以 $0\leqslant K\leqslant 1$。

当线圈中不存在漏磁时,有 $\psi_{11}=\psi_{21}$, $\psi_{122}=\psi_{12}$,此时 $K=1$,称为全耦合;$K=0$,称为无耦合;$K<0.5$,称为松耦合;$K>0.5$,称为紧耦合。K 越接近 1,耦合越紧密。

6.2　互感电路计算

因为耦合电感上的电压除包含自感电压外,还包含互感电压,所以从原则上讲只要正确计入互感电压,含耦合电感元件电路的分析与一般电路的分析计算并没有什么区别。本节通过例题介绍含有耦合电感的电路分析方法。含有耦合电感的电路,可通过应用耦合电感的 $u-i$ 关系来分析,或将耦合电感去耦合,用等效电路来分析。

6.2.1　耦合电感的 VCR 应用

应用耦合电感元件的 VCR 方程,列写电路方程来求解电路。这种方法的关键在于正确写出耦合电感的 VCR 方程。

例 6-1　如图 6-5 所示电路图中,耦合电感的耦合系数 $K=0.5$,求由电源观察的入端阻抗和电路消耗的总功率。

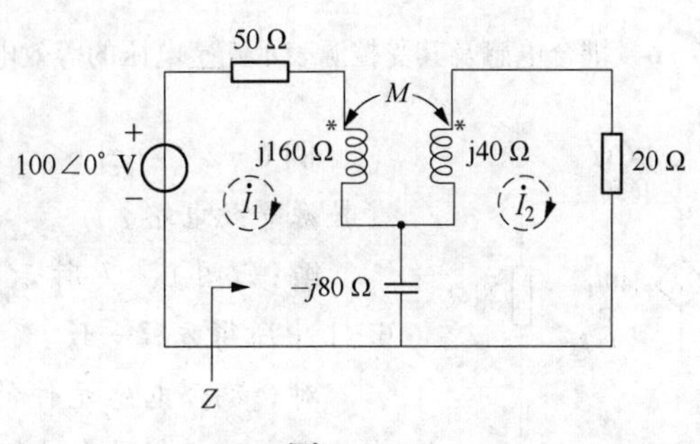

图　6-5

解:由题给耦合系数 $K=0.5$,可计算 $\omega M=40\ \Omega$。指定网孔电流 $\dot{I}_1$、$\dot{I}_2$ 的参考方向如图所示,网孔电流 $\dot{I}_1$ 流入同名端,则线圈 2 的互感电压在同名端为"+",网孔电流 $\dot{I}_2$ 流出同名端,则线圈 1 的互感电压在同名端为"—",列写如下网孔方程:

$$(50+\mathrm{j}160)\dot{I}_1-\mathrm{j}40\dot{I}_2-\mathrm{j}80(\dot{I}_1-\dot{I}_2)=100\angle 0^\circ$$

$$(20+\mathrm{j}40)\dot{I}_2-\mathrm{j}80(\dot{I}_2-\dot{I}_1)-\mathrm{j}40\dot{I}_1=0$$

简化上式,可得

$$(50+\mathrm{j}80)\dot{I}_1+\mathrm{j}40\dot{I}_2=100\angle 0^\circ$$

$$(20-\mathrm{j}40)\dot{I}_2+\mathrm{j}40\dot{I}_1=0$$

$$\dot{I}_1=0.77\angle -59^\circ\ \mathrm{A},\ \dot{I}_2=0.69\angle -85.6^\circ\ \mathrm{A}$$

根据网孔电流,计算电源端口的等效阻抗

$$Z=\frac{100\angle 0^\circ}{0.77\angle -59^\circ}=130\angle 59^\circ\ \Omega$$

电路所消耗的总功率,即电源所发出的总有功功率

$$P=100\times 0.77\times\cos 59^\circ=39.7\ \mathrm{W}$$

6.2.2 用受控源表示互感电压

对于刚刚接触耦合关系学习的人,为避免漏写互感电压,并正确得到互感电压项正、负号,可将互感电压用受控电压源表示,建立耦合电感元件的含受控源等效电路。

如下图 6-6a 所示耦合电感,可建立其等效电路如图 6-6b 所示。在等效电路中,受控电压源表示耦合电感的互感电压,受控源的正、负极需要根据线圈的同名端和电流的参考方向来确定。这种等效实际上将磁耦合转化为受控源耦合,图 6-6b 中 L_1, L_2 为不耦合的电感。

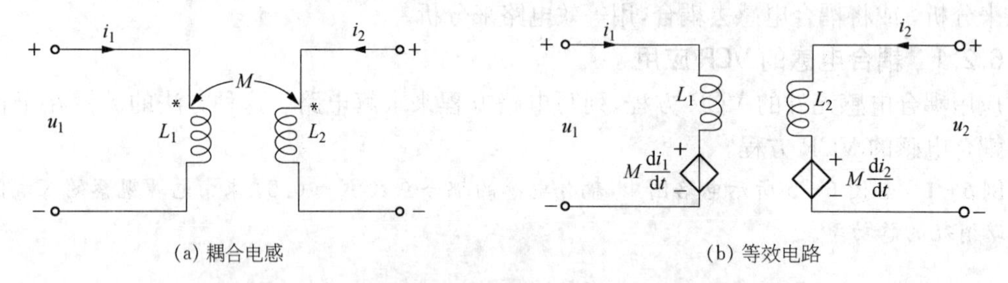

图 6-6 耦合电感及其受控源表示互感电压的等效电路

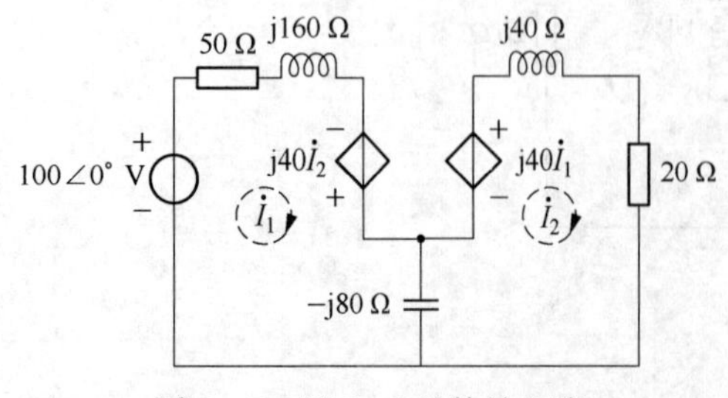

图 6-7 图 6-5 的等效电路

例 6-2 对图 6-5 所示电路,画出耦合电感的受控源等效电路。

解:如图 6-7 所示,对其列写网孔方程与例 6-1 中所得方程一致。

对含耦合电感元件的电路,由于互感电压的存在使得电路分析要复杂一些,必须掌握根据同名端和电流参考方向判断互感电压的规则。对于初学

者，为避免漏写互感电压项，用受控源来表示互感电压，建立含有受控电压源的等效电路是十分有效的方法。

6.2.3 去耦等效电路

在两耦合线圈之间存在电气连接时，可以通过电路的等效化简去耦合，简称去耦。这里主要讨论耦合电感串联、并联及 T 形连接时的去耦等效电路。

1）两耦合电感串联

耦合电感的两个线圈串联时，对不同的同名端标记，分成两种情况：顺串和反串。

(1) 两个线圈的非同名端相连，称为顺串。如图 6-8a 所示，顺串后耦合电感线圈的电压

$$u=u_1+u_2=\left(L_1\frac{\mathrm{d}i}{\mathrm{d}t}+M\frac{\mathrm{d}i}{\mathrm{d}t}\right)+\left(L_2\frac{\mathrm{d}i}{\mathrm{d}t}+M\frac{\mathrm{d}i}{\mathrm{d}t}\right)=(L_1+L_2+2M)\frac{\mathrm{d}i}{\mathrm{d}t}$$

因此，顺串的耦合电感可以等效为一个电感 L_{eq}，且 $L_{eq}=L_1+L_2+2M$。

(2) 两个线圈的同名端相连，成为反串。如图 6-8b 所示，反串后耦合电感线圈的电压

$$u=u_1+u_2=\left(L_1\frac{\mathrm{d}i}{\mathrm{d}t}-M\frac{\mathrm{d}i}{\mathrm{d}t}\right)+\left(L_2\frac{\mathrm{d}i}{\mathrm{d}t}-M\frac{\mathrm{d}i}{\mathrm{d}t}\right)=(L_1+L_2-2M)\frac{\mathrm{d}i}{\mathrm{d}t}$$

因此，反串的耦合电感可以等效为一个电感 L_{eq}，且 $L_{eq}=L_1+L_2-2M$。

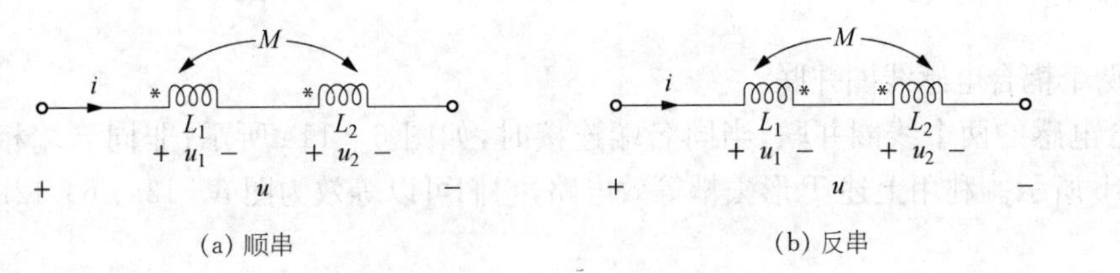

图 6-8 耦合电感两线圈串联

2）T 形连接的耦合电感的去耦等效电路

两个耦合线圈与另外一条支路共用一个结点，构成 T 形连接，由于同名端的标记端不同，这种所谓 T 形连接有图 6-9a、6-9b 两种情况。图 6-9a 所示为非同名端共用一个结点，图 6-9b 所示为同名端共用一个结点。

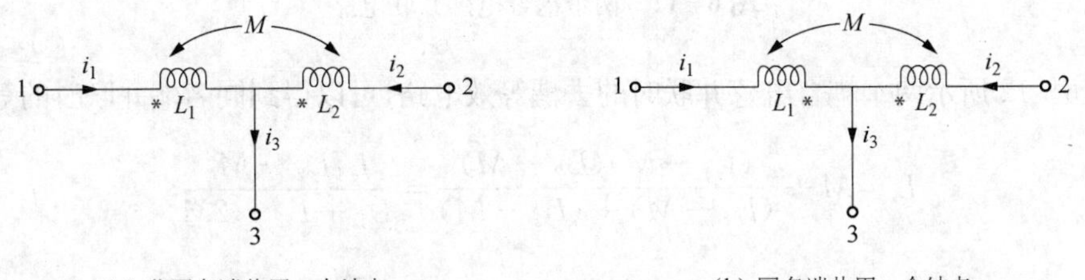

图 6-9 两个耦合线圈 T 形连接

对图 6-9a 所示电路，端口电压 u_{13} 和 u_{23} 分别为

$$\left.\begin{aligned}u_{13}&=L_1\frac{\mathrm{d}i_1}{\mathrm{d}t}-M\frac{\mathrm{d}i_2}{\mathrm{d}t}\\u_{23}&=L_2\frac{\mathrm{d}i_2}{\mathrm{d}t}-M\frac{\mathrm{d}i_1}{\mathrm{d}t}\end{aligned}\right\}\tag{6-23}$$

考虑到 KCL 方程 $i_3=i_1+i_2$，式(6-23) 可写为

$$\left.\begin{aligned}u_{13}&=L_1\frac{\mathrm{d}i_1}{\mathrm{d}t}-M\frac{\mathrm{d}(i_3-i_1)}{\mathrm{d}t}=(L_1+M)\frac{\mathrm{d}i_1}{\mathrm{d}t}-M\frac{\mathrm{d}i_3}{\mathrm{d}t}\\u_{23}&=L_2\frac{\mathrm{d}i_2}{\mathrm{d}t}-M\frac{\mathrm{d}(i_3-i_2)}{\mathrm{d}t}=(L_2+M)\frac{\mathrm{d}i_2}{\mathrm{d}t}-M\frac{\mathrm{d}i_3}{\mathrm{d}t}\end{aligned}\right\}\tag{6-24}$$

根据式(6-24)可以构造图 6-10a 所示电路，称为 T 形去耦电路。显然，图 6-10a 所示电路和图 6-9a 所示电路的对应端口电压、电流关系一致，因此等效。

同理，可得到图 6-9b 所示电路的等效电路，如图 6-10b 所示。

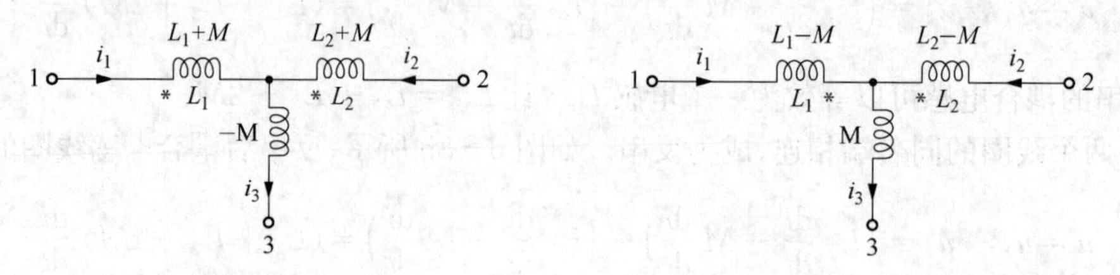

(a) 非同名端共用一个结点的等效电路　　(b) 同名端共用一个结点的等效电路

图 6-10　T 形连接的两个耦合电感用三个不耦合电感等效图

3) 两个耦合电感线圈并联

耦合电感的两个线圈并联，当同名端连接时，如图 6-11a 所示；非同名端相连接时，如图 6-11b 所示。利用上述 T 形去耦等效电路，它们可以等效为图 6-12a、6-12b 所示电路。

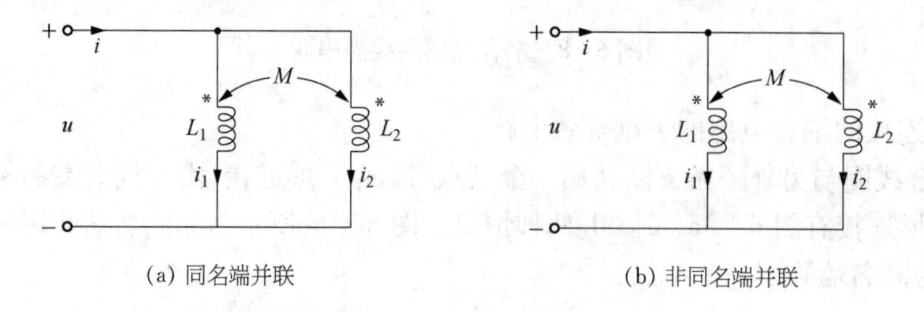

(a) 同名端并联　　(b) 非同名端并联

图 6-11　两个耦合电感并联电路

由图 6-12 所示两个耦合电感并联时的去耦等效电路，可以得到同名端并联时的等效电感

$$L=M+\frac{(L_1-M)(L_2-M)}{(L_1-M)+(L_2-M)}=\frac{L_1L_2-M^2}{L_1+L_2-2M}\tag{6-25}$$

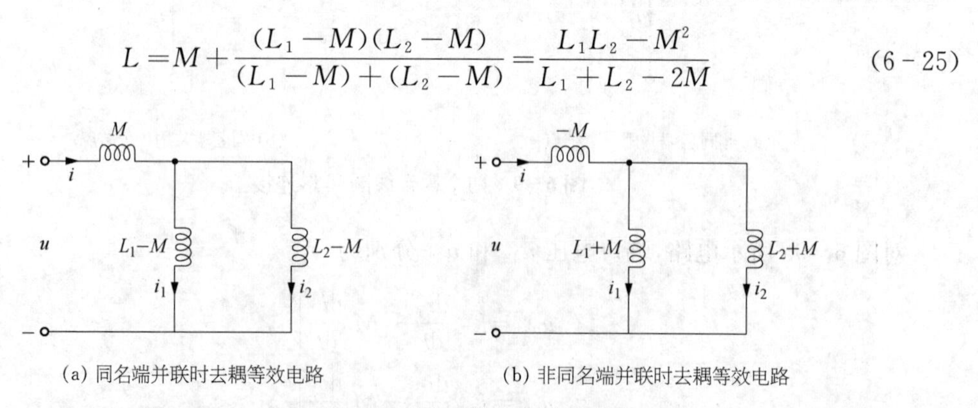

(a) 同名端并联时去耦等效电路　　(b) 非同名端并联时去耦等效电路

图 6-12　两个耦合电感并联时的 T 形去耦等效电路

非同名端并联时的等效电感

$$L=-M+\frac{(L_1+M)(L_2+M)}{(L_1+M)+(L_2+M)}=\frac{L_1L_2-M^2}{L_1+L_2+2M} \tag{6-26}$$

采用去耦等效电路时，要注意等效电路中的电路变量和原电路变量的对应关系，详见例6-3。

例6-3 求图6-13a所示电路的电压$\dot{U}_{AB}$。

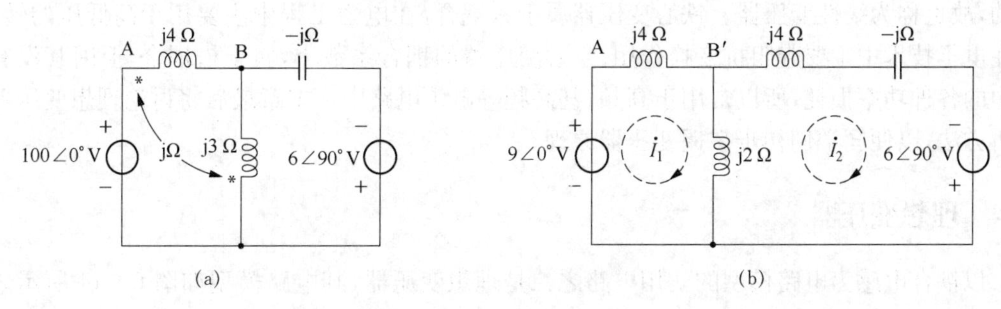

图6-13 例6-3电路图

解：利用T形去耦等效法做出等效电路，如图6-13b所示。假定网孔电流为$\dot{I}_1$、$\dot{I}_2$，列写网孔方程

$$(\mathrm{j}3+\mathrm{j}2)\dot{I}_1-\mathrm{j}2\dot{I}_2=9 \tag{6-27}$$

$$-\mathrm{j}2\dot{I}_1+(\mathrm{j}2+\mathrm{j}-\mathrm{j})\dot{I}_2=\mathrm{j}6 \tag{6-28}$$

由式(6-28)可得

$$\dot{I}_2=3+\dot{I}_1 \tag{6-29}$$

将式(6-29)带入式(6-27)可得

$$\dot{I}_1=(2-\mathrm{j}3)\mathrm{A}$$

由式(6-29)可得

$$\dot{I}_2=(5-\mathrm{j}3)\mathrm{A}$$

本题采用去耦等效法，注意图6-13a中结点B在图6-13b中相应位置

$$\dot{U}_{AB}=\mathrm{j}3(2-\mathrm{j}3)+\mathrm{j}(5-\mathrm{j}3)=(12+\mathrm{j}11)=16.28\angle 42.5^\circ\ \mathrm{V}$$

综上，电路中有耦合电感时，采用耦合电感VCR求解是一种基本分析方法；还可以采用受控源表示互感电压的方法建立耦合电感的等效电路；在耦合电感串并联、T形连接时，还可以采用去耦等效电路分析计算。

6.3 变压器原理

耦合电感元件的两耦合线圈不仅存在着磁耦合，而且还有电流的直接联系，即耦合电感的各线圈电流满足线性关系的 KCL 方程。当有耦合的各线圈电流之间没有直接联系，线圈的电流、电压仅由磁耦合而产生，则称具有这种特性的典型电路为变压器。

变压器是一种利用磁耦合原理实现能量或信号传输的多端电路器件。实际变压器分为铁心变压器和空心变压器两种。铁心变压器是由两个绕在同一磁导率很高的铁磁材料制成的芯子上并具有互感的线圈组成的，因而是耦合系数接近 1 的紧耦合互感元件，一般说来，这种变压器的电磁特性是非线性的，故属于非线性变压器。空心变压器是由两个绕在非铁磁材料制成的芯子(有的就以空气为芯)上并具有互感的线圈组成的，因为这种变压器的电磁特性是线性的，故也称为线性变压器。铁心变压器属于紧耦合，在电力工程中主要用于高低压的转换，而在电子技术中主要起阻抗变换作用；空心变压器的耦合系数小，属于松耦合，但因其没有铁芯中的各种功率损耗，所以常用于高频、甚高频等电子电路中。本章最后将讨论理想变压器的分析方法，以便同学们初步掌握变压器原理。

6.4 理想变压器

以耦合电感为电路模型的实用电路之二是理想变压器，其电路模型如图 6-14 所示。理想变压器是铁心变压器的理想化模型。铁心变压器的芯子是由导磁性非常高的铁磁材料制成，属于紧耦合，电力系统中应用广泛，可以变电压、变电流(如电源变压器)；可以变阻抗以达到阻抗匹配的目的(如级间变压器、输入变压器、输出变压器)。理想变压器是空心变压器满足如下条件后演变而来：①无损耗，即 $R_1=R_2=0$；②全耦合，即 $M=\sqrt{L_1L_2}$；③L_1、L_2 无阻大，但其比值为常数，即 $\dfrac{L_1}{L_2}=\left(\dfrac{N_1}{N_2}\right)^2$。其中，$N_1$、$N_2$ 是耦合电感的匝数。这里演化过程不做讨论。

图 6-14 所示理想变压器，它的电压关系和电流关系是分别独立的，电压与电流之间不存在依存关系。在如图所示的同名端、电压、电流参考方向下，理想变压器的 VCR 为

$$\left.\begin{aligned} u_1 &= nu_2 \\ i_1 &= -\frac{1}{n}i_2 \end{aligned}\right\} \tag{6-30}$$

其中，$n=\dfrac{N_1}{N_2}$ 为理想变压器的变比，图 6-14b 所示为理想变压器用受控源表示的等效电路之一。理想变压器是只具有一个参数 n 的理想二端口元件。

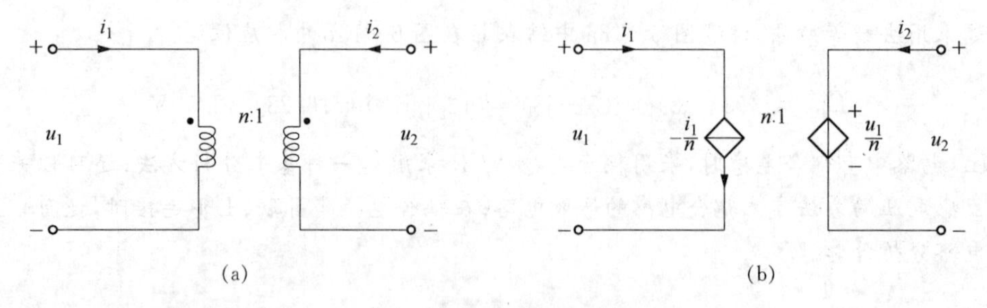

图 6-14　理想变压器

式(6-30)中两个方程相乘得

$$u_1 i_1 + u_2 i_2 = 0$$

此式为理想变压器两个端口吸收的瞬时功率，其值为0表明从一次侧吸收的功率全部从二次侧输出到负载。所以理想变压器既不消耗能量，也不储存能量，只是一个即时元件。在能量传输过程中，仅将电压、电流按比作数值上的变换。

既然理想变压器可以独立变换电压和电流，那么在正弦稳态下它就可以变换阻抗。事实上，当二次侧接入阻抗 Z_L 时，一次侧的输入阻抗为

$$Z_i = \frac{\dot{U}_1}{\dot{I}_1} = \frac{u\dot{U}_2}{-\frac{1}{n}\dot{I}_2} = n^2\left(-\frac{\dot{U}_2}{\dot{I}_2}\right) = n^2 Z_L \tag{6-31}$$

$n^2 Z_L$ 就是二次侧阻抗折算到一次侧的等效阻抗，类比于空心变压器的反映阻抗。

例6-4 如图6-15a所示为变比 $n=5$ 的理想变压器，已知 $\dot{U}_s = 60\angle 0°$ V。求电流 $\dot{I}_1$、$\dot{I}_2$。

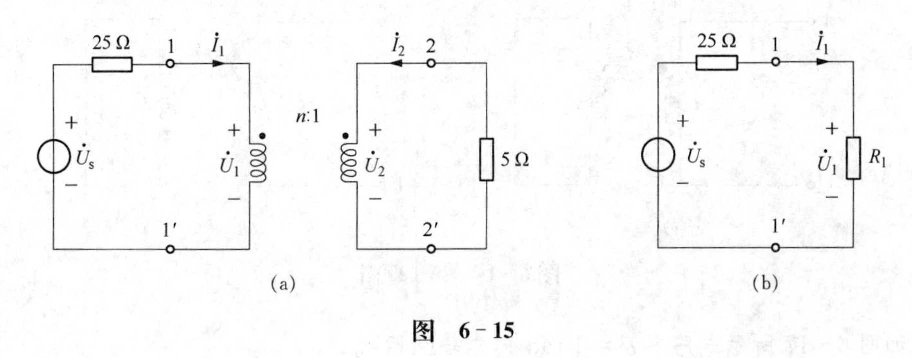

图 6-15

解:按图6-15a所示电流方向可列出方程

$$25\dot{I}_1 + \dot{U}_1 = \dot{U}_s$$

$$5\dot{I}_1 - \dot{U}_2 = 0$$

根据理想变压器VCR

$$\dot{U}_1 = 5\dot{U}_2$$

$$\dot{I}_1 = \frac{1}{5}\dot{I}_2$$

由上面四个方程可得

$$\dot{I}_1 = 0.4\angle 0° \text{ A}, \dot{I}_2 = 2\angle 0° \text{ A}$$

另一种解法是，先根据阻抗变换得到一次侧等效电路，求出电流 $\dot{I}_1$，再按电流的变比求出 $\dot{I}_2$。图6-15b所示即为一次侧等效电路，其中 $R_i = 5n^2 = 125\ \Omega$，则

$$\dot{I}_1 = \frac{\dot{U}_s}{25 + R_i} = \frac{60\angle 0°}{25 + 125} = 0.4\angle 0° \text{ A}$$

$$\dot{I}_2 = 5\dot{I}_1 = 2\angle 0° \text{ A}$$

习 题

1. 如图 6-16 所示电路中，$L_1=6\ \mathrm{H}$，$L_2=3\ \mathrm{H}$，$M=4\ \mathrm{H}$，试求从端子 1-1′ 看进去的等效电感。

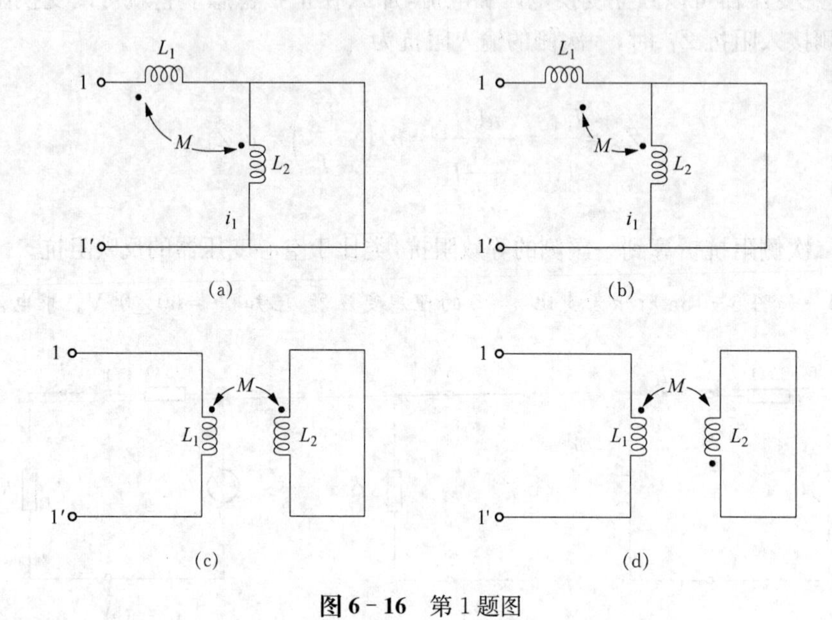

图 6-16 第 1 题图

2. 如图 6-17 所示电路中 $\omega=1\ \mathrm{rad/s}$，求输入阻抗 Z。

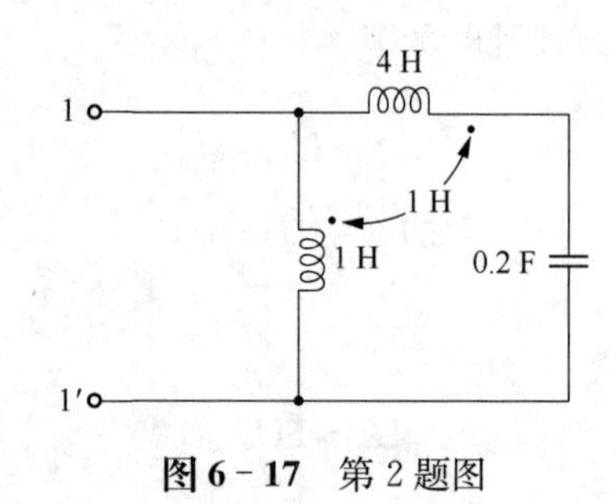

图 6-17 第 2 题图

3. 如图 6-18 所示电路中 $M=0.04\ \mathrm{H}$，求此电路的谐振频率。

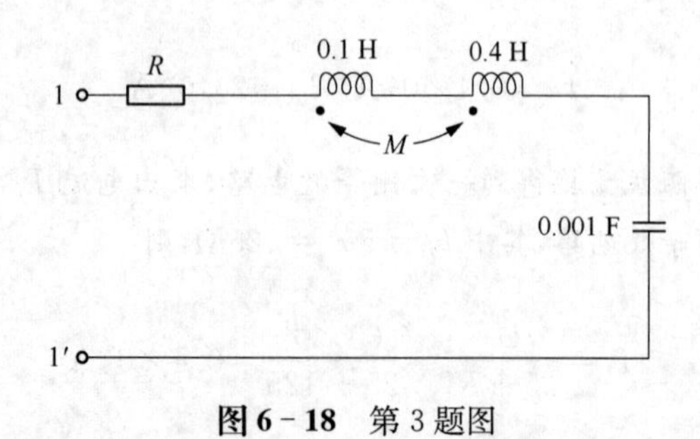

图 6-18 第 3 题图

4. 如图 6－19 所示电路中，$R_1=R_2=1\ \Omega$，$\omega L_1=3\ \Omega$，$\omega L_2=2\ \Omega$，$\omega M=2\ \Omega$，$U_1=100\ \text{V}$。求：

(1) 开关 S 打开和关闭时的电流 $\dot{I}_1$；

(2) 求 S 闭合时 L_1 的复功率。

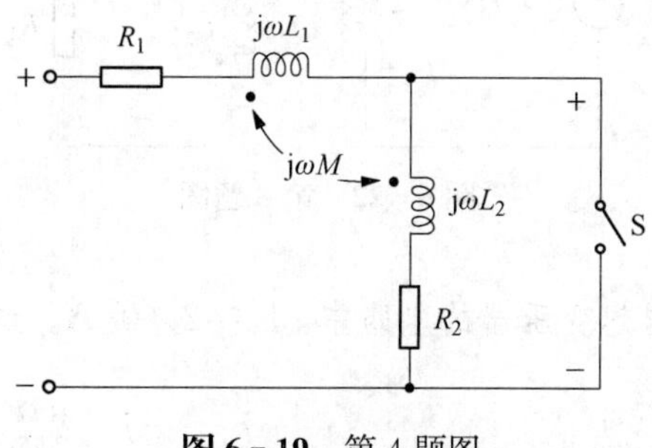

图 6－19　第 4 题图

5. 把两个线圈(非理想线圈)串联起来，接到 50 Hz、220 V 的正弦电源上，顺接时电流 $I=2.7\ \text{A}$，消耗的功率为 218.7 W；反接时电流为 7 A，求互感 M。

6. 如图 6－20 所示电路中 $R_1=R_2=100\ \Omega$，$L_1=3\ \text{H}$，$L_2=10\ \text{H}$，$M=5\ \text{H}$，$\omega=100\ \text{rad/s}$。

(1) 试求 $\dot{U}_1$、$\dot{U}_2$，并做出电路向量图。

(2) 电路中串联多大的电容可使电路发生串联谐振？

(3) 画出该电路的去耦等效电路。

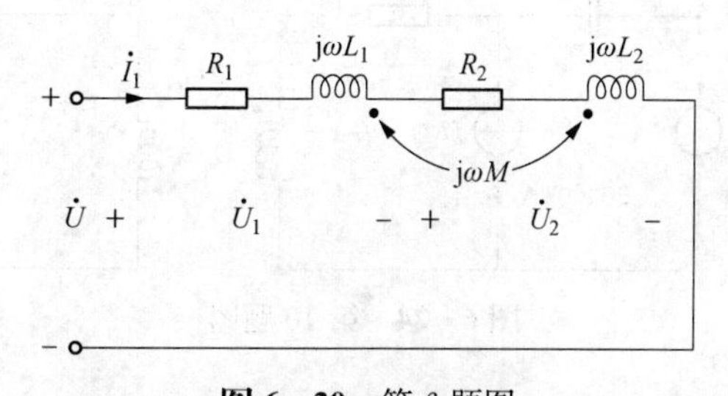

图 6－20　第 6 题图

7. 求图 6－21 所示一端口电路的戴维宁等效电路，已知 $\omega L_1=\omega L_2=10\ \Omega$，$\omega M=5\ \Omega$，$R_1=R_2=6\ \Omega$，$U_1=60\ \text{V}$(正弦)。

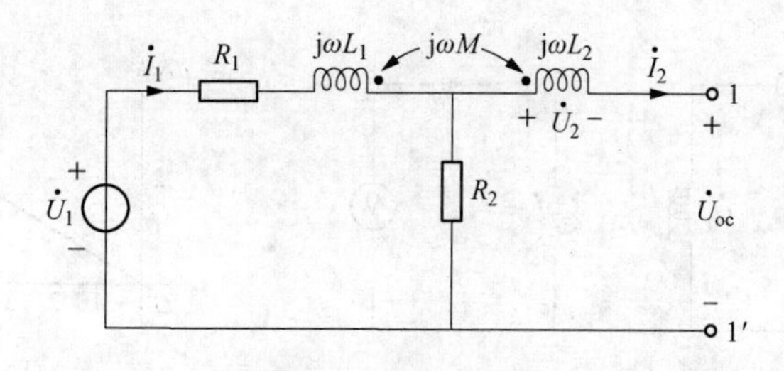

图 6－21　第 7 题图

8. 如图 6-22 所示所含理想变压器的电路中，$R_1=1\ \Omega$，$R_2=100\ \Omega$，$\omega=10\ \text{rad/s}$。求 $\dot{I}_1$、$\dot{I}_2$、$\dot{U}_2$。

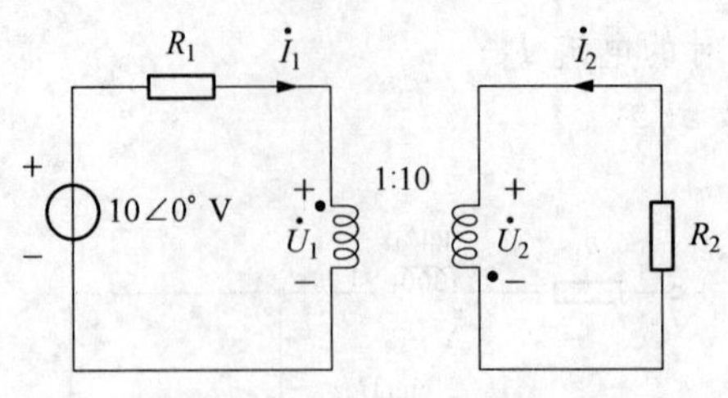

图 6-22 第 8 题图

9. 如图 6-23 所示含理想变压器的电路中，$\dot{I}_s=2\angle 0°\ \text{A}$。试求 $\dot{U}_1$、$\dot{U}_3$。

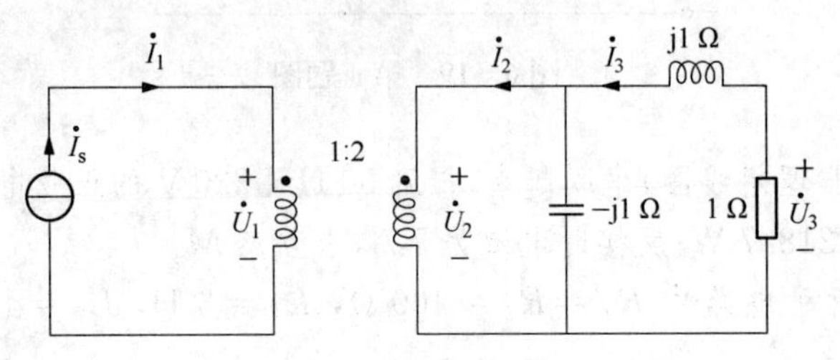

图 6-23 第 9 题图

10. 如图 6-24 所示含理想变压器的电路中，求 $\dot{U}_1$、$\dot{U}_2$。

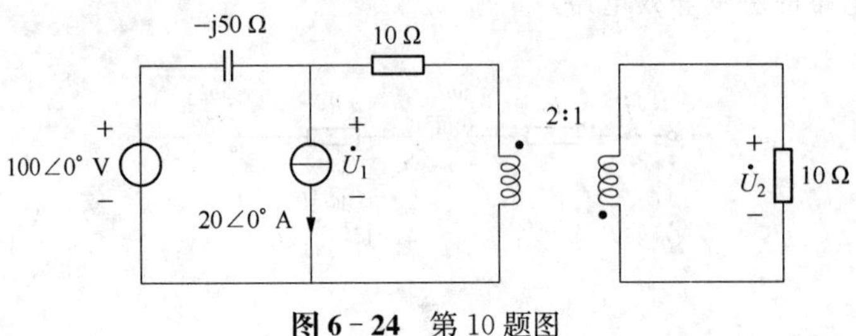

图 6-24 第 10 题图

11. 理想变压器如图 6-25a 所示，原边周期性电流源波形如图 6-25b 所示（一个周期），副边电压表读数为 25 V。

(1) 画出原副边的电压波形，并计算互感 M。

(2) 若同名端弄错，对(1)所得结果有什么影响？

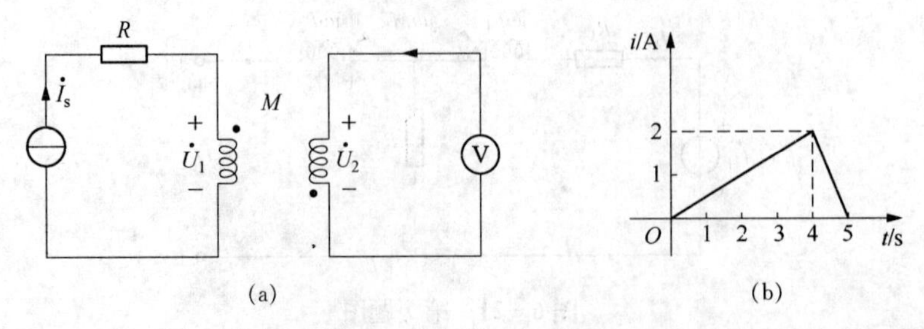

图 6-25 第 11 题图

第7章

三相交流电路

本章内容

三相电路由三相电源、三相负载和三相输电线路三部分组成。本章介绍三相电路及其连接方式；对称三相电流中的相电压与线电压、相电流与线电流的关系；对称三相电流的特点及计算；不对称三相电流的特点及计算；三相电流的功率及其测量。

本章特点

三相电路实际上是一种特殊的交流电路，正弦电路的分析方法对三相电路完全适用。在对称情况下，三相电路较一般单相交流电路更具有规律性。由于世界上电力系统电能生产供电方式大都采用三相制，因而三相电路的应用具有广泛性和普适性。

7.1 三相电源

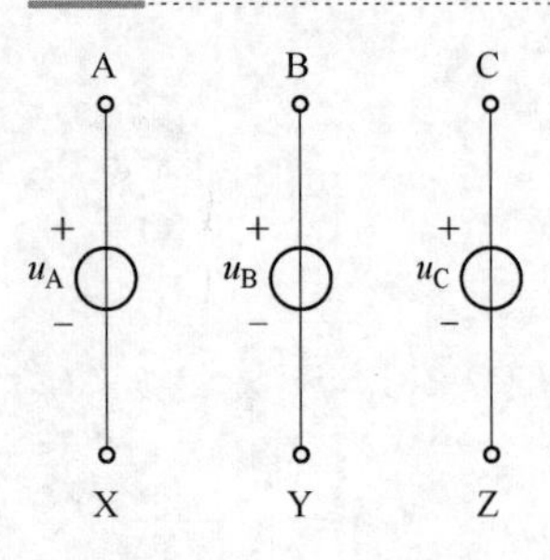

图 7-1 三相对称电源

7.1.1 三相对称电源

三相电源通常是由三相交流发电机产生的。发电机的三相定子绕组在空间互差 120°,当转子以均匀角速度 ω 转动时,在三相定子绕组中产生感应电压,三个感应电压的频率相同、幅值相同、初相依次相差 120°,形成三相对称电源,如图 7-1 所示。

图中,A、B、C 分别表示三相定子绕组的始端,X、Y、Z 分别表示三相定子绕组的末端。三相对称电源的瞬时值表达式为

$$u_A = \sqrt{2}U\sin\omega t \tag{7-1}$$

$$u_B = \sqrt{2}U\sin(\omega t - 120°) \tag{7-2}$$

$$u_C = \sqrt{2}U\sin(\omega t - 240°) = \sqrt{2}U\sin(\omega t + 120°) \tag{7-3}$$

其相量形式为

$$\dot{U}_A = U\angle 0° \tag{7-4}$$

$$\dot{U}_B = U\angle -120° \tag{7-5}$$

$$\dot{U}_C = U\angle 120° \tag{7-6}$$

三相对称电源的波形图、相量图如图 7-2 所示。

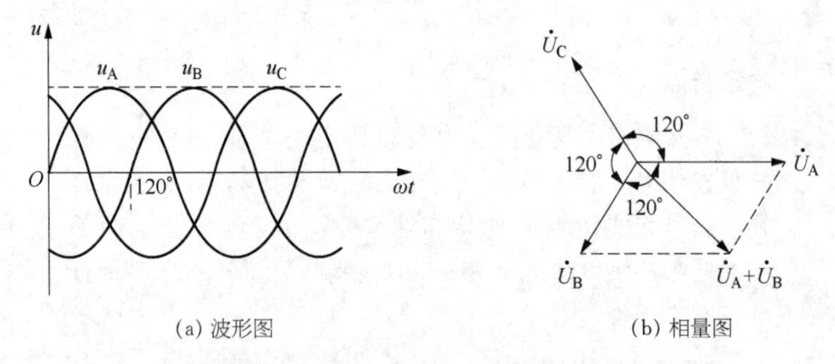

图 7-2 三相对称电源的波形图和相量图

由图 7-2 可以看出,三相对称电源的相量和为零,瞬时值的和也为零。即

$$\dot{U}_A + \dot{U}_B + \dot{U}_C = 0 \tag{7-7}$$

$$u_A + u_B + u_C = 0 \tag{7-8}$$

三相交流电源在相位上的依次顺序,称为相序。由图 7-2a 的波形图可以看出,相序为 A→B→C,这种相位关系称为正相序。相序在实际三相电动机的使用中,可以控制三相电动机的正反转,如果电动机在三相电源为正相序时正转,那么当三相电源改变相序时电动机将反转。在电路分析中,如果不加说明,一般都认为电源为正相序,简称正序。

7.1.2　三相电源的联结

在三相电路中，三相电源的联结有星形联结（也称为Y形联结）、三角形联结（也称为△联结）两种方式。在实际的电力系统中三相电源一般都采用星形联结，所以本书只介绍电源的星形联结方式。

所谓三相电源的星形联结是将三个电源的负极性端 X、Y、Z 接在一起，形成一个结点，称为三相电源的中性点，用结点 N 表示，由中性点引出的线称为中性线或零线。而将从三个电源的正极性端 A、B、C 向外引出的三条线，称为相线或端线，俗称火线。图 7-3 表示三相对称电源星形联结的两种不同画法。这种供电系统被称为三相四线制供电系统。

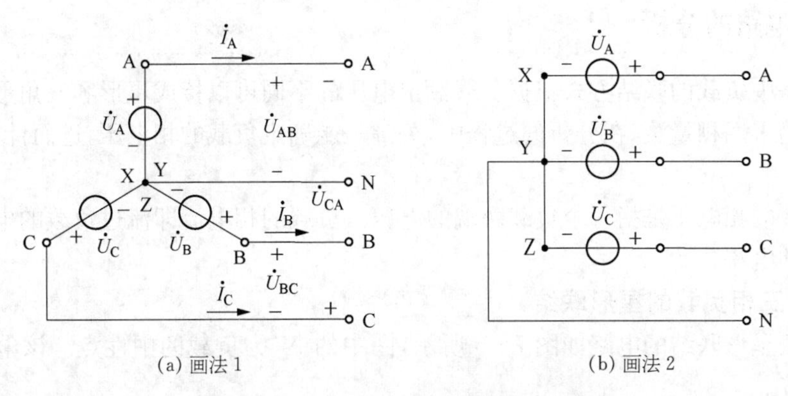

图 7-3　三相电源星形联结的两种画法

三相对称电源星形联结时，可以对电路提供两种不同参数的电压。相线与中性线之间的电压称为电源的相电压，电源的相电压实际就是每相电压源的电压，如图 7-3 中的 $\dot{U}_A(\dot{U}_{AN})$、$\dot{U}_B(\dot{U}_{BN})$ 和 $\dot{U}_C(\dot{U}_{CN})$。相线与相线之间的电压称为电源的线电压，如 $\dot{U}_{AB}$、$\dot{U}_{BC}$ 和 $\dot{U}_{CA}$。平常所说的 380 V 一般是指三相对称电源的线电压，而 220 V 是三相对称电源的相电压。

三相对称电源星形联结时，线电压与相电压的关系可以通过下面的推导求出。

在图 7-3 中根据基尔霍夫电压定律，得

$$\begin{aligned}\dot{U}_{AB}&=\dot{U}_A-\dot{U}_B=\dot{U}_A-\dot{U}_A\angle-120^\circ\\&=\dot{U}_A(1-\angle-120^\circ)=\dot{U}_A\left[1-\left(-\frac{1}{2}-\mathrm{j}\frac{\sqrt{3}}{2}\right)\right]\\&=\dot{U}_A\left(\frac{3}{2}+\mathrm{j}\frac{\sqrt{3}}{2}\right)=\sqrt{3}\dot{U}_A\angle30^\circ\end{aligned}\tag{7-9}$$

同理可得，线电压 $\dot{U}_{BC}$、$\dot{U}_{CA}$ 与相电压 $\dot{U}_B$、$\dot{U}_C$ 之间的关系

$$\dot{U}_{BC}=\dot{U}_B-\dot{U}_C=\sqrt{3}\dot{U}_B\angle30^\circ\tag{7-10}$$

$$\dot{U}_{CA}=\dot{U}_C-\dot{U}_A=\sqrt{3}\dot{U}_C\angle30^\circ\tag{7-11}$$

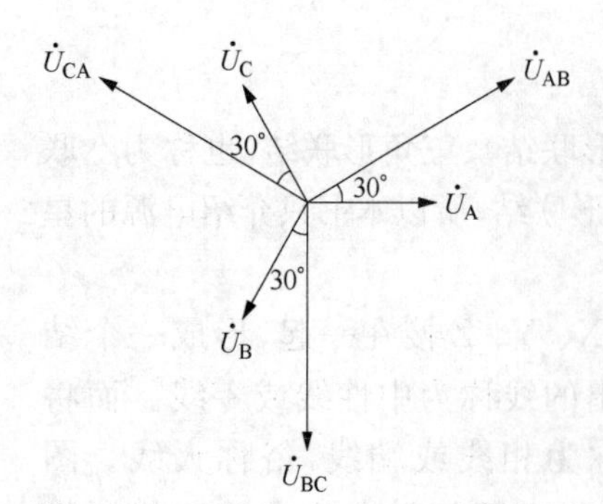

图 7-4 三相对称电源星形联结线电压与相电压的关系

三相对称电源线电压和相电压的关系相量图如图 7-4 所示。

当三相对称电源星形联结时，根据上述分析可以得出以下结论：

(1) 由于相电压对称，则线电压也对称。

(2) 线电压 U_l 的大小等于相电压 U_p 的$\sqrt{3}$倍，即 $U_l=\sqrt{3}U_p$。

(3) 线电压超前对应的相电压 30°。

7.2 三相电路的分析

三相电路中负载的联结方式根据负载额定电压的不同可以接成星形和三角形两种。三相电路的分析仍采用相量法，在分析的过程中，关键是能确定负载的相电压，进而计算相电流、线电流。

所谓负载的相电压是指每个负载两端的电压。负载的相电流即流过负载的电流。线电流即通过相线的电流。

7.2.1 三相负载的星形联结

三相负载星形联结的电路如图 7-5 所示，图中的 N' 为负载的中性点。该电路是三相四线制供电系统。

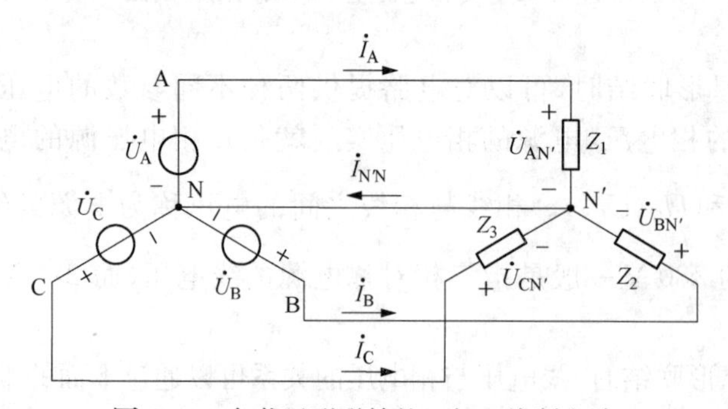

图 7-5 负载星形联结的三相四线制电路

设电源的相电压为

$$\dot{U}_A=U\angle 0°$$
$$\dot{U}_B=U\angle -120°$$
$$\dot{U}_C=U\angle 120°$$

由于中性线的存在，在忽略线路阻抗的情况下，每个负载的相电压与电源的相电压相等，即

$$\dot{U}_{AN'}=\dot{U}_A$$
$$\dot{U}_{BN'}=\dot{U}_B$$

$$\dot{U}_{CN'}=\dot{U}_C$$

通过负载的相电流为

$$\dot{I}_A=\frac{\dot{U}_{AN'}}{Z_1}$$

$$\dot{I}_B=\frac{\dot{U}_{BN'}}{Z_2}$$

$$\dot{I}_C=\frac{\dot{U}_{CN'}}{Z_3}$$

由定义可得，负载星形联结时，线电流 I_1 等于负载的相电流 I_p，即

$$I_1=I_p$$

应用基尔霍夫电流定律，可以得出中性线的电流为

$$\dot{I}_{N'N}=\dot{I}_A+\dot{I}_B+\dot{I}_C$$

当三相负载相同时，称为对称负载，即 $Z_1=Z_2=Z_2=Z$。根据三相电源的对称性，当对称负载星形联结时，可以只计算一相负载的相电流，其他两相负载的相电流按对称关系直接写出，如只计算A相

$$\dot{I}_A=\frac{\dot{U}_{AN'}}{Z}$$

根据对称关系，则

$$\dot{I}_B=\dot{I}_A\angle-120°$$
$$\dot{I}_C=\dot{I}_A\angle120°$$

此时中性线的电流等于零，即

$$\dot{I}_{N'N}=\dot{I}_A+\dot{I}_B+\dot{I}_C=0$$

中性线的电流既然等于零，就没有必要接中性线了，因此，构成三相三线制供电系统，具体电路如图7-6所示。工业生产中常用的三相交流电动机和三相电炉，由于是三相对称负载，都可采用三相三线制供电系统。

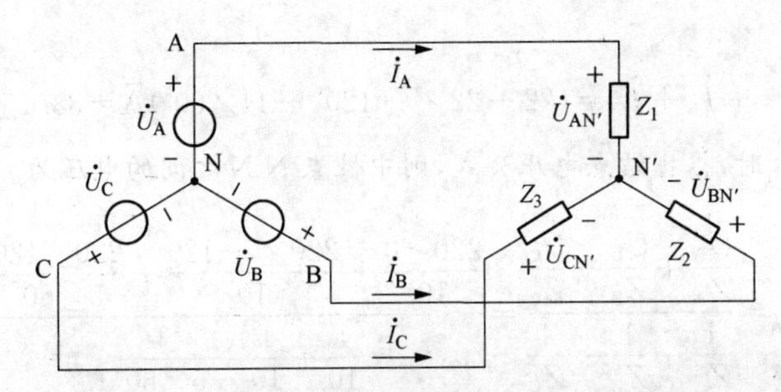

图7-6　对称负载星形联结的三相三线制电路

当负载不对称时，因中性线中有电流通过，则不能去掉中性线，否则会损坏用电设备。下面通过例题说明这方面的问题。

例 7-1 图 7-7 所示三相电路，已知三相电源线电压 380 V，三相负载不对称，其额定电压为 220 V，$Z_A = Z_B = 10\,\Omega$，$Z_C = 5\angle 60°\,\Omega$。则：(1) 求接中性线时负载的相电压、各线电流和中性线电流；(2) 若中性线断开，求负载的相电压、线电流。

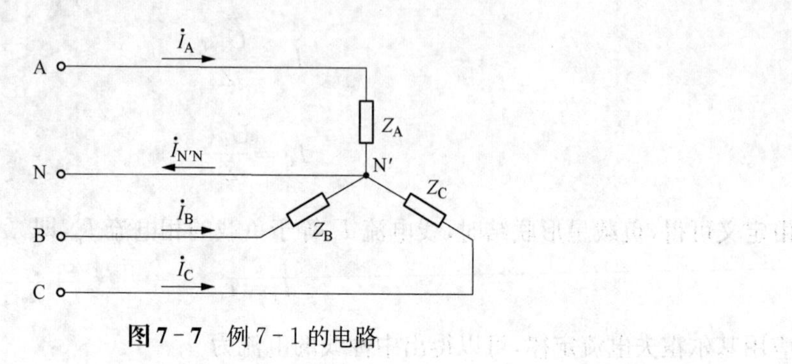

图 7-7 例 7-1 的电路

解：(1) 对三相四线制电路，负载的相电压等于电源的相电压，设电源的相电压为

$$\dot{U}_A = 220\angle 0°\ \text{V}$$
$$\dot{U}_B = 220\angle -120°\ \text{V}$$
$$\dot{U}_C = 220\angle 120°\ \text{V}$$

则负载的相电压为

$$\dot{U}_{AN'} = \dot{U}_A = 220\angle 0°\ \text{V}$$
$$\dot{U}_{BN'} = \dot{U}_B = 220\angle -120°\ \text{V}$$
$$\dot{U}_{CN'} = \dot{U}_C = 220\angle 120°\ \text{V}$$

因为负载星形联结时，线电流等于相电流，则

$$\dot{I}_A = \frac{\dot{U}_{AN'}}{Z_A} = \frac{220\angle 0°}{10}\ \text{A} = 22\ \text{A}$$

$$\dot{I}_B = \frac{\dot{U}_{BN'}}{Z_B} = \frac{220\angle -120°}{10}\ \text{A} = 22\angle -120°\ \text{A}$$

$$\dot{I}_C = \frac{\dot{U}_{CN'}}{Z_C} = \frac{220\angle 120°}{5\angle 60°}\ \text{A} = 44\angle 60°\ \text{A}$$

中性线电流

$$\dot{I}_{N'N} = \dot{I}_A + \dot{I}_B + \dot{I}_C = (22 + 22\angle -120° + 44\angle 60°)\ \text{A} = 38.1\angle 30°\ \text{A}$$

(2) 若中性线断开时，根据结点电压公式，则中性点 N′N 之间的电压为

$$\dot{U}_{N'N} = \frac{\dfrac{\dot{U}_A}{Z_A} + \dfrac{\dot{U}_B}{Z_B} + \dfrac{\dot{U}_C}{Z_C}}{\dfrac{1}{Z_A} + \dfrac{1}{Z_B} + \dfrac{1}{Z_C}} = \frac{\dfrac{220\angle 0}{10} + \dfrac{220\angle -120}{10} + \dfrac{220\angle 120}{5\angle 60°}}{\dfrac{1}{10} + \dfrac{1}{10} + \dfrac{1}{5\angle 60°}}\ \text{V}$$

$$=\frac{38.1\angle 30^\circ}{0.346\angle -30^\circ}\ \text{V}=110\angle 60^\circ\ \text{V}$$

负载的相电压为

$$\dot{U}_{AN'}=\dot{U}_A-\dot{U}_{N'N}=(220-110\angle 60^\circ)\text{V}=190.5\angle -30^\circ\ \text{V}$$

$$\dot{U}_{BN'}=\dot{U}_B-\dot{U}_{N'N}=(220\angle -120^\circ-110\angle 60^\circ)\text{V}=330\angle -120^\circ\ \text{V}$$

$$\dot{U}_{CN'}=\dot{U}_C-\dot{U}_{N'N}=(220\angle 120^\circ-110\angle 60^\circ)\text{V}=190.5\angle 150^\circ\ \text{V}$$

线电流为

$$\dot{I}_A=\frac{\dot{U}_{AN'}}{Z_A}=\frac{190.5\angle -30^\circ}{10}\ \text{A}=19.05\angle -30^\circ \text{A}$$

$$\dot{I}_B=\frac{\dot{U}_{BN'}}{Z_B}=\frac{330\angle -120^\circ}{10}\ \text{A}=33\angle -120^\circ\ \text{A}$$

$$\dot{I}_C=\frac{\dot{U}_{CN'}}{Z_C}=\frac{190.5\angle 150^\circ}{5\angle 60^\circ}\ \text{A}=38.1\angle 90^\circ\ \text{A}$$

由上述分析可以看出，当三相电源对称，而负载不对称时，如果接中性线，则可以保证负载的相电压对称。如果不接中性线，则负载的中性点N′与电源的中性点N之间存在电压$\dot{U}_{N'N}$，它将造成负载的相电压不对称，会出现负载相电压过高或过低的现象，使负载不能正常工作。所以供电系统规定，在三相四线制供电系统中，中性线上不允许接熔短器和开关。

例7-2　图7-8所示三相对称电路，线电流有效值为2 A，若A相负载短接，求各线电流有效值。

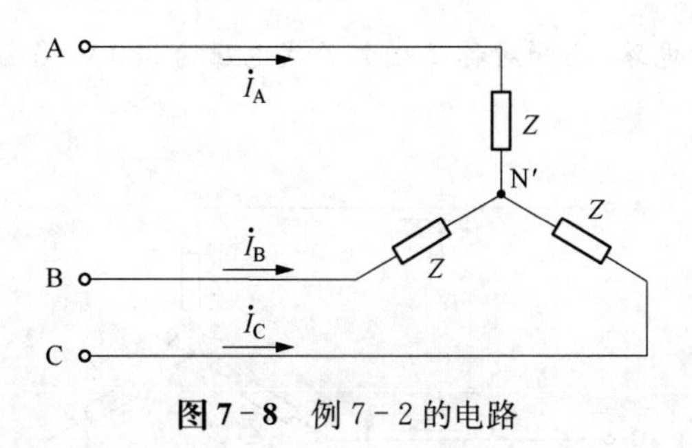

图7-8　例7-2的电路

解：设电源的相电压

$$\dot{U}_A=U\angle 0^\circ\ \text{V}$$

因为是三相对称电路，所以负载的相电压等于电源的相电压，即

$$\dot{U}_{AN'}=\dot{U}_A=U\angle 0^\circ\ \text{V}$$

A线的线电流等于相电流，即

$$\dot{I}_A=\frac{\dot{U}_{AN'}}{Z_A}=\frac{\dot{U}_A\angle 0^\circ}{|Z_A|\angle\varphi_Z}=I_A\angle -\varphi_Z=2\angle -\varphi_Z$$

则
$$I_{\mathrm{A}}=\frac{U_{\mathrm{AN'}}}{|Z|}=\frac{U}{|Z|}=2\ \mathrm{A}$$

若A相负载短接，即A相负载的阻抗为零，构成不对称电路，此时负载的相电压不再等于电源的相电压，两个中性点之间的电压

$$\dot{U}_{\mathrm{N'N}}=\dot{U}_{\mathrm{A}}=U\angle 0^\circ$$

B相负载和C相负载的相电压分别为

$$\dot{U}_{\mathrm{BN'}}=\dot{U}_{\mathrm{B}}-\dot{U}_{\mathrm{N'N}}=\dot{U}_{\mathrm{B}}-\dot{U}_{\mathrm{A}}=\dot{U}_{\mathrm{BA}}$$
$$\dot{U}_{\mathrm{CN'}}=\dot{U}_{\mathrm{C}}-\dot{U}_{\mathrm{N'N}}=\dot{U}_{\mathrm{C}}-\dot{U}_{\mathrm{A}}=\dot{U}_{\mathrm{CA}}$$
$$\dot{U}_{\mathrm{BA}}=-\dot{U}_{\mathrm{AB}}=-\sqrt{3}U\angle 30^\circ=\sqrt{3}U\angle-150^\circ$$
$$\dot{U}_{\mathrm{CA}}=\sqrt{3}\dot{U}_{\mathrm{C}}\angle 30^\circ=[\sqrt{3}\dot{U}_{\mathrm{A}}\angle(120^\circ+30^\circ)]=\sqrt{3}U\angle 150^\circ$$

所以，各线电流为

$$\dot{I}_{\mathrm{B}}=\frac{\dot{U}_{\mathrm{BA}}}{|Z|\angle\varphi_Z}=\frac{\sqrt{3}U\angle-150^\circ}{|Z|\angle\varphi_Z}=\sqrt{3}\ \frac{U\angle-150^\circ}{|Z|\angle\varphi_Z}=2\sqrt{3}\angle(-150^\circ-\varphi_Z)$$
$$\dot{I}_{\mathrm{C}}=\frac{\dot{U}_{\mathrm{CA}}}{|Z|\angle\varphi_Z}=\frac{\sqrt{3}U\angle 150^\circ}{|Z|\angle\varphi_Z}=\sqrt{3}\ \frac{U\angle 150^\circ}{|Z|\angle\varphi_Z}=2\sqrt{3}\angle(150^\circ-\varphi_Z)$$
$$\dot{I}_{\mathrm{A}}=-(\dot{I}_{\mathrm{B}}+\dot{I}_{\mathrm{C}})=-2\sqrt{3}\angle(-150^\circ-\varphi_Z)+2\sqrt{3}\angle(150^\circ-\varphi_Z)$$

则各线电流的有效值分别为

$$I_{\mathrm{A}}=6\ \mathrm{A},\ I_{\mathrm{B}}=2\sqrt{3}\ \mathrm{A},\ I_{\mathrm{C}}=2\sqrt{3}\ \mathrm{A}$$

例7-3 图7-9所示电路，已知对称三相电源线电压为380 V，负载阻抗$Z=120+\mathrm{j}90\ \Omega$，求负载$Z$的相电压和线电流。

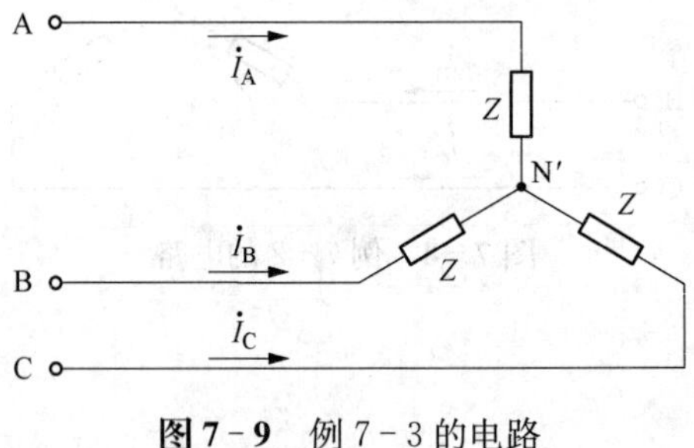

图7-9 例7-3的电路

解: 因为电路为对称负载，所以可以不接中性线，负载的相电压等于电源的相电压，并且只计算A相，其他两相可由对称关系写出。

由三相对称电源线电压和相电压的关系

$$U_{\mathrm{p}}=\frac{U_{\mathrm{l}}}{\sqrt{3}}=\frac{380}{\sqrt{3}}\ \mathrm{V}=220\ \mathrm{V}$$

设 $\dot{U}_A = 220\angle 0°$ V，则 A 相负载的相电压

$$\dot{U}_{AN'} = \dot{U}_A = 220\angle 0°\ \text{V}$$

根据对称性，得 B 相和 C 相负载的相电压为

$$\dot{U}_{BN'} = \dot{U}_B = 220\angle -120°\ \text{V},$$

$$\dot{U}_{CN'} = \dot{U}_C = 220\angle 120°\ \text{V}$$

则 A 线的线电流

$$\dot{I}_A = \frac{\dot{U}_{AN'}}{Z} = \frac{220\angle 0°}{120 + \text{j}90}\ \text{A} = 1.47\angle -36.9°\ \text{A}$$

根据对称关系，B 线、C 线的线电流为

$$\dot{I}_B = \dot{I}_A\angle -120° = 1.47\angle -156.9°\ \text{A}$$

$$\dot{I}_C = \dot{I}_A\angle 120° = 1.47\angle 83.1°\ \text{A}$$

7.2.2　三相负载的三角形联结

当三相负载的额定电压等于三相电源的线电压时，三相负载采用三角形联结，如图 7－10 所示。当负载三角形联结时，每个负载两端的电压即负载的相电压等于对应的线电压，因为线电压是对称的，所以三角形联结负载的相电压始终是对称的。若电源的线电压为 U_l，则三个负载 Z_1、Z_2、Z_3 的相电压分别为

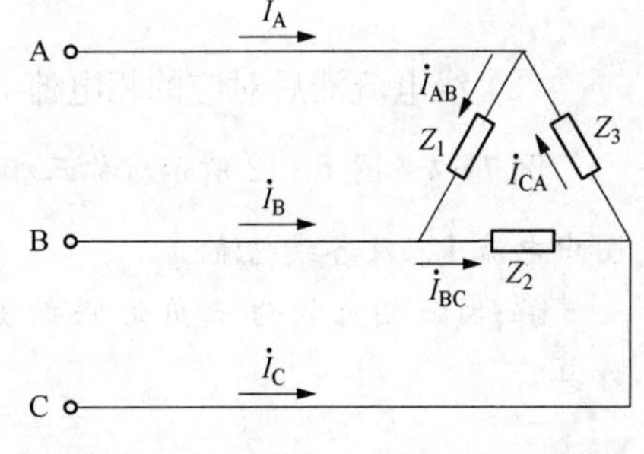

图 7－10　负载做三角形联结的电路

$$\dot{U}_{AB} = \sqrt{3}\dot{U}_A\angle 30° = U_l\angle 30°$$

$$\dot{U}_{BC} = \sqrt{3}\dot{U}_B\angle 30° = U_l\angle -90°$$

$$\dot{U}_{CA} = \sqrt{3}\dot{U}_C\angle 30° = U_l\angle 150°$$

通过每相负载的相电流，分别为

$$\dot{I}_{AB} = \frac{\dot{U}_{AB}}{Z_1} \tag{7-12}$$

$$\dot{I}_{BC} = \frac{\dot{U}_{BC}}{Z_2} \tag{7-13}$$

$$\dot{I}_{CA} = \frac{\dot{U}_{CA}}{Z_3} \tag{7-14}$$

根据基尔霍夫电流定律的相量形式，可得线电流为

$$\dot{I}_A = \dot{I}_{AB} - \dot{I}_{CA} \tag{7-15}$$

$$\dot{I}_B = \dot{I}_{BC} - \dot{I}_{AB} \tag{7-16}$$

$$\dot{I}_{C}=\dot{I}_{CA}-\dot{I}_{BC} \tag{7-17}$$

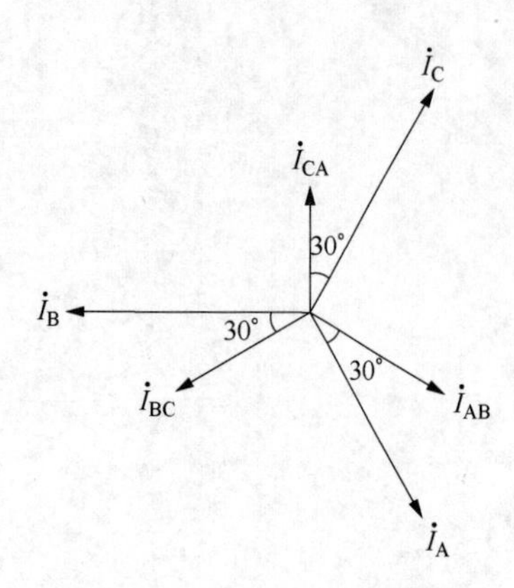

图 7-11 三角形对称负载线电流和相电流的关系

对于三角形联结的负载，相电流与线电流是不相等的。

当三个负载阻抗对称时，由式(7-12)～式(7-14)得出三角形联结负载的相电流对称，其相量关系如图 7-11 所示，由图可以得出线电流和相电流的关系：

$$\dot{I}_{A}=\sqrt{3}\,\dot{I}_{AB}\angle-30° \tag{7-18}$$

$$\dot{I}_{B}=\sqrt{3}\,\dot{I}_{BC}\angle-30° \tag{7-19}$$

$$\dot{I}_{C}=\sqrt{3}\,\dot{I}_{CA}\angle-30° \tag{7-20}$$

当对称负载三角形联结时，有如下结论：

(1) 负载的相电压等于电源的线电压。

(2) 因为负载的相电流 I_p 对称，所以线电流 I_l 也对称，线电流是相电流的$\sqrt{3}$倍，即

$$I_l=\sqrt{3}\,I_p$$

(3) 线电流滞后对应的相电流 30°。

例 7-4 图 7-12 所示对称三相电路中，已知 $\dot{U}_A=220\angle0°$ V，负载阻抗 $Z=(40+j30)\Omega$。求图中电流 $\dot{I}_{AB}$ 及各线电流。

解：因三相负载为三角形联结并构成对称电路，所以可以根据线电流和相电流的关系计算。

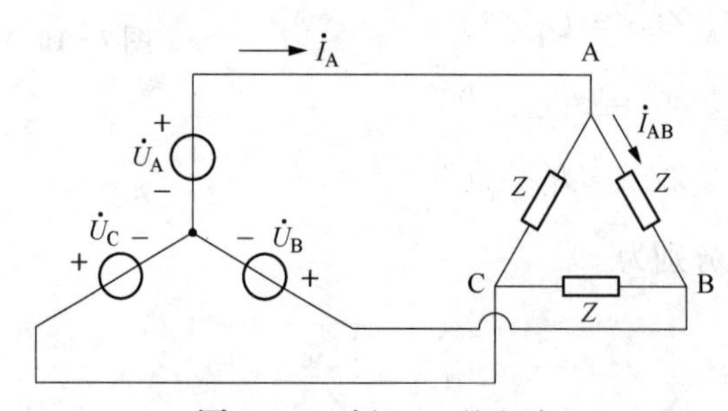

图 7-12 例 7-4 的电路

已知相电压 $$\dot{U}_A=220\angle0°\text{ V}$$

所以线电压 $$\dot{U}_{AB}=380\angle30°\text{ V}$$

则相电流

$$\dot{I}_{AB}=\frac{\dot{U}_{AB}}{Z}=\frac{380\angle30°}{40+j30}\text{ A}=\frac{380\angle30°}{50\angle36.9°}\text{ A}=7.6\angle-6.9°\text{ A}$$

线电流 $$\dot{I}_A=\sqrt{3}\,\dot{I}_{AB}\angle-30°=13.2\angle-36.9°\text{ A}$$

可以根据对称关系写出B线、C线的线电流

$$\dot{I}_B = 13.2\angle -156.9^\circ \text{ A}$$
$$\dot{I}_C = 13.2\angle 83.1^\circ \text{ A}$$

例7-5　图7-13所示电路，已知负载阻抗 $Z_1 = 38\ \Omega$，$Z_2 = 19 + \text{j}19\ \Omega$，$Z_3 = 19 - \text{j}19\ \Omega$，相电压 $\dot{U}_A = 220\angle 0^\circ$ V。求各线电流 $\dot{I}_A$、$\dot{I}_B$、$\dot{I}_C$。

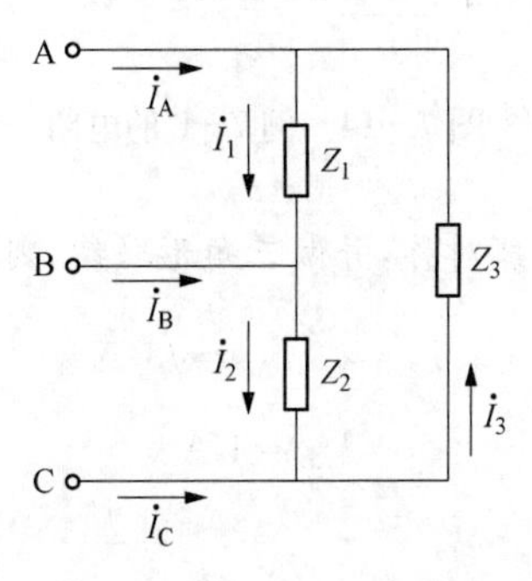

图7-13　例7-5的电路

解：根据已知 $\dot{U}_A = 220\angle 0^\circ$ V，得

$$\dot{U}_{AB} = 380\angle 30^\circ \text{ V},\ \dot{U}_{BC} = 380\angle -90^\circ \text{ V},\ \dot{U}_{CA} = 380\angle 150^\circ \text{ V}$$

则线电流

$$\begin{aligned}\dot{I}_A &= \dot{I}_1 - \dot{I}_3 = \frac{\dot{U}_{AB}}{Z_1} - \frac{\dot{U}_{CA}}{Z_3} = \left(\frac{380\angle 30^\circ}{38} - \frac{380\angle 150^\circ}{19 - \text{j}19}\right) \text{A} \\ &= (10\angle 30^\circ - 14.14\angle -165^\circ) \text{A} \\ &= (8.66 + \text{j}5 + 13.66 + \text{j}3.66) \text{A} \\ &= 23.9\angle 21.2^\circ \text{ A}\end{aligned}$$

$$\begin{aligned}\dot{I}_B &= \dot{I}_2 - \dot{I}_1 = \frac{\dot{U}_{BC}}{Z_2} - \frac{\dot{U}_{AB}}{Z_1} = \left(\frac{380\angle -90^\circ}{19 + \text{j}19} - \frac{380\angle 30^\circ}{38}\right) \text{A} \\ &= (14.14\angle -135^\circ - 10\angle 30^\circ) \text{A} \\ &= (-10 - \text{j}10 - 8.66 - \text{j}5) \text{A} \\ &= (-18.66 - \text{j}15) \text{A} \\ &= 23.9\angle -141.2^\circ \text{ A}\end{aligned}$$

$$\begin{aligned}\dot{I}_C &= \dot{I}_3 - \dot{I}_2 = \frac{\dot{U}_{CA}}{Z_3} - \frac{\dot{U}_{BC}}{Z_2} = \left(\frac{380\angle 150^\circ}{19 - \text{j}19} - \frac{380\angle -90^\circ}{19 + \text{j}19}\right) \text{A} \\ &= (14.14\angle -165^\circ - 14.14\angle -135^\circ) \text{A} \\ &= 7.32\angle 120^\circ \text{ A}\end{aligned}$$

例7-6　图7-14所示电路是三相对称负载，线电流有效值 $I_1 = \sqrt{3}$ A，现电路在P点断开，求各线电流的有效值。

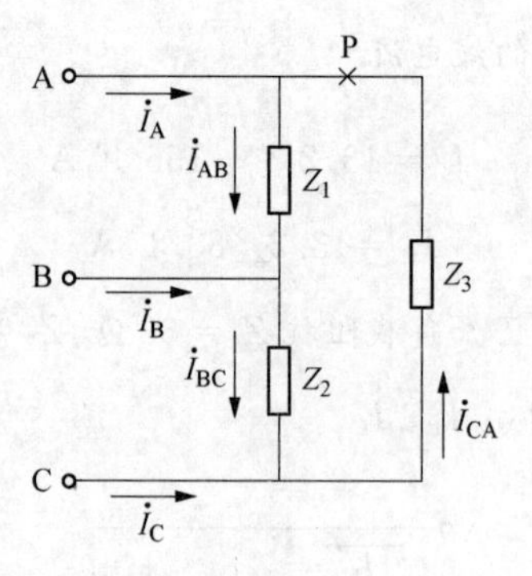

图 7-14 例 7-6 的电路

解:根据图示电路,由于三相负载对称,并做三角形联结,则

$$I_A=\sqrt{3}\,I_{AB}=\sqrt{3}\ \text{A}$$

因此,相电流为
$$I_{AB}=1\ \text{A}$$

因为是对称性负载,得

$$I_{AB}=I_{BC}=I_{CA}=1\ \text{A}$$

当电路在 P 点发生断路时,AB 相负载、BC 相负载的相电压仍然保持不变,所以相电流也不变;CA 相负载的相电压等于零,有

$$I_{AB}=I_{BC}=1\ \text{A},\ I_{CA}=0$$

P 点发生断路时,对各结点应用基尔霍夫电流定律,得

$$\dot{I}_A=\dot{I}_{AB}$$
$$\dot{I}_B=\dot{I}_{BC}-\dot{I}_{AB}$$
$$\dot{I}_C=-\dot{I}_{BC}$$

得出各线电流有效值

$$I_A=I_{AB}=1\ \text{A}$$
$$I_C=I_{BC}=1\ \text{A}$$
$$I_B=\sqrt{3}\ \text{A}$$

7.3 三相功率

7.3.1 三相电路的有功功率

对三相电路而言,三相负载吸收的有功功率等于每相负载吸收的有功功率之和,即

$$P=P_A+P_B+P_C$$

P_A、P_B、P_C 分别为三相负载的有功功率,根据有功功率的计算公式

$$P_A=U_{Ap}I_{Ap}\cos\varphi_A \tag{7-21}$$

$$P_B=U_{Bp}I_{Bp}\cos\varphi_B \tag{7-22}$$

$$P_C = U_{Cp} I_{Cp} \cos\varphi_C \qquad (7-23)$$

U_p 表示每相负载的相电压，I_p 表示每相负载的相电流，φ 表示每相负载的功率因数角，如对A相负载

$$\varphi_A = \varphi_{uAp} - \varphi_{iAp} = \varphi_{AZ}$$

每相负载的功率因数角，等于每相负载的相电压与相电流的相位差，也等于负载的阻抗角。

如果是对称负载，则每相负载吸收的有功功率相同，设每相负载的相电压有效值为 U_p，相电流有效值为 I_p，负载阻抗为 $Z = |Z| \angle\varphi$，则每相负载的有功功率为

$$P_A = P_B = P_C = U_p I_p \cos\varphi$$

所以三相对称负载吸收的总的有功功率为

$$P = 3U_p I_p \cos\varphi \qquad (7-24)$$

当负载星形联结时，线电压是相电压的$\sqrt{3}$倍，即 $U_p = \frac{1}{\sqrt{3}} U_l$，线电流等于相电流，即 $I_p = I_l$；当负载三角形联结时，线电压等于相电压，即 $U_p = U_l$，线电流是相电流的$\sqrt{3}$倍，即 $I_p = \frac{1}{\sqrt{3}} I_l$，所以不论负载以何种方式联结，三相负载吸收的有功功率也可以按如下公式计算：

$$P = \sqrt{3} U_l I_l \cos\varphi \qquad (7-25)$$

在式(7-25)中，电压、电流用线电压、线电流表示；但功率因数角 φ 不是线电压和线电流的相位差，而仍是相电压和相电流的相位差，即负载的阻抗角。

7.3.2　三相电路的无功功率

三相负载的无功功率是每相负载的无功功率之和：

$$Q = Q_A + Q_B + Q_C \qquad (7-26)$$

如果负载对称，则

$$Q = 3Q_p = 3U_p I_p \sin\varphi = \sqrt{3} U_l I_l \sin\varphi \qquad (7-27)$$

7.3.3　三相电路的视在功率

由于视在功率不守恒，所以三相电路的视在功率通过有功功率和无功功率计算：

$$S = \sqrt{P^2 + Q^2}$$

如果负载对称，则

$$S = \sqrt{P^2 + Q^2} = 3U_p I_p = \sqrt{3} U_l I_l \qquad (7-28)$$

注意，对视在功率而言，

$$S \neq S_A + S_B + S_C$$

例7-7　在图7-15所示的三相对称电路中，已知电源线电压 $U_l = 380$ V，每相负载 $R = 40\ \Omega$，$\frac{1}{\omega C} = 30\ \Omega$，求三相负载的有功功率 P 和无功功率 Q。

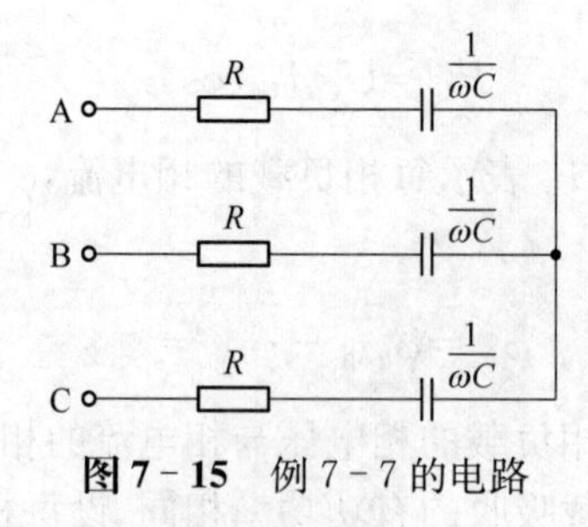

图 7-15 例 7-7 的电路

解:根据三相电路功率计算公式

$$P = 3U_{\mathrm{p}} I_{\mathrm{p}} \cos\varphi$$

首先求相电流,因是三相对称电路,所以

$$I_{\mathrm{p}} = \frac{U_{\mathrm{p}}}{|Z|} = \frac{220}{|40 - \mathrm{j}30|}\ \mathrm{A} = 4.4\ \mathrm{A}$$

负载的阻抗角

$$\varphi = \arctan\frac{-30}{40} = -36.9^{\circ}$$

所以功率因数

$$\cos\varphi = 0.8$$

则三相负载的有功功率

$$P = 3U_{\mathrm{p}} I_{\mathrm{p}} \cos\varphi = 3 \times 220 \times 4.4 \times 0.8\ \mathrm{W} = 2\,323.2\ \mathrm{W}$$

无功功率为

$$Q = 3U_{\mathrm{p}} I_{\mathrm{p}} \sin\varphi = 3 \times 220 \times 4.4 \times 0.6\ \mathrm{Var} = 1\,742.4\ \mathrm{Var}$$

例 7-8 一台 $f=50$ Hz的三相对称电源,向三角形联结的对称感性负载提供 10 kV·A 的视在功率和 5 kW 的有功功率,已知负载线电流为 25 A,求感性负载的参数 R、L。

解:根据式(7-25)、式(7-28),

$$P = \sqrt{3} U_{\mathrm{l}} I_{\mathrm{l}} \cos\varphi$$

$$S = \sqrt{P^2 + Q^2} = 3U_{\mathrm{p}} I_{\mathrm{p}} = \sqrt{3} U_{\mathrm{l}} I_{\mathrm{l}}$$

求出负载的功率因数为

$$\cos\varphi = \frac{P}{S} = \frac{5}{10} = 0.5$$

感性负载的阻抗角为

$$\varphi = \arccos 0.5 = 60^{\circ}$$

根据视在功率的计算公式,求得线电压

$$U_{\mathrm{l}} = \frac{S}{\sqrt{3} I_{\mathrm{l}}} = \frac{10 \times 10^3}{\sqrt{3} \times 25}\ \mathrm{V} \approx 230\ \mathrm{V}$$

因为负载三角形联结,线电流是负载相电流的$\sqrt{3}$倍,所以负载相电流为

$$I_p = \frac{1}{\sqrt{3}} I_l = \frac{1}{\sqrt{3}} \times 25\ \text{A} \approx 14.4\ \text{A}$$

负载相电压等于线电压

$$U_p = U_l = 230\ \text{V}$$

每相负载阻抗模

$$|Z| = \frac{U_p}{I_p} = \frac{230}{14.4}\ \Omega \approx 16\ \Omega$$

所以每相负载的阻抗

$$Z = |Z| \angle 60° = 16(\cos 60° + \text{j}\sin 60°)\Omega = (8 + \text{j}13.9)\Omega$$

$$\omega L = 13.9\ \Omega$$

$$L = \frac{13.9}{\omega} = \frac{13.9}{2\pi f} = \frac{13.9}{314}\text{H} = 0.044\ \text{H}$$

感性负载的参数为 $R = 8\ \Omega$，$L = 0.044\ \text{H}$。

习　题

1. 如图 7-16 所示的三相对称星形联结电路中，若已知 $Z = 110\angle -30°\ \Omega$，线电流 $\dot{I}_A = 2\angle 30°\ \text{A}$。

(1) 求线电压 $\dot{U}_{AC}$；

(2) 若 C 相负载短路，求各线电流的有效值。

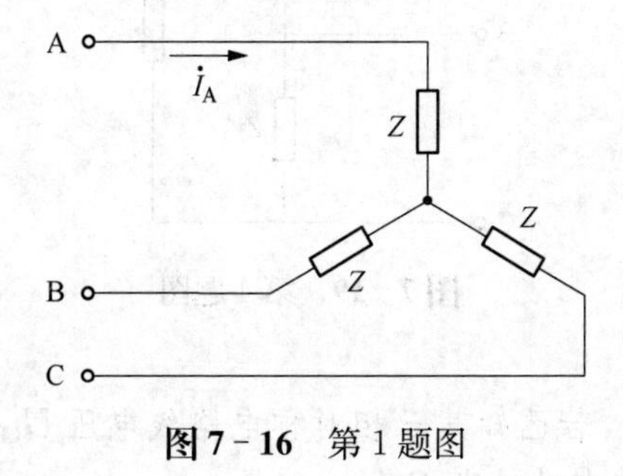

图 7-16　第 1 题图

2. 如图 7-17 所示的三相电路，三个线电流有效值均相等 $I_A = I_B = I_C = 12\ \text{A}$，求中性线电流的有效值 I_N。

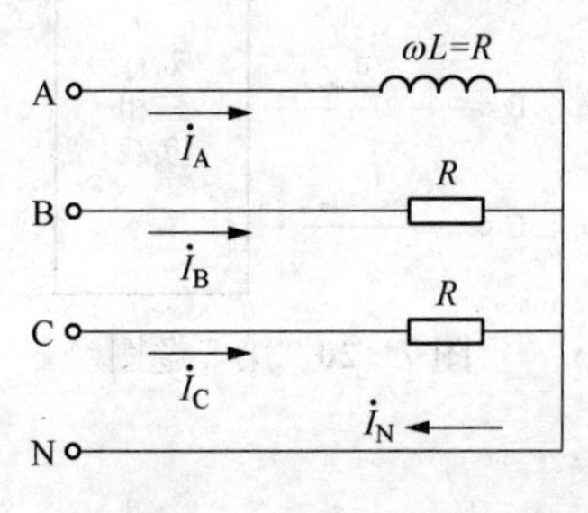

图 7-17　第 2 题图

3. 图 7-18 所示三相四线制电路中，线电压为 380 V，$X_L = X_C = R = 100\ \Omega$，求：

(1) 三相负载的相电压、相电流；

(2) 中性线电流；

(3) 三相功率 P、Q。

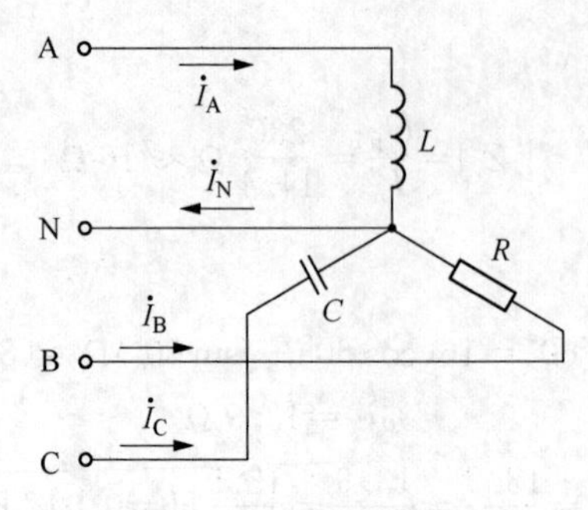

图 7-18 第 3 题图

4. 如图 7-19 所示三相对称电路中，已知电源线电压 $U_1 = 380$ V，三角形联结负载的阻抗 $Z_1 = (30 + \mathrm{j}30)\ \Omega$，$Z_2 = (50 + \mathrm{j}50)\ \Omega$，$Z_3 = 50\ \Omega$。求：

(1) 三角形联结负载的相电压；

(2) 负载的相电流和线电流；

(3) 三相负载的有功功率。

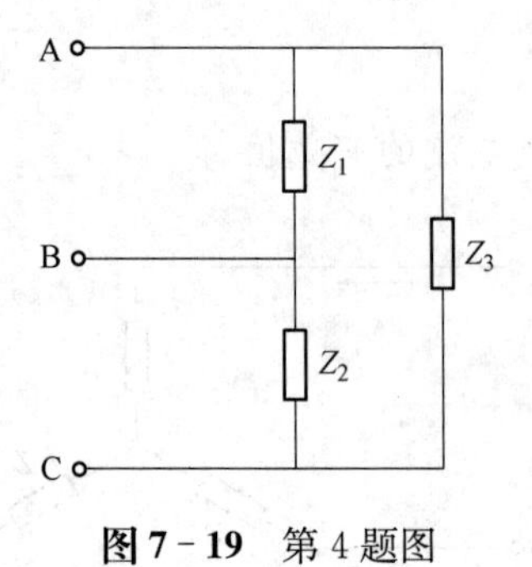

图 7-19 第 4 题图

5. 如图 7-20 所示电路，若已知某三相对称电路线电压 $\dot{U}_{CB} = 380\angle 30^\circ$ V，线电流 $\dot{I}_A = 2\angle -90^\circ$ A，求该电路的三相有功功率 P。

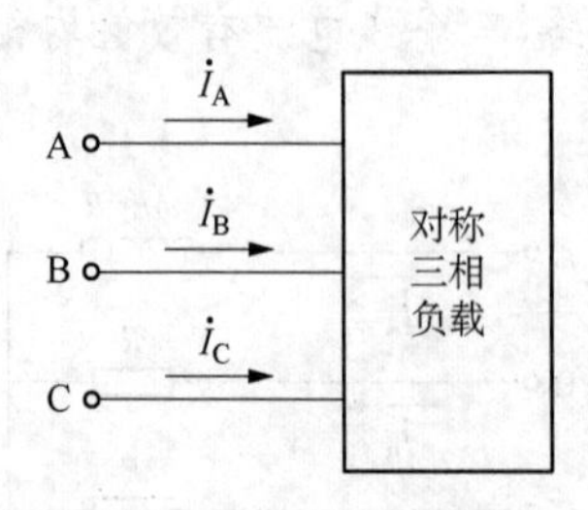

图 7-20 第 5 题图

6. 三相对称负载星形联结，每相阻抗，$Z=30+\mathrm{j}40\ \Omega$ 三相对称星形联结电源的线电压为 220 V。

(1) 求各相负载的相电压、相电流、线电流；

(2) 求三相负载的有功功率；

(3) 画出负载相电压、线电压相量图。

7. 三相对称负载三角形联结，电源频率为 $f=50$ Hz，线电压为 380 V，线电流为 20 A，三相负载总的有功功率为 11.43 kW，求每相负载的电阻和电感。

8. 如图 7-21 所示电路中，三相对称电源的线电压为 380 V，三相对称三角形联结负载的阻抗 $Z=90+\mathrm{j}90\ \Omega$。求：

(1) 三相负载的相电压；

(2) 三相负载的相电流；

(3) 三相负载的线电流；

(4) 三相负载的有功功率。

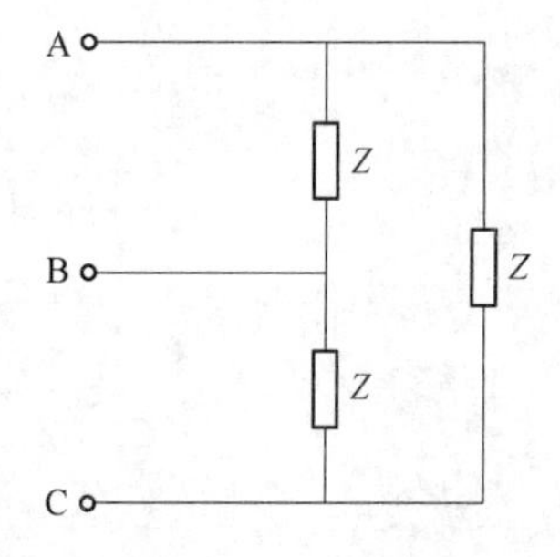

图 7-21 第 8 题图

9. 一台 $f=50$ Hz 的三相对称电源，向星形联结的对称感性负载提供 33 kV·A 的视在功率和 26.3 kW 的有功功率，已知负载线电流为 50 A，求感性负载的参数 R、L。

10. 三相电路如图 7-22 所示，电源线电压 $U_1=380$ V，接有两组三相对称负载，已知 $Z_1=80-\mathrm{j}60\ \Omega$、$Z_2=30+\mathrm{j}40\ \Omega$，求总的线电流 I_1 和总的有功功率。

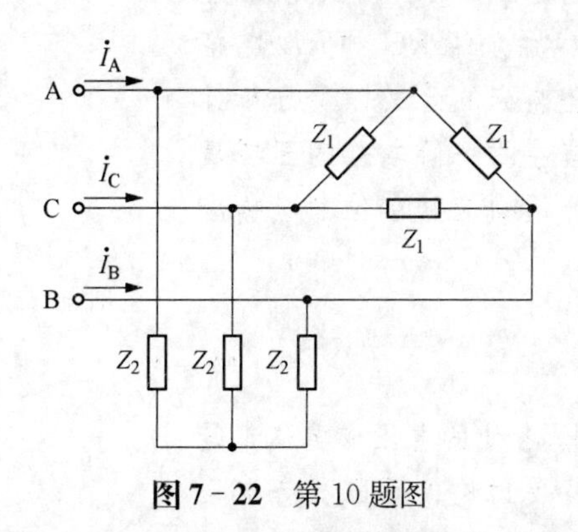

图 7-22 第 10 题图

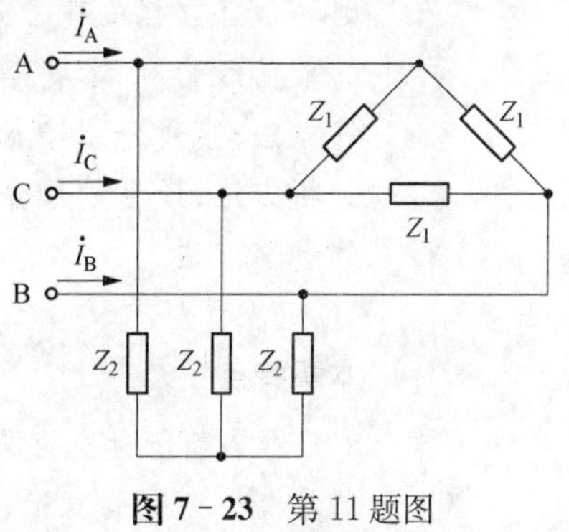

图 7-23 第 11 题图

11. 电源线电压 $U_1=380$ V 的三相对称电源，接有两组三相对称负载：一组是接成三角形的感性负载，三角形负载的有功功率为 34.66 kW，功率因数 $\cos\varphi=0.8$；另一组是接成星形的感性负载，每相阻抗为 $Z_2=10+\mathrm{j}10\ \Omega$，如图 7-23 所示。求：

(1) 各组负载的相电流及总的线电流；

(2) 三相负载总的有功功率。

第 8 章

动态电路的时域分析

本章内容

本章主要研究电路的过渡过程。首先介绍换路定则和动态方程的建立及解法；然后介绍 RC 和 RL 电路的零输入响应、零状态响应和全响应的含义以及分析计算方法；接着介绍输入为直流信号的一阶电路的三要素分析方法；最后简单介绍单位阶跃响应和单位冲激响应的计算方法。

本章特点

在前面所讨论的直流电路中，各处的电压或电流都是数值大小稳定的直流；在后面将要讨论的正弦稳态电路中，各处的电流电压都是幅值稳定的正弦交流，这样的工作状态称为电路的稳定状态(稳态)。当电路的工作条件发生变化时，电路就要从原来的稳态经历一定时间后达到新的稳态，这一过程称为过渡过程。由于持续的时间短，又称为暂态。它通常由理想开关的接通或断开来实现，简称换路。例如 RC 串联后接到直流电源上，电容的电压从零逐渐增长到稳态值，而电容的充电电流从某一数值逐渐衰减到零。

8.1　换路定则及其应用

自然界的任何物质在一定的稳态下，都具有一定形式的能量。当条件改变时，能量随着改变，但能量的积累或衰减是需要一定时间的，不能跃变，这就是能量的连续变化原理。如电动机的转速不能跃变，这是因为动能连续变化；电动机绕组的温度不能跃变，这是因为它吸收或释放的热能连续变化。能量之所以连续变化，是因为不存在无穷大的功率。

8.1.1　换路定则

首先，如图 8－1 所示的理想开关，它除了原先具有的理想特性外，还有开关动作的瞬时性。尽管开关动作不需要时间，但需要区分动作前和动作后这两个不同的时刻。若令 $t=0$ 时为开关动作，规定 $t=0_-$ 为动作前的最后一瞬间，而规定 $t=0_+$ 为动作后的一瞬间。可以认为 0_- 和 0_+ 是 $t=0$ 的左右极限。图 8－1a 的开关 $t=0_-$ 断开，而 $t=0_+$ 时开关已接通；图 8－1b 的情况正好相反。

图 8－1　理想开关

如果电容元件的储能 $W_C=\frac{1}{2}Cu_C^2$ 或电感的储能 $W_L=\frac{1}{2}Li_L^2$ 发生突变，则要求电源提供的功率 $P=\frac{\mathrm{d}w}{\mathrm{d}t}$ 达到无穷大，这在实际电路中是不可能的。所以 u_C 和 i_L 只能是连续变化，由此得出确定暂态过程初始值的重要定则 —— 换路定则。

在 $t=0$ 时换路，开关动作前的最后一瞬间（$t=0_-$）时的电容电压和电感电流值与动作后的最初一瞬间（$t=0_+$）的电容电压和电感电流值是相同的，即 u_C 和 i_L 不发生跃变：

$$\left.\begin{aligned} u_C(0_+)&=u_C(0_-)\\ i_L(0_+)&=i_L(0_-)\end{aligned}\right\} \tag{8-1}$$

式中，u_C、i_L 是不能跃变并不是不变，而是在换路前后连续变化。

需要指出的是，由于电阻元件不是储能元件，因而电阻电路不存在暂态过程。由于电容电流和电感电压与元件的储能没有直接关系，所以电容的电流 i_C 和电感的电压 u_L 是可以跃变的（不连续）。

8.1.2　动态电路方程的列写

无论是电阻电路还是动态电路，电路中各支路的电压和电流都要分别满足 KVL、KCL 和元件的约束。两者最大的不同在于电阻电路中所有元件（电阻和电源）的约束都是代数关系，而动态电路中电感或电容的元件约束是用微分或积分的形式来表征的。因此，用来描述电阻电路的是一个或一组代数方程，而用来描述动态电路的则是一个或一组微分方程。如果电路中的电感或电容元件是线性非时变的，那么描述此电路的就是一个或一组常系数线性微分方程。

例 8-1 电路如图 8-2 所示,列写电路方程。

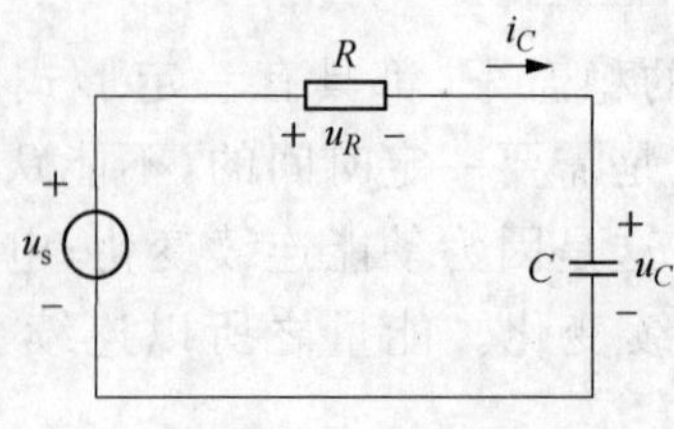

图 8-2 例 8-1 图

解:这是一个简单的 RC 串联电路。图 8-2 中电阻和电容上流过的电流都是 i_C。根据 KVL 和欧姆定律,有

$$u_s = u_R + u_C = Ri_C + u_C$$

又根据电容的 u-i 关系,有

$$i_C = C\frac{du_C}{dt}$$

将该式代入上式,得

$$u_s = RC\frac{du_C}{dt} + u_C$$

这是一个关于 u_C 的一阶常系数线性微分方程。如果能够求解出 u_C,那么就可以得到电路中所有元件或之路上的电压和电流。

例 8-2 电路如图 8-3 所示,列写电路方程。

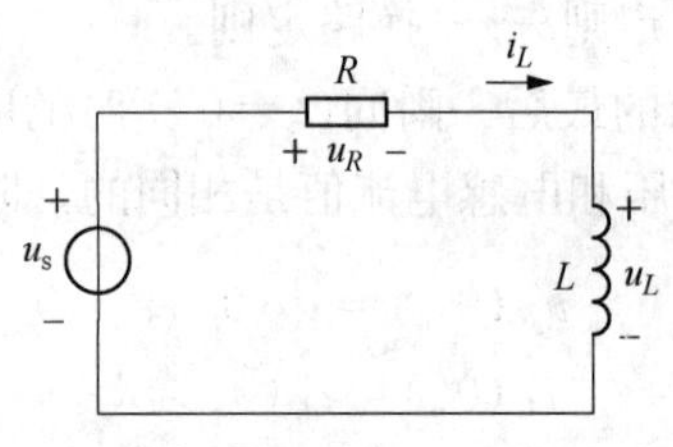

图 8-3 例 8-2 图

解:这是一个 RL 串联电路,显然 R、L 中流过的电流都是 i_L。根据 KVL 有

$$u_s = u_R + u_L$$

又根据电感的电压-电流关系有

$$u_L = L\frac{di_L}{dt}$$

将该式代入上式,并利用电阻上的电压-电流关系(欧姆定律),得

$$u_s = L\frac{di_L}{dt} + Ri_L$$

这是一个关于 i_L 的一阶常系数线性微分方程。如果能够求解出 i_L,那么就可以得到电路中所有元

件或之路上的电压和电流。

例 8-3　电路如图 8-4 所示，列写电路方程。

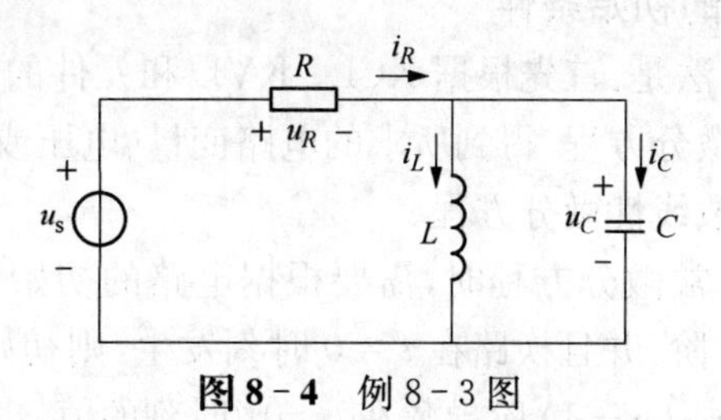

图 8-4　例 8-3图

解:由 KCL 和电容上的电压-电流关系，得

$$i_R = i_L + i_C = i_L + C\frac{\mathrm{d}u_C}{\mathrm{d}t}$$

又 $u_C = L\dfrac{\mathrm{d}i_L}{\mathrm{d}t}$，代入上式，得

$$i_R = i_L + LC\frac{\mathrm{d}^2 i_L}{\mathrm{d}t^2}$$

由 KVL 和欧姆定律，得

$$u_s = u_R + u_C = Ri_R + u_C$$

整理得

$$u_s = R\left(i_L + LC\frac{\mathrm{d}^2 i_L}{\mathrm{d}t^2}\right) + L\frac{\mathrm{d}i_L}{\mathrm{d}t}$$

$$u_s = RLC\frac{\mathrm{d}^2 i_L}{\mathrm{d}t^2} + L\frac{\mathrm{d}i_L}{\mathrm{d}t} + Ri_L$$

上式是关于 i_L 的二阶常系数线性微分方程。如果能够求解出 i_L，就能求解出电路中所有元件或支路上的电压和电流。

对这个电路，还可以以电容电压 u_C 为变量，列写电路的微分方程。根据 KVL 和电容的电压-电流关系，有

$$i_L = \frac{1}{L}\int u_C\,\mathrm{d}t$$

则

$$i_R = \frac{1}{L}\int u_C\,\mathrm{d}t + C\frac{\mathrm{d}u_C}{\mathrm{d}t}$$

那么

$$u_s = R\left(\frac{1}{L}\int u_C\,\mathrm{d}t + C\frac{\mathrm{d}u_C}{\mathrm{d}t}\right) + u_C$$

方程两边取微分，整理得(设 $u_s = \mathrm{const}$)

$$RLC\frac{\mathrm{d}^2 u_C}{\mathrm{d}t^2} + L\frac{\mathrm{d}u_C}{\mathrm{d}t} + Ru_C = 0$$

如果能够求解出 u_C，也就能够解出电路中所有元件或支路上的电压和电流。

虽然以不同的支路量为变量，但是两个微分方程中各阶导数的系数是完全一样的。换言之，这两个微分方程的特征方程是一样的。为什么会出现这种现象呢？

8.1.3 动态电路方程的初始条件

分析动态电路的经典方法是：首先根据 KCL、KVL 和元件的电压-电流关系建立描述电路的微分方程，然后求解此微分方程，得到所求的电路变量（电压或电流）。对于线性非时变电路来说，建立的方程是常系数线性微分方程。

在经典法求解过程中解常微分方程时，需要根据电路的初始条件确定解中的积分常数。设描述电路的微分方程为 n 阶，并且换路在 $t=0$ 时刻发生，则初始条件就是指所求电路变量（电压或电流）及其1、2、…、$(n-1)$ 阶导数在 $t=0_+$ 时刻的值，也叫初始值。电容电压 u_C 和电感电流 i_L 的初始值，即 $u_C(0_+)$ 和 $i_L(0_+)$ 称为独立的初始条件，电路中其余变量的初始值称为非独立的初始条件。

对于线性电容，它在任一时刻的电压为

$$u_C(t)=u_C(t_0)+\frac{1}{C}\int_{t_0}^{t} i_C\,\mathrm{d}t$$

上式两边都乘以 C，得

$$q(t)=q(t_0)+\int_{t_0}^{t} i_C\,\mathrm{d}t$$

令 $t_0=0_-$，$t=0_+$，得

$$u_C(0_+)=u_C(0_-)+\frac{1}{C}\int_{0_-}^{0_+} i_C\,\mathrm{d}t$$

$$q(0_+)=q(0_-)+\int_{0_-}^{0_+} i_C\,\mathrm{d}t$$

从上两式可以看出：在换路发生前后即从 0_- 到 0_+ 的瞬间，如果电容电流 i_C 是有限值，那么这两式中的积分项就等于零，电容电压和电容上的电荷在换路前后保持不变，即

$$u_C(0_+)=u_C(0_-) \tag{8-2}$$

$$q(0_+)=q(0_-) \tag{8-3}$$

对于一个在 $t=0_-$ 时刻电压 $u_C(0_-)=U_0$ 的电容，如果在换路瞬间电容电流为有限值，则 $u_C(0_+)=u_C(0_-)=U_0$，在换路瞬间该电容可视为一个电压值为 U_0 的电压源。若 $t=0_-$ 时刻 $u_C(0_-)=0$，则在换路瞬间该电容相当于短路。

对于线性电感，它在任一时刻的电流为

$$i_L(t)=i_L(t_0)+\frac{1}{L}\int_{t_0}^{t} u_L\,\mathrm{d}t$$

上式两边都乘以 L，得

$$\Psi(t)=\Psi(t_0)+\int_{t_0}^{t} u_L\,\mathrm{d}t$$

令 $t_0=0_-$，$t=0_+$，得

$$i_L(0_+)=i_L(0_-)+\frac{1}{L}\int_{0_-}^{0_+}u_L\,\mathrm{d}t$$

$$\Psi(0_+)=\Psi(0_-)+\int_{0_-}^{0_+}u_L\,\mathrm{d}t$$

从上两式可以看出：在换路发生前后即从 0_- 到 0_+ 的瞬间，如果电感电压 u_L 是有限值，那么这两式中的积分项就等于零，电感中的电流和磁链在换路前后保持不变，即

$$i_L(0_+)=i_L(0_-) \tag{8-4}$$

$$\Psi(0_+)=\Psi(0_-) \tag{8-5}$$

对于一个在 $t=0_-$ 时刻电流为 $i_L(0_-)=I_0$ 的电感，如果在换路瞬间电感两端电压为有限值，则有 $i_L(0_+)=i_L(0_-)=I_0$，在换路瞬间该电感可视为一个电流值为 I_0 的电流源。若 $t=0_-$ 时刻 $i_L(0_-)=0$，则在换路瞬间该电感相当于开路。

式(8-2)～式(8-5)分别说明了在换路瞬间，若电容电流和电感电压为有限值，那么电容电压和电感电流在换路前后保持不变。

根据换路定律可知，动态电路中电容电压 $u_C(0_+)$ 和电感电流 $i_L(0_+)$ 可以根据它们在电路发生换路前的值 $u_C(0_-)$ 和 $i_L(0_-)$ 来确定。而电路中其他变量的初始值，如电阻的电压电流、电容电流和电感电压则需要通过电容电压和电感电流的初始条件来求得。由换路定则求动态过程初始值的步骤如下：

(1) 画出 $t=0_-$ 时的电路图，求出 $u_C(0_-)$ 和 $i_L(0_-)$。通常通过两种情况已知 $t=0_-$ 时的值：① 电路在开关动作前已达到稳定状态（或开关动作时间已经很长），如果是直流稳态，则电容相当于开路，电感相当于短路，断开处求电容电压 $u_C(0_-)$，短路导线上求电感电流 $i_L(0_-)$；②开关动作前，电路中储能元件未储能，则 $u_C(0_-)=0$，$i_L(0_-)=0$。

(2) 由换路定则式(8-1)确定 $u_C(0_+)$ 和 $i_L(0_+)$。

(3) 画出 $t=0_+$ 时的电路图，并注意此时开关状态已发生变化。根据KCL、KVL及元件的VCR，并以 $u_C(0_+)$ 和 $i_L(0_+)$ 为已知条件，求出其他各电流电压初始值。

提示：一般情况下，其他电压电流 $t=0_+$ 时的值不一定等于 $t=0_-$ 时的值，不要想当然地认为它们相等。

例 8-4　如图 8-5 所示电路原已达稳定状态。试求开关 S 闭合后瞬间各电容电压和各支路的电流。

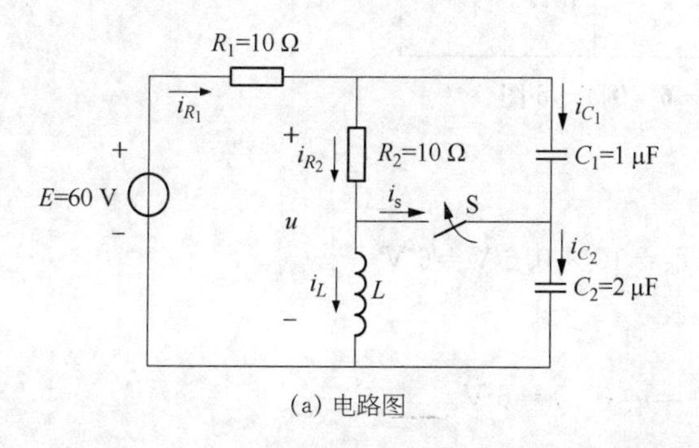

(a) 电路图

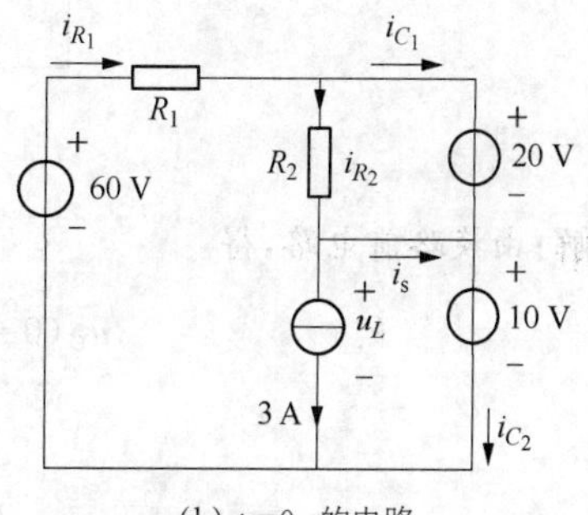

(b) $t=0_+$ 的电路

图 8-5　例 8-4 图

解:设电压、电流的参考方向如图 8-5a 所示。S 闭合前电路以稳定,电容相当于开路,并且利用电容的串联分压公式求各电容电压,电感相当于短路。故

$$u(0_-)=\frac{E}{R_1+R_2}\times R_2=\frac{60}{10+10}\times 10=30\text{ V}$$

$$u_{C_1}(0_-)=\frac{C_2}{C_1+C_2}\times u(0_-)=\frac{2}{1+2}\times 30=20\text{ V}$$

$$u_{C_2}(0_-)=\frac{C_2}{C_1+C_2}\times u(0_-)=\frac{1}{1+2}\times 30=10\text{ V}$$

$$i_L(0_-)=\frac{u(0_-)}{R_2}=\frac{30}{10}\text{ A}=3\text{ A}$$

换路瞬间,由换路定则

$$u_{C_1}(0_+)=u_{C_1}(0_-)=20\text{ V}$$
$$u_{C_2}(0_+)=u_{C_2}(0_-)=10\text{ V}$$
$$i_L(0_+)=i_L(0_-)=3\text{ A}$$

如图 8-5b 所示,在 $t=0_+$ 时刻的电路中,由于 $i_L(0_+)$ 已知,将电感元件用理想电流源代替;由于 $u_{C_1}(0_+)$ 和 $u_{C_2}(0_+)$ 已知,将电容元件用理想电压源代替得

$$i_{R_2}(0_+)=\frac{u_{C_1}(0_+)}{R_2}=\frac{20}{10}\text{ A}=2\text{ A}$$

$$i_S(0_+)=i_{R_2}(0_+)-i_L(0_+)=(2-3)\text{A}=-1\text{ A}$$

$$i_{R_1}(0_+)=\frac{E-[u_{C_1}(0_+)+u_{C_2}(0_+)]}{R_1}=\frac{60-(20+10)}{10}\text{ A}=3\text{ A}$$

$$i_{C_1}(0_+)=i_{R_1}(0_+)-i_{R_2}(0_+)=(3-2)\text{A}=1\text{ A}$$

$$i_{C_2}(0_+)=i_S(0_+)+i_{C_1}(0_+)=(-1+1)\text{A}=0\text{ A}$$

例 8-5 已知电路及参数如图 8-6 所示。开关 S 在 $t=0$ 时从位置 1 换接到位置 2,换路前电路已稳定。求 $u_C(0_+)$、$u_R(0_+)$ 和 $i(0_+)$。

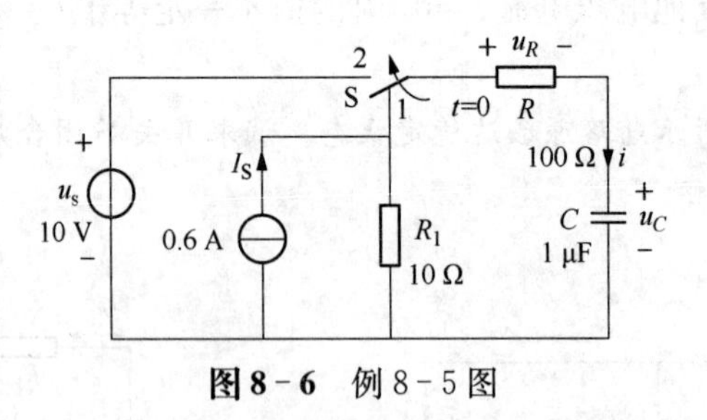

图 8-6 例 8-5 图

解:由换路前电路,得

$$u_C(0_-)=R_1 I_S=10\times 0.6\text{ V}=6\text{ V}$$

则

$$u_C(0_+)=u_C(0_-)=6\text{ V}$$

又由 KVL 得

$$u_R(0_+)+u_C(0_+)-u_S=0$$
$$u_R(0_+)=u_S-u_C(0_+)=4\ \text{V}$$
$$i(0_+)=\frac{u_R(0_+)}{R}=0.04\ \text{A}$$

8.2　*RC* 电路的暂态响应

暂态分析,就是对 $t\geqslant 0_+$ 的电路进行分析。分析电路的依据仍然是 KCL、KVL 和元件 VCR,仍用支路电流法写方程,得到的电路方程是微分方程。求解微分方程得出电压和电流响应,而初始值用来确定微分方程的积分常数。*RC* 电路即电阻元件、电容元件、激励组成的电路,由于是一阶电路,所以等效电容元件应该只有一个。*RC* 电路的动态响应分为零输入(非零状态)响应、零状态(非零输入)响应和全响应(非零输入非零状态响应)。这里的零输入就表示电路没有激励(电源),零状态表示电容电压初始值为零。

8.2.1　*RC* 电路的零输入响应

RC 电路的零输入是指激励为零。由电容的初始值 $u_C(0_+)$ 所产生的电路的响应,又称为 *RC* 放电电路。

分析 *RC* 电路的零输入响应,就是分析电容的放电过程。如图 8-7 所示,开关 S 原合在位置 2,电容已有初始储能,即 $u_C(0_-)\neq 0$。在 $t=0$ 时将开关 S 从位置 2 合到位置 1,电源电路脱离电路,电容经电阻开始放电。

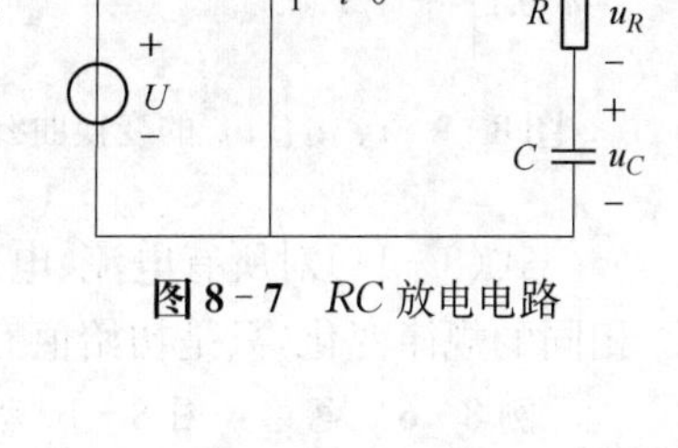

图 8-7　*RC* 放电电路

当 $t\geqslant 0_+$ 时,由基尔霍夫电压定律得

$$iR+u_C=0$$

而
$$i=C\frac{\mathrm{d}u_C}{\mathrm{d}t}$$

则
$$RC\frac{\mathrm{d}u_C}{\mathrm{d}t}+u_C=0 \tag{8-6}$$

求解微分方程得

$$u_C=A\mathrm{e}^{-\frac{t}{RC}}$$

由换路定则知 $u_C(0_+)=u_C(0_-)$,代入式(8-6)有

$$A=u_C(0_+)$$

故
$$u_C=u_C(0_+)\mathrm{e}^{-\frac{t}{RC}}=u_C(0_+)\mathrm{e}^{-\frac{t}{\tau}} \tag{8-7}$$

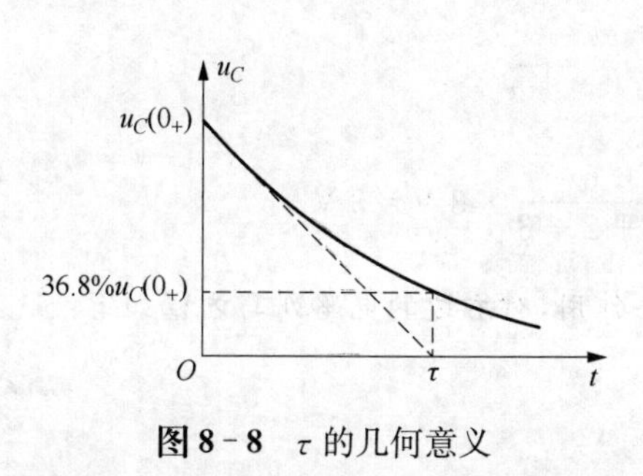

图 8-8　τ 的几何意义

其随时间的变化曲线如图 8-8 所示。它以 $u_C(0_+)$ 为初始值,随时间按指数规律衰减而趋于零。

式(8-7)中

$$\tau=RC \tag{8-8}$$

称其为 RC 电路的时间常数，它具有时间的量纲，决定了 u_C 衰减的快慢。时间常数 τ 等于 u_C 衰减到初始值 $u_C(0_+)$ 的 36.8%所需的时间。可以用数学证明，指数曲线上任意点的次切距的长度都等于 τ。在图 8-10 中，$t=0$ 时，

$$\left.\frac{\mathrm{d}u_C}{\mathrm{d}t}\right|_{t=0}=\frac{-u_C(0_+)}{\tau}$$

理论上，电路需要 $t=\infty$ 的时间才能达到稳定，但这没有实际意义。当 $t=\tau$ 时，$u_C(\tau)=u_C(0_+)e^{-1}=36.8\%u_C(0_+)$；当 $t=2\tau$ 时，$u_C(2\tau)=13.5\%u_C(0_+)$；当 $t=3\tau$ 时，$u_C(3\tau)=5\%u_C(0_+)$；当 $t=4\tau$ 时，$u_C(3\tau)=2\%u_C(0_+)$；当 $t=5\tau$ 时，$u_C(5\tau)=0.7\%u_C(0_+)$；可以认为经过 $3\tau\sim5\tau$ 的时间，电路就达到稳定状态了。

τ 越大，u_C 衰减越慢。因在一定的 $u_C(0_+)$ 下，C 越大，储存的电荷越多；而 R 越大，则放电电流越小，这都使放电变慢；反之就快。

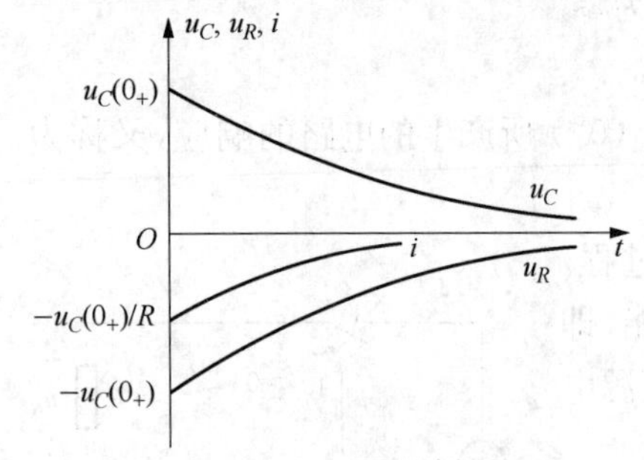

图 8-9　i、u_C、u_R 的变换曲线

$t\geqslant0_+$ 时电容器的放电电流和电阻 R 上的电压为

$$i=C\frac{\mathrm{d}u_C}{\mathrm{d}t}=-\frac{u_C(0_+)}{R}\mathrm{e}^{-\frac{t}{\tau}}\tag{8-9}$$

$$u_R=Ri=-u_C(0_+)\mathrm{e}^{-\frac{t}{\tau}}\tag{8-10}$$

式中，i、u_C、u_R 的变换曲线如图 8-9 所示。

零输入响应一般可以套用公式

$$f(t)=f(0_+)\mathrm{e}^{-\frac{t}{\tau}}\tag{8-11}$$

式(8-11)对所有电流、电压都是适用的，$f(0_+)$ 是初始值，τ 是时间常数。所有响应都按相同的规律变化，只是初始值有所不同，该公式是三要素公式的特例。

例 8-6　电路如图 8-10 所示，开关 S 闭合前电路已处于稳态。在 $t=0$ 时将开关闭合。试求 $t\geqslant0_+$ 时的电压 u_C 和电流 i_2、i_3 及 i_C。

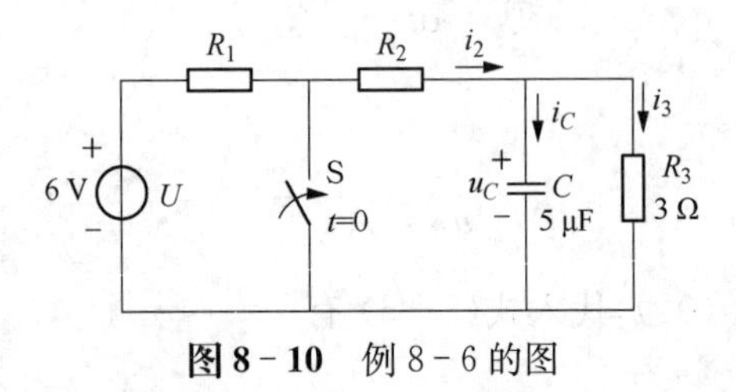

图 8-10　例 8-6 的图

解：由换路定则并结合 $t=0_-$ 时的电路，得

$$u_C(0_+)=u_C(0_-)=\frac{U}{R_1+R_2+R_3}\times R_3=\frac{6}{1+2+3}\times3\ \mathrm{V}=3\ \mathrm{V}$$

而 $t\geqslant0_+$ 时，开关 S 闭合使左边的电压源对右边的电路失去作用，对右边的电路列写方程如下：

$$i_2-i_C-i_3=0$$
$$R_2i_2+u_C=0$$
$$u_C-R_3i_3=0$$

$$i_C = C\frac{\mathrm{d}u_C}{\mathrm{d}t}$$

消去其他变量,保留 u_C 得微分方程

$$\frac{R_2 \cdot R_3}{R_2 + R_3}C\frac{\mathrm{d}u_C}{\mathrm{d}t} + u_C = 0$$

根据微分方程的知识,当 u_C 的系数为 1 时,$\frac{\mathrm{d}u_C}{\mathrm{d}t}$前的系数就是时间常数 τ:

$$\tau = \frac{R_2 \cdot R_3}{R_2 + R_3}C = \frac{2 \times 3}{2+3} \times 5 \times 10^{-6}\ \mathrm{s} = 6 \times 10^{-6}\ \mathrm{s}$$

$$u_C = u_C(0_+)\mathrm{e}^{-\frac{t}{\tau}} = 3 \times \mathrm{e}^{-\frac{10^6}{6}t}\ \mathrm{V} = 3\mathrm{e}^{-1.67 \times 10^5 t}\ \mathrm{V}$$

$$i_C = C\frac{\mathrm{d}u_C}{\mathrm{d}t} = -2.5\mathrm{e}^{-1.67 \times 10^5 t}\ \mathrm{A}$$

$$i_3 = \frac{u_C}{R} = \mathrm{e}^{-1.67 \times 10^5 t}\ \mathrm{A}$$

$$i_2 = i_C + i_3 = -1.5\mathrm{e}^{-1.67 \times 10^5 t}\ \mathrm{A}$$

一般而言,整理后能写成式(8-7)都是零输入响应。当然也可以直接套用式(8-10)求解。

8.2.2　*RC* 电路的零状态响应

换路前电容元件未储有能量,$u_C(0_+)=0$,这种状态称为 *RC* 电路的零状态。仅由电路激励产生的电路响应,称为零状态响应。

RC 电路的零状态响应,实际上就是 *RC* 电路的充电过程。以图 8-11 所示电路为例,其 $u_C(0_-)=0$,$t=0$ 时合上开关。

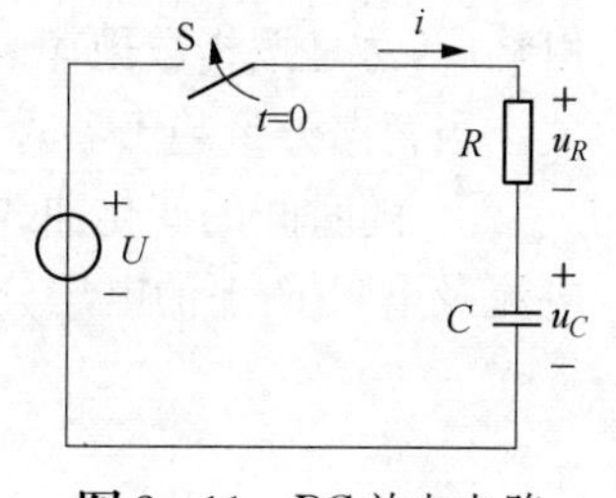

图 8-11　*RC* 放电电路

$t \geqslant 0_+$ 时电路的一阶微分方程为

$$iR + u_C = U$$

$$i = C\frac{\mathrm{d}u_C}{\mathrm{d}t}$$

$$RC\frac{\mathrm{d}u_C}{\mathrm{d}t} + u_C = U \qquad (8-12)$$

式(8-12)是一阶非齐次常微分方程,它的解由两部分组成

$$u_C = u_{Ch} + u_{Cp}$$

其中,u_{Ch} 是式(8-12)对应的齐次方程

$$RC\frac{\mathrm{d}u_C}{\mathrm{d}t} + u_C = 0$$

的通解;u_{Cp} 为非齐次方程的一个特解。写出齐次方程的特征方程如下:

$$RCp + 1 = 0$$

特征根为

$$p = -\frac{1}{RC}$$

因此，齐次方程的通解为

$$u_{Ch}=A\mathrm{e}^{pt}=A\mathrm{e}^{-\frac{1}{RC}t}\quad(t\geqslant 0)\tag{8-13}$$

非齐次方程的特解可以认为与输入函数具有相同的形式，观察可得

$$u_{Cp}=U\quad(t\geqslant 0)$$

因此，式(8-12)的解为

$$u_C(t)=u_{Ch}+u_{Cp}=U+A\mathrm{e}^{-\frac{t}{RC}}\quad(t\geqslant 0)\tag{8-14}$$

为了确认上式中的积分常数 A，必须求出电容电压的初始值。根据换路定律，有

$$u_C(0_+)=u_C(0_-)=0$$

令式(8-14)中 $t=0_+$，并代入初始条件，得

$$u_C(0_+)=A+U=0$$
$$A=-U$$

因此，电容电压为

$$u_C(t)=U-U\mathrm{e}^{-\frac{t}{RC}}=U(1-\mathrm{e}^{-\frac{t}{\tau}})=u_C(\infty)(1-\mathrm{e}^{-\frac{t}{\tau}})\quad(t\geqslant 0)\tag{8-15}$$

式(8-15)中，$u_C(\infty)=U$ 是 u_C 按指数规律增长而最终达到的新稳态值。暂态响应 u_C 可视为由两个分量相加而得：其一是达到稳定时的电压 $u_{Cp}=u_C(\infty)$，称为稳态分量，又称为强制分量或强制响应；其二是仅存在于暂态过程中的 u_{Ch}，称为暂态分量，又称为自由分量或自由响应，总是按指数规律衰减。其变化规律与电源电压变化规律无关，其大小与电源电压有关。当暂态分量趋于零时，暂态过程结束。

u_C 随时间的变化曲线如图 8-12 所示，其中分别画出了 u_{Ch}，u_{Cp}。$t\geqslant 0_+$ 时，电容的充电电流及电阻 R 上的电压分别为

$$i=C\frac{\mathrm{d}u_C}{\mathrm{d}t}=\frac{U}{R}\mathrm{e}^{-\frac{t}{\tau}}=\frac{u_C(\infty)}{R}\mathrm{e}^{-\frac{t}{\tau}}\tag{8-16}$$

$$u_R=Ri=U\mathrm{e}^{-\frac{t}{\tau}}=u_C(\infty)\mathrm{e}^{-\frac{t}{\tau}}\tag{8-17}$$

式中，i、u_R 及 u_C 随时间变化的曲线如图 8-13 所示。

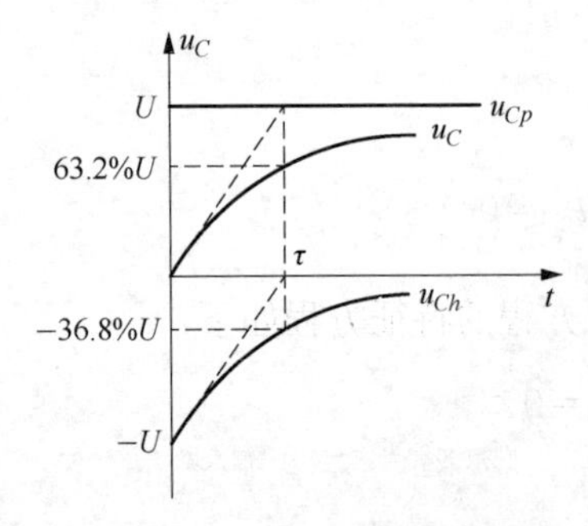

图 8-12　u_C 的变化曲线

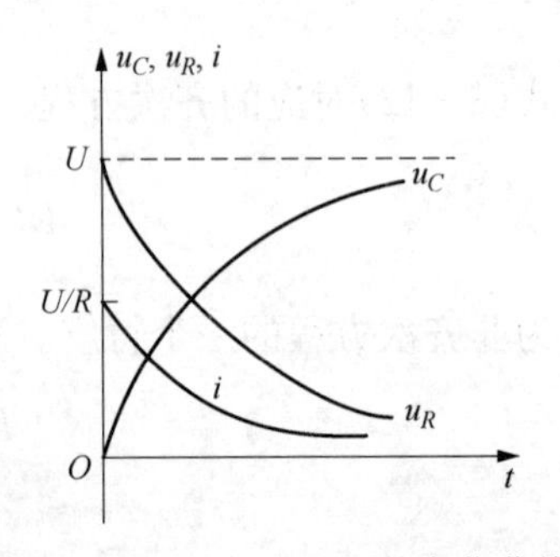

图 8-13　i、u_R 及 u_C 的变化曲线

分析较复杂电路的暂态过程时，可以将储能元件(电容或电感)划出，因为剩余的是有源二端网络是线性有源电阻电路，就可以等效为戴维宁模型，再利用上述公式得出电路响应。

例 8-7 在图 8-14a 所示的电路中，$U=9\ \text{V}$, $R_1=6\ \text{k}\Omega$, $R_2=3\ \text{k}\Omega$, $C=10^3\ \text{pF}$, $u_C(0_-)=0$。试求 $t\geqslant 0_+$ 的电压 u_C 和 i_1, i_2。

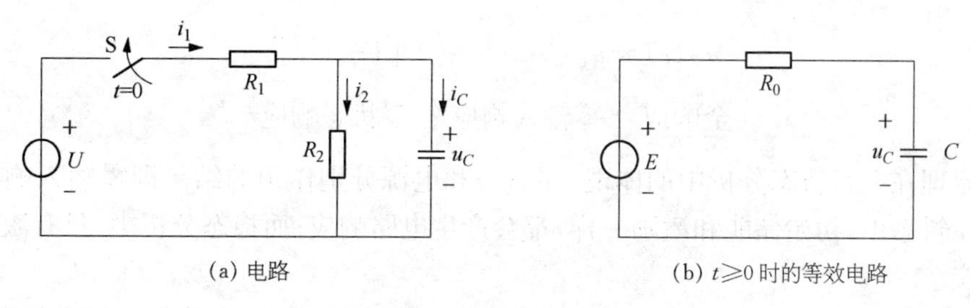

图 8-14 例 8-7 图

解:应用戴维宁定理将换路后的电路化为如图 8-14b 所示等效电路。等效电源的电动势和内阻分别为

$$E=\frac{R_2}{R_1+R_2}U=3\ \text{V}$$

$$R_0=\frac{R_1\cdot R_2}{R_1+R_2}=\frac{6\times 3}{6+3}\ \text{k}\Omega=2\ \text{k}\Omega$$

$$\tau=R_0C=2\times 10^3\times 10^3\times 10^{-12}\ \text{s}=2\times 10^{-6}\ \text{s}$$

于是

$$u_C=E(1-\mathrm{e}^{-\frac{t}{\tau}})=3(1-\mathrm{e}^{-5\times 10^5 t})\text{V}$$

再对开关 S 闭合后的图 8-14a 电路写方程，得

$$R_2 i_2=u_C$$

$$i_2=(1-\mathrm{e}^{-5\times 10^5 t})\text{mA}$$

$$R_1 i_1+u_C=U$$

$$i_1=(1+0.5\mathrm{e}^{-5\times 10^5 t})\text{mA}$$

8.2.3 *RC* 电路的全响应

所谓 *RC* 电路的全响应，是指电源激励和电容元件的 $u_C(0_+)$ 均不为零时电路的响应。

若在如图 8-11 所示电路中，$u_C(0_+)\neq 0$。$t\geqslant 0_+$ 时的电路的微分方程和式(8-11)相同，也可得

$$u_C(t)=u_{Ch}+u_{Cp}=U+A\mathrm{e}^{-\frac{t}{RC}}=u_C(\infty)+A\mathrm{e}^{-\frac{t}{RC}}$$

但积分常数 A 与零状态时不同。在 $t=0_+$ 时，$u_C(0_+)\neq 0$，则

$$A=u_C(0_+)-U=u_C(0_+)-u_C(\infty)$$

故

$$u_C(t)=U+[u_C(0_+)-U]e^{-\frac{t}{RC}}=u_C(\infty)+[u_C(0_+)-u_C(\infty)]e^{-\frac{t}{RC}} \tag{8-18}$$

该式体现为

全响应＝稳态分量＋暂态分量

式(8-18)可改写为

$$u_C(t)=u_C(0_+)e^{-\frac{t}{\tau}}+U[1-e^{-\frac{t}{\tau}}] \tag{8-19}$$

即　　　　全响应＝零输入响应＋零状态响应

这是叠加原理在电路暂态分析中的体现。$u_C(t)$和电源分别作用的结果即零输入响应和零状态响应。在暂态中，初始储能和激励一样，都会产生电路响应；而稳态分析中，只有激励才会产生电路响应。

总结一阶 RC 电路和一阶 RL 电路的求解过程，得出求解一阶电路的一般步骤为：

(1) 建立描述电路的微分方程。

(2) 求齐次微分方程的通解和非齐次微分方程的一个特解。

(3) 将齐次微分方程的通解与非齐次微分方程的一个特解相加，得到非齐次微分方程的通解，利用初始条件确定通解中的系数。

8.3　*RL* 电路的暂态响应

RL 电路发生换路后，同样会产生过渡过程。由于 RC 电路和 RL 电路的相似性，同时零输入响应、零状态响应可看作全响应的特例，下面就对 RL 电路的全响应进行分析。

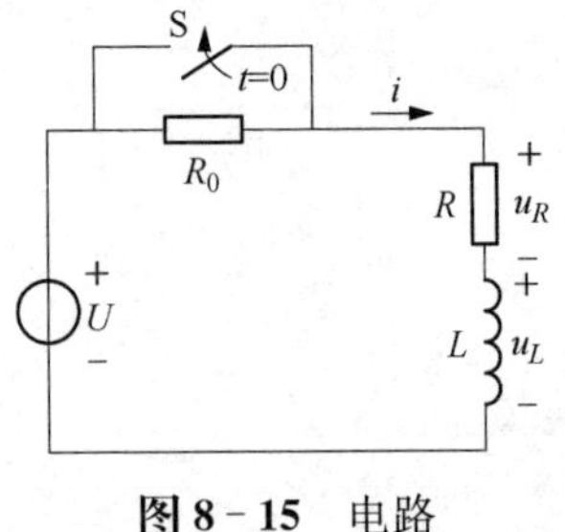

图 8-15　电路

图 8-15 的电路中，开关 S 闭合前电路已处于稳态，在 $t=0$ 时开关闭合，方程如下：

$$Ri_L+L\frac{di_L}{dt}=U$$

整理后，得

$$\frac{L}{R}\frac{di_L}{dt}+i_L=\frac{U}{R} \tag{8-20}$$

在式(8-20)中，当 i_L 前的系数为 1 时，$\frac{di_L}{dt}$前的系数就是时间常数 $\tau=\frac{L}{R}$，方程的右边就是稳态值 $i_L(\infty)=\frac{U}{R}$，电路的初始值 $i_L(0_+)=\frac{U}{R+R_0}$，则

$$i_L=\frac{U}{R}+\left[i_L(0_+)-\frac{U}{R}\right]e^{-\frac{R}{L}t}=i_L(\infty)+[i_L(0_+)-i_L(\infty)]e^{-\frac{t}{\tau}} \tag{8-21}$$

求得 i_L 后，可根据元件的电压电流关系、基尔霍夫定律求得其他电压和电流。

例 8-8　在如图 8-16 所示的电路中，已知 $u_s=10\ \text{V}$，$R_1=3\ \text{k}\Omega$，$R_2=2\ \text{k}\Omega$，$L=10\ \text{mH}$。在 $t=0$ 时开关 S 闭合。闭合前电路已达稳态。求开关 S 闭合后暂态过程中的 $i(t)$、$u_L(t)$ 和理想电压源发出的功率，并画出 $i(t)$、$u_L(t)$ 的波形图。

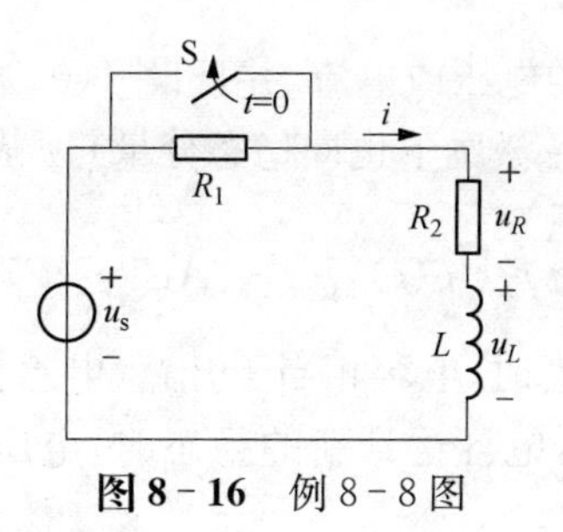

图 8－16　例 8－8 图

解：

$$i(0_+)=i(0_-)=\frac{u_s}{R_1+R_2}=2\ \text{mA}$$

开关 S 闭合后

$$i(\infty)=\frac{u_s}{R_2}=5\ \text{mA}$$

$$\tau=\frac{L}{R_2}=\frac{10\times10^{-3}}{2\times10^{3}}\text{s}=5\times10^{-6}\ \text{s}$$

$$i(t)=i(\infty)+[i(0_+)-i(\infty)]\text{e}^{-2\times10^5t}=(5-3\text{e}^{-2\times10^5t})\text{mA}$$

$$u_L(t)=L\frac{\text{d}i}{\text{d}t}=6\text{e}^{-2\times10^5t}\ \text{V}$$

理想电压源的电流就是 $i(t)$，且为非关联参考方向，理想电压源发出的功率

$$p(t)=u_s\times i(t)=6\text{e}^{-2\times10^5t}\ \text{mW}$$

$i(t)$、$u_L(t)$的波形图如图 8－17 所示。

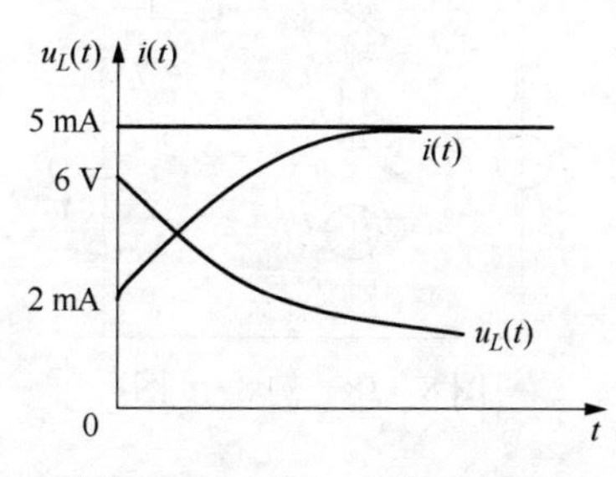

图 8－17　例 8－8 的波形图

8.4　一阶线性电路暂态分析的三要素法

前两节阐述了线性 RC 和 RL 电路的一般方法，原则上这种方法对任何形式的输入都是适用的，但这种方法的接替过程却不够简便：无论是 RC 电路还是 RL 电路，也不管激励的形式如何，一阶电路响应的变化部分都是按指数规律变化的；它们有各自的初始值和稳态值；同一个电路中所有变量的时间常数是一样的。基于这种发现，本节将介绍求解一阶动态电路的一种简便方法——三要素法，有些文献也称之为直觉法，它适用于求解直流和正弦激励作用下

一阶电路中任一支路量的响应。

设 $f(t)$ 为电路中待求支路的电压或电流，并且设 $f(0_+)$、$f(t)|_{t\to\infty}$ 分别表示该支路量的初始值和强制分量(在直流和正弦激励下也即稳态分量)，τ 表示电路的时间常数。有

$$f(t)=f(t)|_{t\to\infty}+A\mathrm{e}^{-\frac{t}{\tau}}\quad t\geqslant 0$$

在直流激励下，电路达到新的稳态时，电容相当于开路，电感相当于短路，支路量的稳态值也是一个直流量；在正弦交流激励下，电容达到新的稳态时，电压或电流的稳态分量是正弦函数。$f(t)|_{t\to\infty}$ 可简记为 $f(\infty)$。

将初始条件代入上式，得出积分常数

$$A=f(0_+)-f(\infty)|_{t=0_+}$$

因此，待求支路量为

$$f(t)=f(\infty)+[f(0_+)-f(\infty)]\mathrm{e}^{-\frac{t}{\tau}}\quad (t\geqslant 0)\tag{8-22}$$

从式(8-22)可以看出，只要求出以下三个要素，就可以写出待求的电压或电流：

$f(0_+)$——支路量的初始值。

$f(\infty)$——支路量的稳态分量。

τ——电路的时间常数。RC 电路的时间常数 $\tau=R_iC$，RL 电路的时间常数 $\tau=\frac{L}{R_i}$(R_i 是从电路的储能元件两端看进去的戴维南等效电阻)。

下面举例说明三要素法的应用。

例 8-9 如图 8-18 所示的电路，已知 $U_{s1}=8$ V，$U_{s2}=5$ V，$R_1=R_2=20$ kΩ，$C=5$ μF。换路前电路处于稳定状态，$t=0$ 时开关由 a 打到 b，求换路后电容两端的电压 u_C 及电流 i_C。

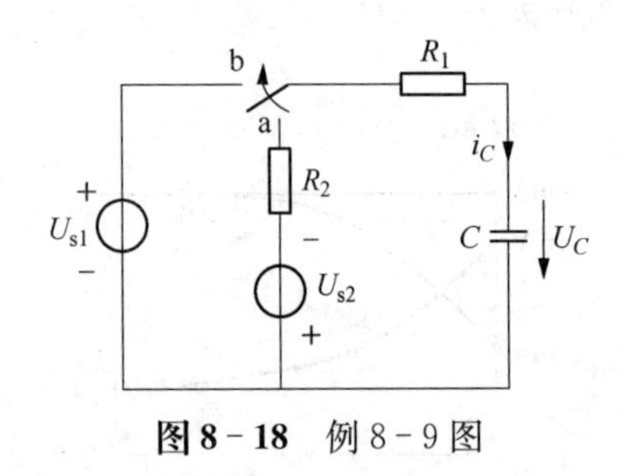

图 8-18 例 8-9 图

解：

$$u_C(0_+)=u_C(0_-)=-U_{s2}=-5\text{ V}$$

$$u_C(\infty)=U_{s1}=8\text{ V}$$

$$\tau=R_1C=20\times10^3\times5\times10^{-6}\text{ s}=0.1\text{ s}$$

$$\begin{aligned}u_C(t)&=u_C(\infty)+[u_C(0_+)-u_C(\infty)]\mathrm{e}^{-\frac{t}{\tau}}\\&=(8-13\mathrm{e}^{-10t})\text{mA}\end{aligned}$$

$$i_C(t)=C\frac{\mathrm{d}u_C}{\mathrm{d}t}=-0.65\mathrm{e}^{-10t}\text{ mA}$$

例 8-10 在图 8-19a 中，$I_s=1\ \mathrm{mA}$，$R_1=R_2=1\ \mathrm{k\Omega}$，$R_3=2\ \mathrm{k\Omega}$，$C=0.1\ \mu\mathrm{F}$，$U_s=3\ \mathrm{V}$。设 $u_C(0_-)=0$，在 $t=0$ 时闭合开关 S_1，在 $t=1\ \mathrm{ms}$ 时，闭合开关 S_2。求 $t\geqslant 0_+$ 后的 u_C。

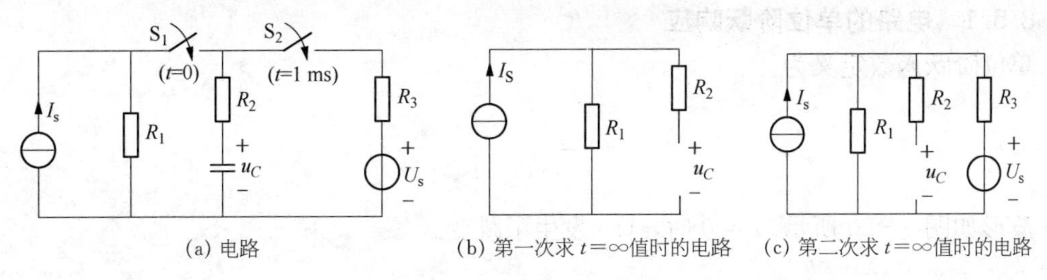

图 8-19 例 8-10 图

解：如果电路中有多次换路，三要素公式仍然可以分段使用，分别确定每一段的 0_+ 值、∞ 值和 τ，但要注意时间坐标的连续性。

(1) $0\leqslant t\leqslant 1\ \mathrm{ms}$ 时：

$$u_C(0_+)=u_C(0_-)=0$$

$$u_C(\infty)=R_1I_s=1\ \mathrm{V}$$

$$\tau_1=(R_1+R_2)C=2\times10^3\times0.1\times10^{-6}\ \mathrm{s}=0.2\times10^{-3}\ \mathrm{s}$$

$$u_C(t)=u_C(\infty)(1-e^{-\frac{t}{\tau_1}})=(1-e^{-5\times10^3t})\mathrm{V}$$

(2) $1\ \mathrm{ms}\leqslant t$ 时：

$$u_C(0.001_+)=u_C(0.001_-)=1\ \mathrm{V}$$

求 $u_C(\infty)$ 时，图 8-19c 电路用叠加原理得

$$u_C(\infty)=(R_1\parallel R_2)I_s+\frac{R_1}{R_1+R_3}U_s=\frac{5}{3}\ \mathrm{V}$$

$$\tau_2=(R_1\parallel R_2+R_3)C=\frac{5}{3}\times10^{-4}\ \mathrm{s}$$

$$\begin{aligned}u_C(t)&=u_C(\infty)+[u_C(0.001_+)-u_C(\infty)]e^{-\frac{t-0.001}{\tau_2}}\\&=\left[\frac{5}{3}+\left(1-\frac{5}{3}\right)e^{-6\times10^3(t-0.001)}\right]\mathrm{V}\\&=\left[\frac{5}{3}-\frac{2}{3}e^{-6\times10^3(t-0.001)}\right]\mathrm{V}\end{aligned}$$

分析要点如下：

(1) 用三要素法求解一阶电路暂态响应，关键是依具体电路正确求出"三要素"。确定 $f(0_+)$ 时，不能误认为所有电压和电流都适用 $f(0_+)=f(0_-)$。在 0_- 和 ∞ 时刻直流稳态时，电容都开路，电感都短路，区别就是 0_- 和 ∞ 时刻的开关状态不同。

(2) 关键是求 u_C 或 i_L。求出 u_C 或 i_L 后，求其他响应(电压或电流)就方便了。u_C、i_L 是确定其他电压或电流的重要依据。

8.5 单位阶跃响应和单位冲激响应

8.5.1 电路的单位阶跃响应

单位阶跃函数定义为

$$\varepsilon(t)=\begin{cases}0, & t<0\\1, & t>0\end{cases}$$

波形如图 8-20 所示。$t=0$ 时，$\varepsilon(t)$ 发生了跳变。

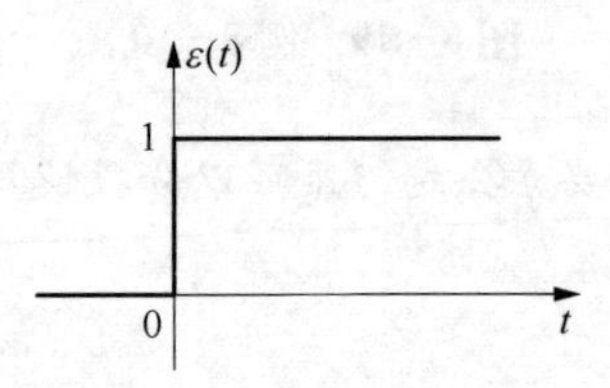

图 8-20 单位阶跃函数

单位阶跃函数可以用来描述开关的动作，即作为开关的数学模型，因而有时也称其为开关函数。图 8-21a、8-21b 所示的两个电路都表示网络 N 在 $t=0$ 时刻接通到电源 U_S。

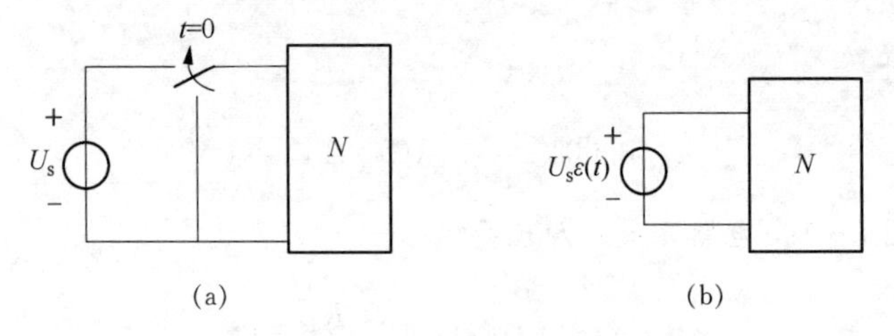

图 8-21 用阶跃函数描述开关动作

定义任一时刻 t_0 起始的单位阶跃函数为

$$\varepsilon(t-t_0)=\begin{cases}0, & t<t_0\\1, & t>t_0\end{cases}$$

$\varepsilon(t-t_0)$ 可以看作把 $\varepsilon(t)$ 沿时间轴平移 t_0 的结果，称其为延迟的单位阶跃函数，波形如图 8-22 所示($t_0>0$)。

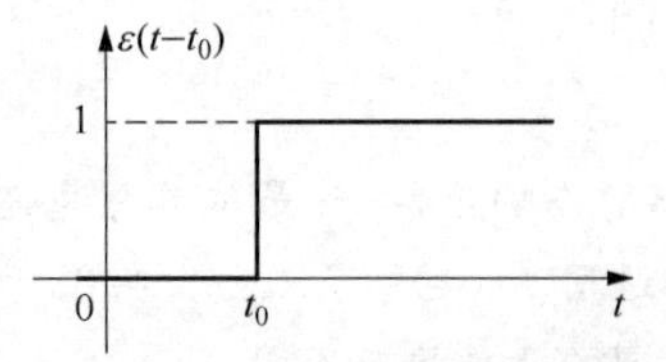

图 8-22 延迟的单位阶跃函数

用单位阶跃函数以及它的延迟函数可以组合成许多复杂信号，如在电子电路中经常遇到的矩形脉冲和脉冲序列，如图 8-23 所示。

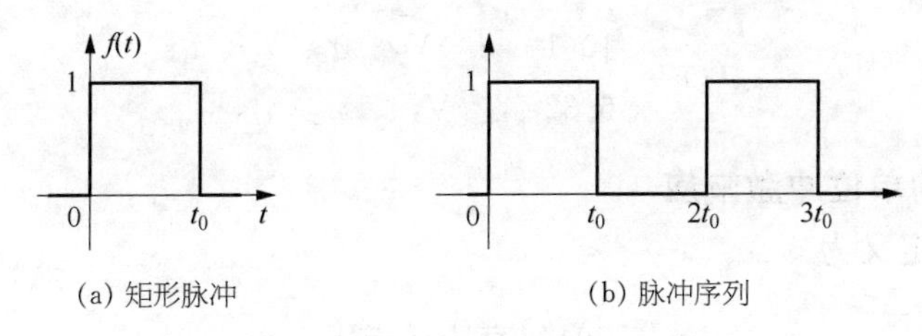

(a) 矩形脉冲　　(b) 脉冲序列

图 8-23　矩形脉冲和脉冲序列

图 8-23a 所示矩形脉冲可以表示为

$$f(t)=\varepsilon(t)-\varepsilon(t-t_0)$$

图 8-23b 所示脉冲序列可以表示为

$$f(t)=\varepsilon(t)-\varepsilon(t-t_0)+\varepsilon(t-2t_0)-\varepsilon(t-3t_0)+\cdots$$

电路在单位阶跃激励作用下产生的零状态响应称为单位阶跃响应。

当电路的激励为 $\varepsilon(t)$V 或 $\varepsilon(t)$A 时，相当于在 $t=0$ 时将 1 V 电压源或 1 A 电流源接入电路，因此，单位阶跃响应与直流激励下的零状态响应形式相同。一般用 $s(t)$ 表示单位阶跃响应。如果电路的输入是幅值为 A 的阶跃信号 $A\varepsilon(t)$，则根据零状态响应的线性性质，电路的零状态响应就是 $As(t)$。由于非时变电路的参数是不随时间变化的，因此在延迟的单位阶跃信号 $\varepsilon(t-t_0)$ 作用下，电路的零状态响应为 $s(t-t_0)$。

例 8-11　图 8-24 所示电路，开关 S 合在位置 1 时电路已经达到稳定状态。$t=0$ 时将开关 S 由位置 1 合向位置 2，在 $t=1$ s 时又将开关 S 由位置 2 合向位置 1，求电容电压 $u_C(t)(t\geqslant0)$。

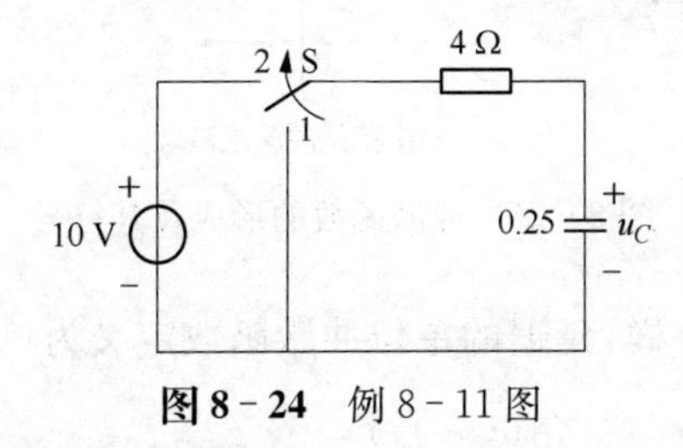

图 8-24　例 8-11 图

解: 按电路的工作过程分时间段求解

在 $0\leqslant t<1$ s 时，电容电压是零状态响应。三个要素分别是

$$u_C(0_+)=0,\ u_C(\infty)=10\ \text{V},\ \tau=RC=1\ \text{s}$$

则电容电压为

$$u_C(t)=10(1-e^{-t})\text{V}\quad(0\leqslant t<1\ \text{s})$$

在第二次换路前一瞬间，电容电压 $u_C(1_-)=6.32$ V。

在 $t\geqslant1$ s 时，开关又换接到位置 1，电容电压是零输入响应。由换路定理可得

$$u_C(1_+)=u_C(1_-)=6.32\ \text{V}$$

又

$$u_C(\infty)=0,\ \tau=RC=1\ \text{s}$$

则电容电压为

$$u_C(t)=6.32e^{-(t-1)}\text{V}\quad(t\geqslant1\ \text{s})$$

即
$$u_C(t)=\begin{cases}10(1-e^{-t})\text{V}, & 0\leqslant t<1\text{ s}\\ 6.32e^{-(t-1)}\text{V}, & t\geqslant 1\text{ s}\end{cases}$$

8.5.2 电路的单位冲激响应

单位冲激函数定义为

$$\begin{cases}\delta(t)=0,\ t\neq 0\\ \int_{-\infty}^{+\infty}\delta(t)\mathrm{d}t=1\end{cases}$$

单位冲激函数可以看作单位脉冲函数的极限情况。图 8-25a 所示是一个面积为 1 的矩形脉冲函数，称为单位脉冲函数。单位脉冲的宽度为 Δ，高为$\dfrac{1}{\Delta}$。在保持矩形面积不变的前提下，当脉冲宽度越来越窄时，它的高度就越来越大。当 $\Delta\to 0$ 时，$\dfrac{1}{\Delta}\to\infty$，得到一个宽度趋于零而幅度趋于无穷大，面积仍为1的脉冲，这就是单位冲激函数 $\delta(t)$，如图 8-25b 所示。称脉冲函数的面积为取及极限后冲激函数的强度。强度为 k 的冲激函数可用图 8-25c 表示，此时箭头旁应注明 k。单位冲激函数时强度为 1 的冲激函数。

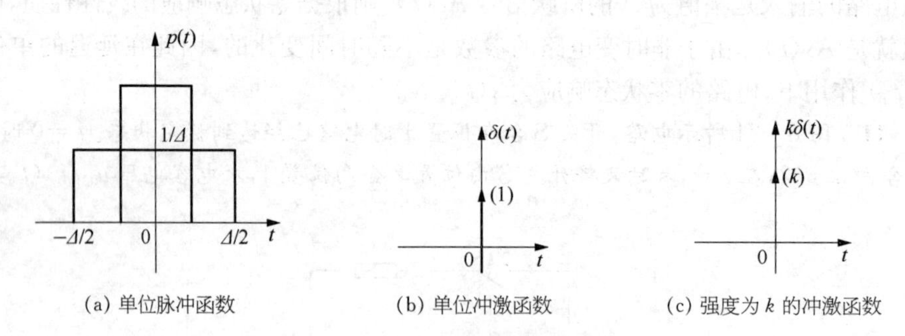

(a) 单位脉冲函数　　(b) 单位冲激函数　　(c) 强度为 k 的冲激函数

图 8-25　冲激函数的形成及其符号

与单位阶跃函数的延迟一样，延迟的单位冲激函数定义为

$$\begin{cases}\delta(t-t_0)=0,\ t\neq t_0\\ \int_{-\infty}^{+\infty}\delta(t-t_0)\mathrm{d}t=1\end{cases}$$

波形如图 8-26a 所示。还可以用 $k\delta(t-t_0)$ 表示一个强度为 k、发生在 t_0 时刻的冲激函数，如图 8-26b 所示。

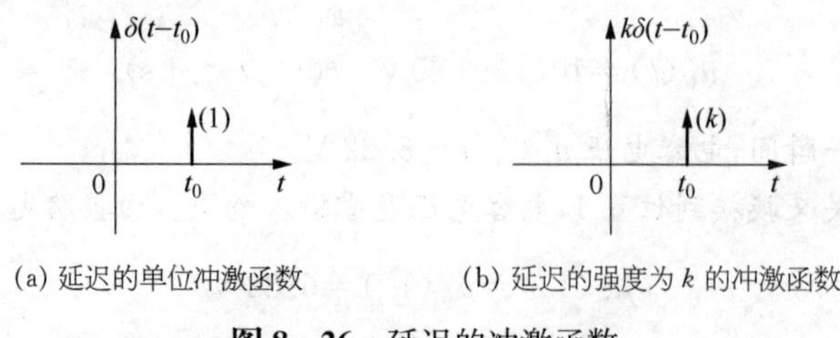

(a) 延迟的单位冲激函数　　(b) 延迟的强度为 k 的冲激函数

图 8-26　延迟的冲激函数

单位冲激函数具有下面两个重要性质：

(1) 单位冲激函数对时间的积分等于单位阶跃函数。

根据单位冲激函数的定义,有

$$\int_{-\infty}^{t}\delta(\xi)\mathrm{d}\xi=\begin{cases}0, & t<0\\ 1, & t>0\end{cases}$$

即

$$\int_{-\infty}^{t}\delta(\xi)\mathrm{d}\xi=\varepsilon(t)$$

单位阶跃函数对时间的一阶导数等于单位冲激函数,即

$$\frac{\mathrm{d}}{\mathrm{d}t}\varepsilon(t)=\delta(t)$$

(2) 单位冲激函数的筛分性质。

对于任意一个在时刻连续的函数,根据单位冲激函数的定义,有

$$f(t)\delta(t)=f(0)\delta(t)$$

因此

$$\int_{-\infty}^{+\infty}f(t)\delta(t)\mathrm{d}t=f(0)\int_{-\infty}^{+\infty}\delta(t)\mathrm{d}t=f(0)$$

单位冲激函数把 $f(t)$ 在 $t=0$ 时刻的值给“筛”了出来,因此称冲激函数有筛分性质。类似地,当 $f(t)$ 在 $t=t_0$ 时刻连续时,有

$$\int_{-\infty}^{+\infty}f(t)\delta(t-t_0)\mathrm{d}t=f(t_0)\int_{-\infty}^{+\infty}\delta(t-t_0)\mathrm{d}t=f(t_0)$$

电路在单位冲激函数作用下产生的零状态响应称为单位冲激响应。

当单位冲激电流 $\delta_i(t)$作用到初始电压为零的电容上时,电容电压为

$$u_C(0_+)-u_C(0_-)=\frac{1}{C}\int_{0_-}^{0_+}\delta_i(t)\mathrm{d}t$$

$$u_C(0_+)=\frac{1}{C}\ \mathrm{V}$$

单位冲激电路使电容电压从零跳变到$\frac{1}{C}$ V。这与前面阐述的换路定理并不矛盾,因为换路定理成立的前提条件使“在换路过程中流过电容的电流为有限值”,显然这一条件在冲激电流流过电容时不再满足。

类似地,当单位冲激电压 $\delta_u(t)$作用到初始电流为零的电感两端时,电感电流为

$$i_L(0_+)-i_L(0_-)=\frac{1}{L}\int_{0_-}^{0_+}\delta_u(t)\mathrm{d}t$$

$$i_L(0_+)=\frac{1}{L}\ \mathrm{A}$$

单位冲激电压使电感电流从 0 跳变到$\frac{1}{L}$ A。

例 8－12　图 8－27 是一个冲激电流作用下的 RC 电路,求该电路的单位冲激响应 $u_C(t)$。

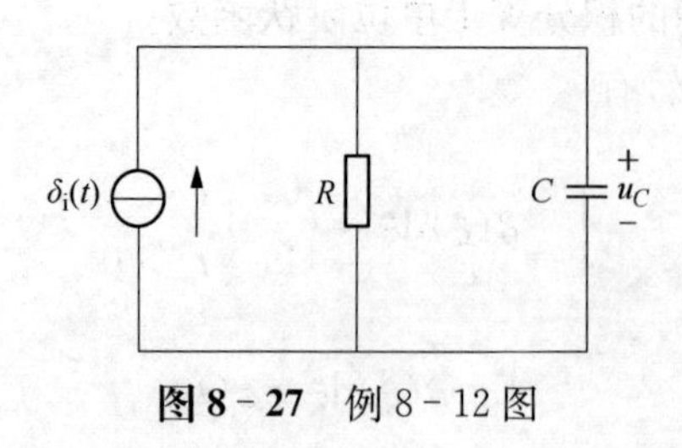

图 8 - 27 例 8 - 12 图

解:首先建立描述电路的方程

$$C\frac{\mathrm{d}u_C}{\mathrm{d}t}+\frac{u_C}{R}=\delta_i(t) \tag{8-23}$$

分析式(8 - 23),电容电压中不可能含有冲激电压成分。如果电容电压中含有冲激电压,则方程的左边就会出现冲激的导数,方程左右两边就不可能相等。

将 $t>0_-$ 以后的电路分成以下两个时间段考虑。

(1) $0_-\rightarrow 0_+$,冲激电流作用于电路。对式(8 - 23)两边积分,得

$$C\int_{0_-}^{0_+}\frac{\mathrm{d}u_C}{\mathrm{d}t}\mathrm{d}t+\int_{0_-}^{0_+}\frac{u_C}{R}\mathrm{d}t=\int_{0_-}^{0_+}\delta_i(t)\mathrm{d}t$$

电容电压中不含有冲激,上式等号左边第二项为零;再根据冲激函数的定义,有

$$C\int_{0_-}^{0_+}\frac{\mathrm{d}u_C}{\mathrm{d}t}\mathrm{d}t=1$$

$$C[u_C(0_+)-u_C(0_-)]=1$$

又因为 $u_C(0_-)=0$,因此

$$u_C(0_+)=\frac{1}{C}\text{ V}$$

上式表明冲激电流作用使得电容电压在换路瞬间从零跳变到$\frac{1}{C}$V。

(2) $t>0_+$,冲激电流为零,电路中的响应为零输入响应。电容电压为

$$u_C(t)=\frac{1}{C}\mathrm{e}^{-\frac{t}{RC}}$$

综上所述,电容电压可表示为

$$u_C(t)=\frac{1}{C}\mathrm{e}^{-\frac{t}{RC}}\varepsilon(t)$$

上式中利用阶跃函数表示了电容电压在 $t=0$ 时刻的跳变。

进一步可求得电容电流为

$$i_C(t)=C\frac{\mathrm{d}u_C}{\mathrm{d}t}=\mathrm{e}^{-\frac{t}{RC}}\delta(t)-\frac{1}{RC}\mathrm{e}^{-\frac{t}{RC}}\varepsilon(t)=\delta(t)-\frac{1}{RC}\mathrm{e}^{-\frac{t}{RC}}\varepsilon(t)$$

电容电压和电容电流的波形分别如图 8 - 28 所示。

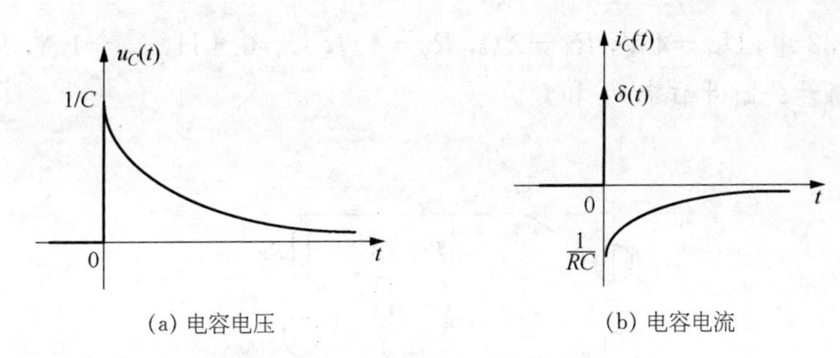

图 8-28 *RC* 电路的单位冲激响应

习 题

1. 电路如图 8-29 所示,求在开关 S 闭合瞬间 ($t=0_+$) 各元件中的电流及其两端电压;当电路到达稳态时又各等于多少?设在 $t=0_-$ 时,电路中的储能元件均为储能。

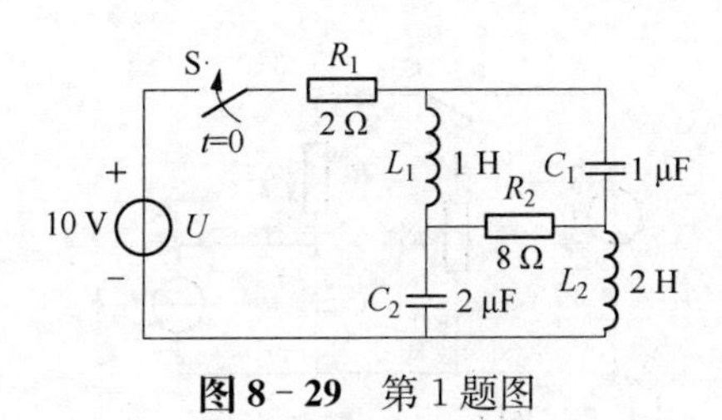

图 8-29 第 1 题图

2. 如图 8-30 所示电路,换路前都处于稳态,$t=0$ 时开关 S 闭合。已知所有电阻值都是 10 Ω, $E=10$ V。求 $i_C(0_+)$、$i_L(0_+)$、$u_C(0_+)$、$u_L(0_+)$。

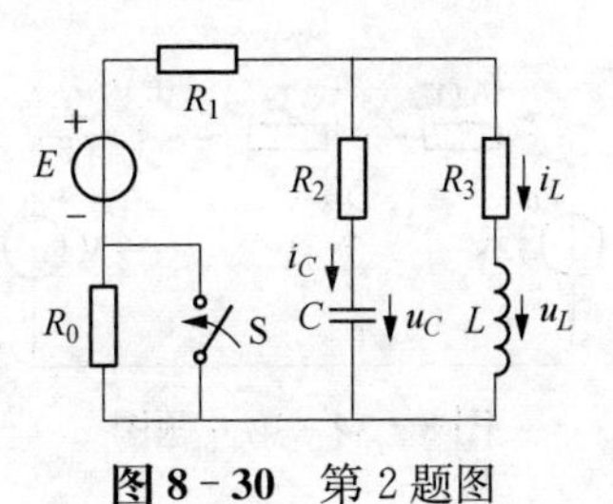

图 8-30 第 2 题图

3. 如图 8-31 所示各电路在换路前都处于稳态,且图(a)中 $L=1$ H, 图(b)中 $C=10^{-6}$ F。试求换路后其中电流 i 的初始值 $i(0_+)$、稳态值 $i(\infty)$和 τ。

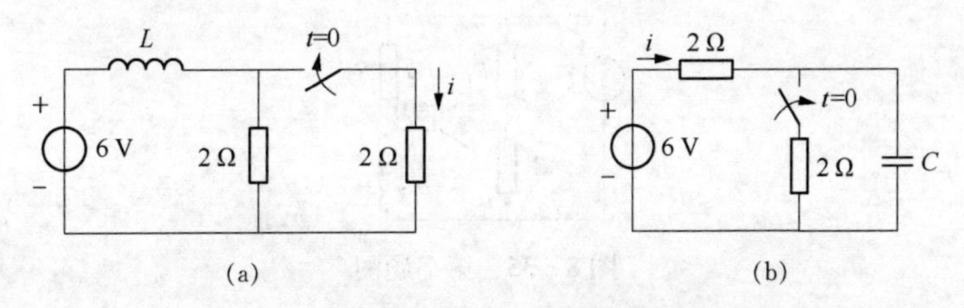

图 8-31 第 3 题图

4. 在图 8-32 中，$U_{s1}=4$ V, $R_1=2\ \Omega$, $R_2=4\ \Omega$, $L=0.4$ H, $i_{s3}=1$ A, $R_3=4\ \Omega$。开关长时间闭合，当将开关断开后求 i_L 和 i_2。

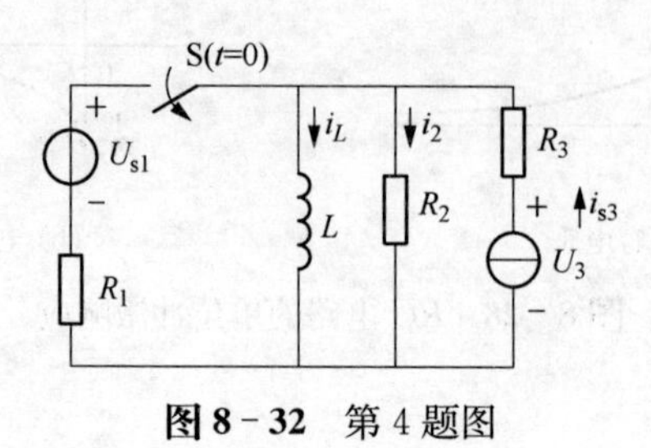

图 8-32 第 4 题图

5. 在图 8-33 中，开关 S 合在位置 1 电路处于稳态，$t=0$ 时，将开关从位置 1 合到位置 2 上，当 $t=0.005$ s 再合到位置 1，求 u_C 和 i_1。已知 $U_s=10$ V, $i_{s3}=1$ mA, $R_1=3$ kΩ, $R_2=2$ kΩ, $C=1\ \mu$F。

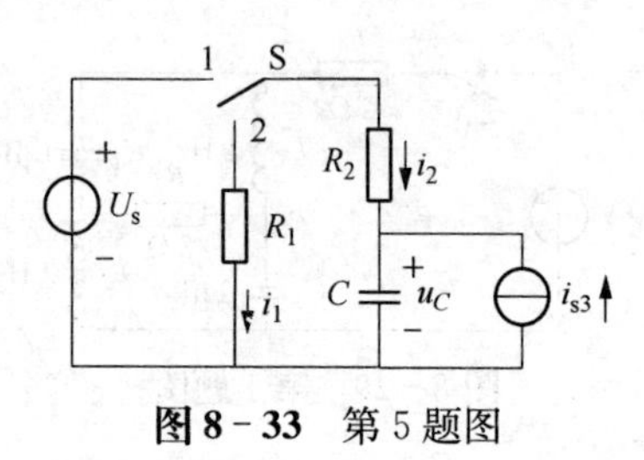

图 8-33 第 5 题图

6. 在图 8-34 中，试用三要素法求 $t\geqslant 0$ 时的 i_1、i_2 及 i_L(换路前电路处于稳态)。

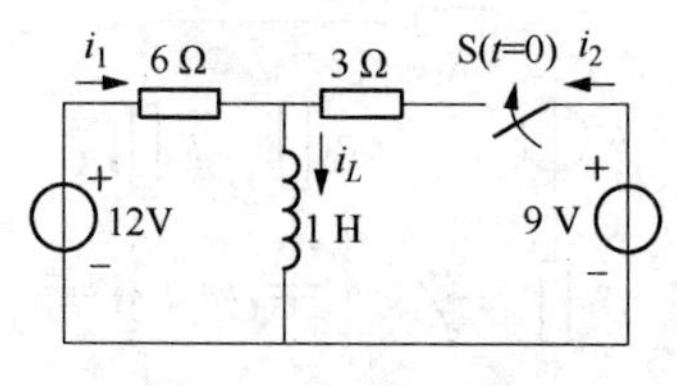

图 8-34 第 6 题图

7. 在图 8-35 中，$U=30$ V, $R_1=60\ \Omega$, $R_2=R_3=40\ \Omega$, $L=6$ H，换路前电路处于稳态，求 $t\geqslant 0$ 时的电流 i_L、i_2 及 i_3。

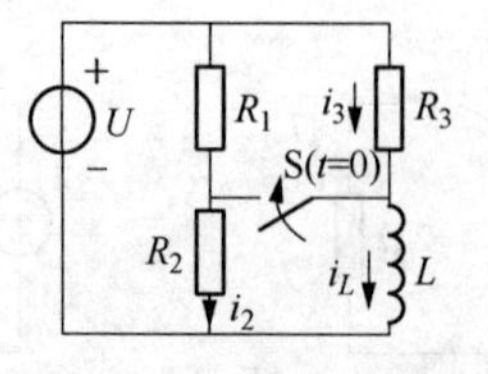

图 8-35 第 7 题图

8. 电路如图 8－36 所示，求响应 $i_L(t)$ 和 $i_1(t)$。

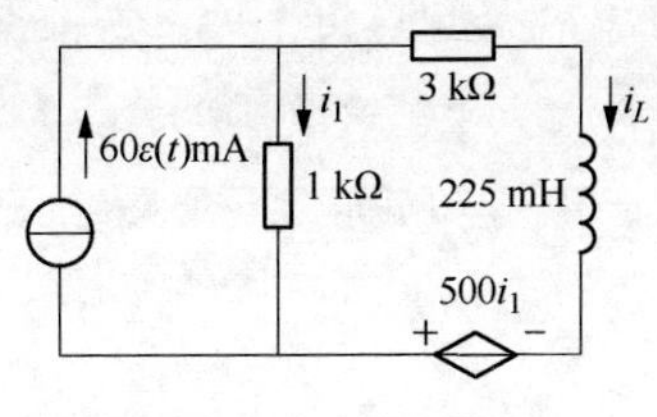

图 8－36　第 8 题图

参 考 文 献

[1] 邱关源. 电路[M]. 北京:人民教育出版社,1978.
[2] 杨欢红,杨尔滨,刘蓉晖. 电路[M]. 北京:中国电力出版社,2017.
[3] 王培峰. 电路[M]. 北京:中国电力出版社,2015.
[4] 周茜. 电路分析基础[M]. 北京:电子工业出版社,2015.
[5] 李玉凤,蒋玲,侯文. 电路原理习题与解答[M]. 上海:同济大学出版社,2012.
[6] 刘天琪,邱晓燕. 电力系统分析理论[M]. 北京:科学出版社,2011.
[7] 孙雨耕. 电路基础理论[M]. 北京:高等教育出版社,2011.
[8] 朱桂萍,于歆杰,刘秀成. 电路原理试题选编[M]. 北京:清华大学出版社,2019.
[9] 王璐,李树才,李承. 电路原理学习指导[M]. 北京:清华大学出版社,2017.
[10] Dorf Richard C. Circuits, signals, and speech and image processing (The electrical engineering handbook) [M]. 3rd ed. Oxford: Taylor & Francis, 2006.
[11] David McMahon. Circuit analysis demystified [M]. [s. l.]: Biswas Hope Press, 2010.